BIBLIOTHÈQUE
SCIENTIFIQUE INTERNATIONALE

PUBLIÉE SOUS LA DIRECTION

DE M. EM. ALGLAVE

LXI

Pemetcorizol

L'ÉVOLUTION

DES MONDES ET DES SOCIÉTÉS

PAR

F. CAMILLE DREYFUS

Député de la Seine
Secrétaire général de la *Grande Encyclopédie*

TROISIÈME ÉDITION

PARIS
ANCIENNE LIBRAIRIE GERMER BAILLIÈRE ET Cie
FÉLIX ALCAN, EDITEUR
108, BOULEVARD SAINT-GERMAIN, 108

1893

PRÉFACE

La philosophie, dans ce livre, n'est pas dans les mots ; elle est dans le plan de l'ouvrage, dans l'exposition des faits, dans l'enchaînement des idées. Et pour caractériser ce qu'a voulu faire l'auteur, je ne trouve rien de mieux que cette citation empruntée à la *Création* de Quinet :

« Avant d'avoir jeté les yeux sur ces mondes anciens, j'étais « comme un homme qui ne connaîtrait que l'histoire de son village « depuis que son père s'y est établi. Tout le passé du genre hu- « main lui est fermé ; il est égaré dans le présent, sans avoir « aucune idée de la route par laquelle il y est arrivé. »

Cette route que Quinet remontait de l'Histoire à la Nature, je veux essayer de la descendre, vingt ans après lui, de la Nature à l'Histoire.

Par l'analyse des faits physiques, il a conclu à l'identité des lois de la Nature avec les lois historiques.

Par la synthèse, il faut aujourd'hui appliquer aux faits historiques les lois de la Nature et montrer que, de la monère protoplasmique jusqu'à l'homme moderne, l'Evolution est fatale, ininterrompue et progressive.

Mais jusqu'où faut-il remonter, et d'où faut-il partir? Faut-il laisser, suivant la belle expression de Littré, l'esprit se perdre, avec l'indéfinissable frémissement que cause l'abîme, dans l'espace et dans le temps sans bornes? Je voudrais ne pas m'exposer au reproche de reporter en la science ce que la contemplation poursuit en ses lointains voyages. Et cependant, est-ce une faiblesse de mon esprit, est-ce une sorte de phénomène d'hérédité des vieilles formes intellectuelles, un atavisme métaphysique? Je ne puis me détacher de la recherche des causes. Des esprits supérieurs qui n'ont rien donné au rêve, livrés tout entiers à la recherche des lois de la matière, ont éprouvé la même angoisse. L'un d'eux, un maître, écrivait un jour: « Dans l'ordre de l'intelli-« gence, la connaissance rigoureuse de l'ensemble des choses est « inaccessible à l'esprit humain et cependant chaque homme est « forcé de se construire ou d'accepter tout fait un système complet « embrassant sa destinée et celle de l'univers. »

Mais tandis que le problème des fins humaines qui préoccupait M. Berthelot me laisse indifférent, ou pour mieux dire, tandis que ce problème me semble résolu par la loi de l'évolution, le problème de la cause m'assiège et m'obsède. Si j'osais, j'écrirais que j'ai l'impatience de la cause et il m'a fallu me défendre contre moi-même pour ne pas me perdre dans ces régions de la contemplation et de la poésie que Littré ne veut pas laisser confondre avec le domaine de la Science. Au moins est-il permis de remonter aussi loin que peuvent atteindre la raison et l'expérience. Quand on est parvenu à ce fait premier, on approche de la source des lois qui ont fait l'homme physique et l'être moral, la civilisation matérielle et le développement intellectuel de l'humanité. Remonter dans la série des causes aussi loin qu'il est possible à l'homme de le faire, ce n'est donc pas une œuvre vaine. Et si la solution absolue et mathématique nous est inaccessible, la recherche des solutions approchées est non seulement la satisfaction d'un besoin impérieux de l'esprit humain, elle est encore l'origine même de toute connaissance et de toute science.

D'ailleurs qu'on ne s'y méprenne pas.

L'homme peut rechercher deux sortes de causes. Il peut poursuivre vainement ce je ne sais quoi échappant aux réalités matérielles, création ou rêve de l'esprit humain, abstraction de quintessence qui fait l'objet des systèmes métaphysiques : c'est la recherche de la substance. L'homme peut encore, négligeant les abstractions de l'esprit, poursuivre jusque dans leurs éléments matériels les plus simples les causes physiques, celles qui, considérées indépendamment de la nature intime des choses et de leur substance, contiennent en germe la succession des faits suivants et des faits actuels.

Ce que l'homme sait de ces causes physiques et matérielles, j'ai tenté de le coordonner en ces pages.

Que le savant ne cherche dans ces lignes aucun fait nouveau : j'ai, dans le champ immense des faits scientifiques, lié en gerbes ceux dont j'avais besoin pour satisfaire mon esprit ; je n'ai — malheureusement pour moi — apporté aucune semence nouvelle à la moisson de vérité.

J'ai tenté une synthèse, et aussi un résumé de mes connaissances. Ce livre écrit pour moi, comme une sorte d'examen de conscience philosophique, n'était pas, pour ainsi dire, destiné au public.

C'est le travail d'un homme qui, jeté par les nécessités de l'existence dans les luttes de la presse, et par les hasards de la vie dans les luttes de la politique, a essayé, à certains jours, de se ressaisir lui-même, de se dégager du choc des passions et des intérêts pour s'interroger sur ces problèmes toujours posés et jamais résolus, qui sont l'honneur de l'esprit humain.

Le savant donc pourra me trouver insuffisant ; le philosophe pourra me dédaigner, mais l'homme qui vivant dans les faits et des faits, n'a cependant pas abdiqué le droit de penser et de rêver, celui qui, aux heures où la lutte fatigue, cherche à se reposer et à se retremper au commerce des grands esprits, celui-là me lira, me comprendra et ne sera point tenté de me railler.

Aussi bien, dans le chaos des doctrines diverses ou contradictoires, entre le matérialisme qui nie, le spiritualisme qui affirme, la religion qui impose, l'idéalisme qui rêve, le positivisme qui ne se prononce pas, n'est-il pas téméraire à un profane de dire son mot?

Ce mot aura, à tout le moins, la valeur de la parole d'un homme qui, n'appartenant à aucune secte ni à aucune école, met tous ses efforts à penser clairement et librement.

Et peut-être qu'un jour quelque philosophe de la nature, ouvrant ce livre demeuré inconnu, y trouvera ce que j'y aurai mis sans le savoir : l'embryon de la doctrine qui reliera entre eux tous les phénomènes de l'univers et qui permettra, comme le voulait Spinoza, de descendre de la première cause physique jusqu'à l'effet actuel, par une chaîne ininterrompue de déductions mathématiques.

F.-Camille Dreyfus.

Paris. Avril 1888.

Je ne veux pas laisser paraître ce livre sans dire ici ce que je dois de gratitude à mes jeunes collaborateurs, André, Daniel et Philippe Berthelot, les fils de l'illustre chimiste. Plus d'une fois leurs notes ont passé tout entières dans ma rédaction et plus d'une page de l'*Évolution* est leur œuvre. J'avais conçu l'idée et le plan de l'ouvrage ; ils en ont amassé les matériaux ; le mérite de l'œuvre, si mérite il y a, leur revient pour une large part.

F.-C. D.

L'ÉVOLUTION

INTRODUCTION

HISTOIRE DE LA THÉORIE DE L'ÉVOLUTION

Combien notre Univers diffère de celui que croyaient connaître les anciens, de celui même de Newton, de Laplace et d'Arago..

Il n'y a guère plus de cent ans, on considérait le système de monde comme un domaine limité à trois cent vingt-sept millions de lieues par l'orbite de Saturne, la plus lointaine des planètes alors connues.

Puis, au delà, semées sur une sphère, les étoiles et enfin plus loin un grand espace vide. Ce ciel était comme cristallisé. Les étoiles brillaient immobiles depuis l'origine du monde ; les planètes se mouvaient éternellement dans les mêmes orbites. — Les prévisions, toujours vérifiées, de l'astronomie, le calcul des éclipses, le retour des comètes n'étaient-ils pas autant de preuves irrécusables de la stabilité universelle ?

Et de même que l'univers, la Terre, ce premier univers de l'homme, était regardée comme n'ayant subi que d'insignifiants changements depuis le jour de la création.

Aussi loin que permettait de remonter l'histoire, la distribution des continents et des mers, des montagnes et des fleuves était restée à peu près la même. La faune, la flore n'avaient pas varié depuis les âges les plus reculés. L'homme, avec ses hautes facultés, ses instincts sociaux, ses sentiments religieux, son intelligence supérieure, avait toujours été le roi de la nature.

Que de changements dans cette conception ! Nous connaissons un univers plus vaste que ne le rêvait l'imagination des poètes dans ses écarts les plus audacieux. La découverte de Neptune a reculé les frontières du système solaire à plus d'un milliard de lieues ; la mesure de la distance des étoiles a reporté la moins éloignée à plus de huit mille milliards de lieues. Nous avons appris aussi que tous ces clous d'or semés dans le ciel sont des soleils incandescents qui se déplacent en tous sens, s'approchent ou s'éloignent les uns des autres avec des vitesses vertigineuses ; que, parmi tous ces astres, les uns sont des mondes à peine formés, les autres des mondes qui touchent à leur déclin.

Il en est de même des planètes ; nous pouvons remonter jusqu'à leur naissance et les suivre jusqu'à leur fin ; nous pouvons retracer le tableau des origines de la Terre. D'innombrables faunes, d'innombrables flores, aujourd'hui disparues, se sont succédé sur notre globe. Des forêts épaisses ont poussé jadis où bruissaient des milliers d'insectes, où erraient d'énormes animaux dont, en fouillant les profondeurs de la Terre, on retrouve à peine quelques rares débris. Tout cela est immobile et mort, mais tout cela a vécu.

Les êtres vivants se transforment sans cesse et l'homme lui-même n'est point une exception dans l'ensemble des choses. Sa place et son rôle dans la nature, cette question capitale pour l'humanité, cette base de toute philosophie, sont définitivement déterminés par la connaissance de son origine animale. Les conséquences de cette notion désormais acquise sont telles qu'aucune science ne peut s'y dérober, et l'on peut dire que l'anthropologie a révolutionné la philosophie.

Mais ces transformations de l'univers astronomique, de la Terre et de ses habitants, ne se sont pas faites au hasard. Elles se sont opérées suivant des lois, toujours et partout les mêmes, dont les effets, lents au point d'être insensibles dans l'unité de temps, sont irrésistibles par leur persistance dans l'éternité.

Cette rénovation de toutes les sciences, par la doctrine de l'évolution, est une des œuvres capitales que le XIXe siècle a réalisées ; nous allons essayer de dire comment, à la suite de quels efforts, par le concours de quels savants, de quels philosophes, elle a réussi à s'établir dans toute son ampleur.

C'est l'étude des lois de la vie animale qui a conduit à celle plus générale de l'évolution physique, intellectuelle et sociale.

Jusque vers 1859 on admettait presque universellement les vues de Linné sur les espèces animales ou végétales. Le célèbre naturaliste suédois, après avoir donné une classification systématique des êtres organisés, attribua à cette classification une valeur absolue. S'inspirant évidemment du récit biblique de la création, il déclare : « Nous comptons autant d'espèces qu'il est sorti de couples de la main du créateur. » C'est dire que tous les animaux actuels sont descendus des animaux primitifs, sans qu'aucune de ces familles naturelles se soit éteinte, sans qu'aucune se soit perfectionnée ou dégradée. Linné admettait également la légende du déluge, l'histoire de l'arche de Noé, le débarquement des animaux sur le mont Ararat; pour éluder la difficulté de faire vivre en ce seul endroit tant de plantes et d'animaux divers, il dit que les animaux polaires pouvaient habiter le sommet de la montagne, ceux des climats chauds le pied, ceux des régions tempérées la zone moyenne ; il oubliait que les animaux de proie auraient suffi à exterminer tous les herbivores, et que ceux-ci auraient détruit de leur côté les rares espèces végétales. Un équilibre analogue à celui qui existe aujourd'hui ne pouvait s'établir, si, primitivement, il n'y avait qu'un seul représentant de chaque espèce.

Linné lui-même n'a pu s'empêcher d'ailleurs de reconnaître qu'un grand nombre d'espèces nouvelles ont pris naissance, grâce au croisement de deux espèces voisines.

Mais ses disciples érigèrent en dogme l'invariabilité des espèces, et voulurent en faire la pierre angulaire de la zoologie. Les grands services rendus par Linné à l'histoire naturelle, la conformité de ses idées avec les croyances religieuses dominantes, donnèrent à sa doctrine assez de crédit pour qu'elle soit restée en vigueur jusqu'à ces derniers temps.

Seuls, durant le XVIIIe siècle, quelques rares esprits, convaincus qu'il n'y a pas discontinuité dans la nature, pensèrent que les diverses formes du règne animal pourraient bien descendre les unes des autres; et de ce nombre furent Bonnet, Robinet, Erasme Darwin, Diderot: « De même, dit Diderot, que dans le règne animal ou végétal, un individu commence pour ainsi dire, s'accroît, dure, dépérit et passe, n'en serait-il pas de même des espèces entières? Le philosophe ne pourrait-il pas soupçonner que l'animalité avait de toute éternité ses éléments particuliers épars dans la matière; qu'il est arrivé à ces éléments de se réunir; que l'embryon ainsi formé a passé par une infinité d'organisations; qu'il y a eu succession du mouvement, de la sensation, de la pensée, de la conscience, des sons articulés, des sciences et des arts; qu'il s'est écoulé des millions d'années entre chacun de ces développements; qu'il disparaîtra peut-être de la nature, ou plutôt continuera d'y exister, mais sous une forme et avec des facultés tout autres? »

Un grand naturaliste, Buffon, devait donner à ces vues intuitives une précision plus grande. Loin de regarder, ainsi que l'avait fait Linné, la classification comme le code de la science, il laissa de côté tout cet appareil de divisions et de subdivisions trop bien ordonnées; il se préoccupa surtout de décrire. D'abord favorable à l'immutabilité de l'espèce, il ne tarda pas à changer d'opinion. En décrivant les animaux par faunes, son attention se trouva appelée sur leur distribution géographique et sur les causes qui l'ont déterminée. En comparant les faunes des deux continents, il devint transformiste. « De même, un siècle plus tard, Darwin conçut sa doctrine en voyant se succéder les faunes des grandes régions du globe (1). » Buffon, après avoir remarqué que les animaux communs à l'Europe et à l'Amérique sont peu nombreux et que pourtant la plupart des animaux européens ont leurs analogues en Amérique, ajoute : « En tirant des conséquences générales de tout ce que nous avons dit, nous trouverons que l'homme est le seul des êtres vivants dont la nature soit assez étendue et flexible pour pouvoir subsister et se multiplier partout. Quant aux animaux, ceux d'un continent ne se trouvent pas dans l'autre; ceux qui s'y trouvent sont altérés, rapetissés, changés au point d'être méconnaissables. En faut-il plus pour être convaincu que l'empreinte de leur forme n'est pas inaltérable ? que leur nature peut varier et même changer absolument avec le temps ; que par la même raison les espèces les moins parfaites, les plus délicates, les moins agissantes, les moins armées, etc., ont déjà disparu ou disparaîtront avec le temps. Le prodigieux mammouth n'existe plus nulle part. Combien d'autres espèces s'étant perfectionnées ou dégradées par les grandes vicissitudes de la terre et des eaux ne sont plus les mêmes qu'elles étaient autrefois. » Et, quelques pages plus loin, Buffon pose avec une netteté singulière tous les problèmes qu'a débattus et que débat encore notre siècle. « Comment

(1) Edmond Perrier. *La philosophie zoologique avant Darwin.*

connaître autrement que par l'union mille et mille fois tentée d'animaux d'espèces différentes leur degré de parenté ? L'âne est-il plus proche parent du cheval que du zèbre ? A quelle distance de l'homme mettrons-nous les grands singes qui lui ressemblent si parfaitement par la conformation du corps ? Toutes les espèces animales étaient-elles autrefois ce qu'elles sont aujourd'hui ? Les espèces les plus faibles n'ont-elles pas été détruites par les plus fortes ou par la tyrannie de l'homme dont le nombre est devenu mille fois plus grand que celui d'aucune autre espèce d'animaux ? Quel rapport pourrions-nous établir entre cette parenté des espèces et une autre plus connue qui est celle des différentes races d'une même espèce ? La race, en général, ne provient-elle pas, comme l'espèce mixte, d'une disconvenance à l'espèce pure dans les individus qui ont formé la première souche de la race ? Combien d'autres questions à faire sur cette seule matière et qu'il y en a peu que nous soyons en état de résoudre ! »

Ces problèmes que Buffon avait hardiment abordés et soulevés, Lamarck, le véritable fondateur de la théorie de l'évolution, allait en donner la clé. « A lui, dit l'allemand Haeckel, revient l'impérissable gloire d'avoir, le premier, élevé la théorie de la descendance au rang d'une théorie scientifique indépendante et d'en avoir fait la base de la biologie tout entière. »

Né en 1744, Lamarck commença à exposer sa théorie en 1801 et la développa complètement en 1809 dans son admirable *Philosophie zoologique*. Très versé dans la connaissance des animaux inférieurs, Lamarck pensa que ces organismes se sont formés les premiers aux dépens de la matière brute, et que d'eux sont descendus, par un lent perfectionnement, tous les êtres qui habitent aujourd'hui la surface de la terre.

Comment s'effectuent ces variations ? Grâce à deux lois : l'adaptation et l'hérédité. D'un côté, les besoins de l'animal, besoins en rapport avec l'influence du monde extérieur, ont déterminé la répétition de certains actes, la formation de certaines habitudes. Or, dit Lamarck « l'emploi fréquent et soutenu d'un organe quelconque fortifie peu à peu cet organe, le développe, l'agrandit, tandis que le défaut constant d'usage de tel organe l'affaiblit insensiblement et finit par le faire disparaître. » Lamarck a cité un grand nombre d'exemples à l'appui de cette thèse. On sait que les yeux des animaux dont l'existence s'écoule dans l'obscurité s'atrophient ou disparaissent : tels sont les reptiles des cavernes obscures ou les poissons des grandes profondeurs de la mer. Lamarck attribuait donc la transformation des espèces à l'action du milieu ambiant, se traduisant par les besoins et l'habitude. Le long cou de la girafe est dû, selon lui, à l'effort que fait l'animal pour brouter les feuilles des arbres, seule végétation des pays arides où elle vit ; la langue du pic et celle du fourmilier sont produites par l'habitude qu'ont ces animaux de chercher leur nourriture dans les trous étroits et profonds ; les membranes natatoires des grenouilles aux efforts pour nager, à la résistance de l'eau.

Toutes ces idées de Lamarck sont fort justes au fond ; on peut seulement lui reprocher d'avoir exagéré l'influence de l'habitude ; on doit regretter surtout qu'il n'ait pas aperçu le mécanisme même de la variation, la sélection naturelle, que Darwin mit plus tard en lumière.

La deuxième loi posée par Lamarck est la loi de l'hérédité : « Tout ce que la nature a fait acquérir ou perdre aux individus par l'influence des circonstances où leur race se trouve depuis longtemps exposée, et par conséquent par l'influence de l'emploi prédominant de tel organe ou par celle d'un défaut constant d'usage de telle partie, elle le conserve par la génération aux nouveaux individus qui en proviennent. »

Cette loi de l'hérédité est demeurée, comme on l'a dit, la clé de voûte de l'édifice de Darwin ; seulement, celui-ci, en montrant que la lutte pour l'existence a eu pour effet d'éliminer les formes imparfaites, et de ne laisser subsister que les organes les mieux adaptés à leurs fonctions, a pu expliquer comment les espèces actuelles sont si bien en harmonie avec leurs conditions d'existence qu'on les a cru créées pour vivre dans ce milieu, et qu'on a appuyé la théorie des causes finales sur cet accord si parfait. Comme Darwin, Lamarck admet que les espèces se forment *par* leur genre de vie et non *pour* ce genre de vie; mais il n'explique pas comment tous les êtres chez qui cette adaptation ne s'est pas faite ont disparu. Au lieu de rendre compte de l'adaptation, il la prend comme point de départ.

C'est ainsi que grâce à l'adaptation et à l'hérédité, les espèces ont varié durant le cours des siècles, et que d'un petit nombre de formes primitives extrêmement simples sont descendus tous les animaux actuels. Lamarck trace hardiment ce tableau généalogique. Selon lui, les infusoires nés directement, par génération spontanée, de la matière brute, ont produit les polypes et les radiaires; d'autre part, les vers qui se sont formés dans les corps organisés, sont montés plus haut; ils ont produit les mollusques, les insectes et enfin les vertébres.

Quant à l'homme, Lamarck, malgré certaines réserves de langage, n'hésite pas à le faire descendre de mammifères voisins des singes. Il montre comment une race de quadrumanes en cessant de grimper a pu devenir bimane; comment elle a acquis la station verticale, comment cet effort pour se tenir debout amena le redressement du tronc et la métamorphose des membres. Les hommes-singes auxquels ces changements avaient assuré une incontestable supériorité sur les êtres voisins, s'associèrent, et alors naquit le langage, représenté d'abord par des cris grossiers qui, peu à peu, furent perfectionnés et articulés. C'est ainsi que les hommes-singes devinrent des hommes véritables.

L'évolution de l'univers se fait donc graduellement et sans

secousses depuis la matière brute jusqu'à l'homme, grâce au seul jeu des forces naturelles. Jamais il ne s'est produit de ces révolutions subites, de ces grands cataclysmes, que les naturalistes d'autrefois admettaient si volontiers, et que Cuvier allait mettre encore plus en honneur. Frappé de l'existence des types de transition que l'on rencontre entre les diverses formes de mollusques, Lamarck conteste la réalité de ces bouleversements gigantesques. « Pourquoi, dit-il, supposer, sans preuves, une catastrophe universelle, alors que la marche de la nature suffit pour rendre compte de tous les faits que nous observons? Si l'on considère, d'une part, que la nature ne fait rien brusquement, que partout elle agit avec lenteur et par degrés successifs, et d'autre part que les causes particulières ou locales des désordres, des bouleversements, des déplacements peuvent rendre raison de tout ce que l'on observe à la surface du globe, on reconnaîtra qu'il n'est nullement nécessaire de supposer qu'une catastrophe universelle est venue tout culbuter et détruire une grande partie des opérations mêmes de la nature. »

C'était la théorie des causes actuelles qui, reprise et développée plus tard, est aujourd'hui universellement admise en géologie.

Ces idées, si nouvelles pour l'époque où elles se produisaient, ne furent pas comprises, et un demi-siècle s'écoula avant que l'on y revint. Cuvier, dans son Rapport sur les progrès des sciences naturelles, où il y a place pour les plus infimes travaux anatomiques, ne dit rien de l'œuvre capitale de Lamarck. Le grand naturaliste savait bien qu'il serait méconnu de son temps; aussi termine-t-il son livre par cette mélancolique réflexion: « Les hommes qui s'efforcent de reculer les limites des connaissances humaines savent assez qu'il ne leur suffit pas de découvrir et de montrer une vérité utile qu'on ignorait, et qu'il faut encore pouvoir la répandre et la faire reconnaître; or la *raison individuelle et la raison politique* qui se trouvent dans le cas d'en éprouver quelques changements y mettent en général un obstacle tel qu'il est souvent plus difficile de faire reconnaître une vérité que de la découvrir. »

« Mais, dit fort bien M. Perrier, l'homme qui a le premier cherché à préciser scientifiquement quels liens de parenté généalogique unissaient ensemble les animaux les plus simples aux plus parfaits ; qui le premier a pénétré l'importance du phénomène d'hérédité ; qui a osé affirmer que nous devions chercher l'explication de la nature présente dans la nature passée ; qui a posé comme une règle générale du développement de notre globe, comme de celui des organismes, une évolution lente et graduelle, sans secousses et cataclysmes ; l'homme qui le premier a essayé de sonder les mystères de la vie à la lumière des sciences physiques, cet homme aura éternellement droit à l'admiration de tous. »

Peut-être les idées de Lamarck eussent-elles plus rapidement pris l'importance qu'elles méritaient, si à ce moment même, tous les naturalistes n'eussent été occupés des discussions qui s'élevaient entre deux hommes également illustres : Cuvier et Geoffroy Saint-Hilaire.

Étienne Geoffroy Saint-Hilaire, frappé des ressemblances qu'offrent tous les vertébrés entre eux, y vit un dessein général que la nature semble suivre, comme avait déjà dit Buffon, « de l'homme aux quadrupèdes, des quadrupèdes aux cétacés, des cétacés aux oiseaux, des oiseaux aux reptiles, des reptiles aux poissons. » Geoffroy érigea cette vue de Buffon en un principe général dont il prétendit faire la base de l'anatomie et de la zoologie tout entière : le principe de l'unité de plan de composition. Dès 1795, à peine âgé de vingt-trois ans, il écrivait : « La nature n'a formé tous les êtres vivants que sur un plan unique, essentiellement le même dans son principe, mais qu'elle a varié de mille manières dans toutes ses parties accessoires. ». Les différences des animaux s'expliquent donc simplement par les différences de ce développement de certains organes; d'ailleurs l'accroissement des uns entraîne nécessairement par *une sorte de balancement* que Geoffroy érigeait en loi générale, l'atrophie de certains autres. Les mêmes parties constitutives se retrouvent dans tous les animaux, et c'est à leurs connexions réciproques qu'on peut les reconnaître, quelque altérées qu'elles soient en apparence. C'est ainsi que, chez les vertébrés, le membre antérieur peut être : une main, une patte locomotrice, une aile, une nageoire; sa forme s'est modifiée; sa fonction a changé; et pourtant il demeure toujours formé des mêmes parties. Cette théorie des *analogues* est la base de l'anatomie comparée; ç'a été l'une des plus fécondes conceptions de ce siècle.

A l'anatomie comparée, Geoffroy ne tarda pas à adjoindre l'embryogénie.

Il vit que les embryons des animaux supérieurs reproduisent dans le cours de leur développement les formes des animaux inférieurs; le poisson, l'oiseau s'arrêtent à des états que le mammifère ne fait que traverser un instant. Le parallélisme entre l'évolution embryogénique des animaux et l'évolution paléontologique des espèces, avait été entrevu par Erasme Darwin et Diderot; la comparaison de Geoffroy sur laquelle insisteront Serres et Milne-Edwards, le confirme; et plus tard entre les mains de Fritz Muller et d'Haeckel, il est devenu une des lois fondamentales du transformisme. Geoffroy fut d'ailleurs conduit à des idées analogues à celles de Lamarck par son étude des monstruosités; il se demande si ces modifications, que l'on voit se manifester accidentellement, n'ont pas pu se produire régulièrement jadis et se transmettre par l'hérédité. Il expose, presque en même temps que Lamarck, comment l'oiseau a pu descendre du reptile; vue profonde, entièrement démontrée aujourd'hui.

Il conçoit que les anciens habitants du globe ne sont que ancêtres des animaux actuels ; mais au lieu d'attribuer con Lamarck la variation à l'activité propre de l'animal, il la rapp à l'influence du milieu. Les oiseaux sont sortis des reptiles pa diminution d'acide carbonique dans l'air ; l'atmosphère é plus riche en oxygène, ces derniers sont devenus plus vivac leur température s'est élevée, leur activité musculaire déve pée. Geoffroy admet donc à la fois la possibilité d'une varia lente et insensible, et celle d'une variation brusque, térat gique. Peut-être ces modifications brusques des types sont-e trop négligées aujourd'hui ; il est permis de croire que l'on rev dra sur ce point aux idées de Geoffroy. Quoi qu'il en soit, d faits capitaux ont été très bien aperçus par lui : la disparitior certaines espèces sans cataclysme, sans révolution ; et la for tion simultanée d'espèces nouvelles. Et en même temps, il a en lumière le parallélisme des phénomènes embryogénique de l'évolution des types spécifiques.

A la même époque, un autre grand génie, Cuvier soutenait doctrines exactement opposées. De là une lutte restée célè dans l'histoire des sciences.

Georges Cuvier, après une étude approfondie des anim inférieurs, se convainquit qu'il n'y avait pas dans la nature, com le prétendait Geoffroy Saint-Hilaire, un type unique d'ap lequel seraient modelés tous les animaux. Il crut au contr reconnaître quatre types distincts entre lesquels il se refusa admettre aucune transition : les vertébrés, les articulés, les m lusques et les zoophytes.

Pour établir cette classification naturelle, Cuvier avait reco au principe de la subordination des caractères. « Les par d'un même être devront toutes avoir une convenance mutuelle est tels traits de conformation qui en excluent d'autres ; il est au contraire qui les nécessitent. Quand on connaît tels ou t traits dans un être, on peut donc calculer ceux qui coexistent avec ceux-là ou ceux qui leur sont incompatibles. Les propriétés qui exercent sur l'ensemble de l'être l'influence la plus marquée sont les *caractères dominateurs*; les autres sont les *caractères subordonnés.* »

De là découle immédiatement un autre principe, celui de la *corrélation des formes*, dont Cuvier faisait la base de l'anatomie comparée; toutes les parties de l'être vivant étant liées ensemble, l'une ne peut changer sans que les autres se modifient; et par conséquent, de la forme de tel organe important on peut déduire la structure de l'animal entier. C'est ce que fit Cuvier avec le plus grand succès pour les animaux fossiles; avec quelques os, notamment, trouvés dans le gypse de Montmartre, il reconstruisait le *paleothérium* et la découverte d'un squelette entier confirmait pleinement ses déductions.

C'est ainsi qu'après avoir fondé l'anatomie comparée, Cuvier fondait la paléontologie.

Mais comment les espèces actuelles ont-elles succédé à ces espèces fossiles qui peuplaient autrefois la terre ? Cuvier se refuse à admettre que ce soit par une lente évolution. Pour lui, comme pour Linné, les espèces sont immuables, elles ont été créées isolément. Il croit en trouver une preuve irréfutable dans le fait que les animaux anciens recueillis en Egypte ne diffèrent en rien de ceux de l'Egypte actuelle; comme on pensait alors que le monde était créé depuis six mille ans, on en concluait à l'immuabilité des espèces. Lamarck avait répondu d'avance à cette objection en montrant que les espèces variant suivant les conditions extérieures, doivent rester fixes tant que ces conditions ne changent pas.

D'ailleurs, nous savons aujourd'hui que notre monde est vieux de plusieurs millions d'années, et que depuis l'Égypte, rien n'a eu le temps de changer, ni l'homme, ni même les races d'animaux domestiques, dont la variabilité est pourtant hors de doute. —

Mais Cuvier, en tête de son ouvrage intitulé : *Recherches sur les ossements fossiles*, publié en 1811, mit une préface connue sous le nom de *Discours sur les révolutions du globe*. Des bouleversements apparents, des déchirures, des aspects tourmentés des grandes montagnes, il conclut que la terre a été à plusieurs reprises le théâtre des grandes révolutions qui en ont altéré la surface. La nature, disait-il, ne se laisse-t-elle pas prendre sur le fait, quand on découvre dans les glaciers de la Sibérie, les mammouths et les rhinocéros des pays chauds gelés avec leur chair et leur peau ? Est-il une meilleure preuve de ces révolutions subites ? « La vie a donc été souvent troublée sur cette terre par des événements effroyables. Des êtres vivants sans nombre ont disparu victimes de ces catastrophes, les uns, habitants de la terre sèche, se sont vus engloutir par des déluges ; les autres qui peuplaient le sein des eaux ont été mis à sec avec le fond des mers subitement relevé ; leurs races mêmes ont fini à jamais et ne laissent dans le monde que quelques débris à peine reconnaissables pour le naturaliste. » Ainsi l'histoire du globe se divise en un certain nombre de périodes séparées par de grands cataclysmes ; et à chacune d'elles correspondent une faune et une flore nouvelles, objets d'une création spéciale.

Ces théories sur les brusques cataclysmes de la terre, sur la séparation des animaux en types irréductibles, sur la fixité des espèces, sur l'incessante intervention du miracle dans le développement des êtres, étaient diamétralement opposées aux vues de Geoffroy Saint-Hilaire sur la lente évolution de notre globe, sur l'unité de plan de compositionet le développement naturel des espèces. Aussi ne doit-on pas s'étonner que dans l'année 1830 un grand débat ait éclaté au sein de l'Académie des sciences entre les deux illustres rivaux; ils y mirent un emportement bienr are dans les discussions scientifiques, mais qui s'explique facilement si l'on songe que chacun combattait pour sesc onvictions les plus intimes.

Le 15 février 1830, Geoffroy lisait un rapport sur les travaux de deux naturalistes qui avaient voulu ramener l'organisation des mollusques céphalopodes à celle des vertébrés, et il concluait en remarquant la conformité de cette doctrine avec son hypothèse de l'unité du plan d'organisation et son opposition à la théorie de Cuvier sur les quatre types animaux. Ce dernier attaqua alors à son tour toutes les théories de Geoffroy Saint-Hilaire. Il soutint que l'unité de plan de composition n'existait pas, et que la méthode des analogies de Geoffroy n'avait rien de nouveau et remontait jusqu'à Aristote.

Sur le premier point il avait raison; l'unité de plan a été très exagérée par Geoffroy ; mais sur la deuxième question il avait tort. La méthode des analogies a été un des plus précieux instruments de recherches mis à la disposition de l'esprit humain ; elle a conduit Geoffroy à donner aux phénomènes embryogéniques si négligés par Cuvier une importance que nul ne méconnaît aujourd'hui. — Cuvier chercha à montrer que l'on ne pouvait tirer des faits des conclusions aussi générales que celles qu'en tirait son adversaire ; il prétendit interdire à tout jamais à la zoologie, les vues d'ensemble et les grandes synthèses ; il voulut réduire la science à la simple constatation des faits, à la description et à la classification.

Dans cette grande lutte Cuvier triompha, et ce fut un malheur. Désormais, la méthode purement empirique va seule régner en France; on y oubliera complétement les théories de Lamarck et de Geoffroy Saint-Hilaire; l'invariabilité des espèces sera regardée comme un dogme et quand le darwinisme viendra renverser définitivement cette théorie, toute la science officielle se refusera à l'accueillir, et ceux mêmes qui l'adopteront auront si bien oublié les vues des grands transformistes français, qu'ils regarderont les théories de Darwin comme entièrement nouvelles.

Cependant, de l'autre côté du Rhin, un homme de génie suivait avec un intérêt passionné la mémorable discussion de Geoffroy Saint-Hilaire et de Cuvier: c'était Gœthe.

Un de ses amis étant allé le voir, le 2 juillet 1830, au moment où les journaux annonçaient le commencement de la révolution de juillet :

« — Eh bien ! lui dit Gœthe, que pensez-vous de ce grand événement ? Le volcan est en flammes, ce n'est plus ici un débat à huis clos.

« — Grave événement, réplique son interlocuteur ; tout cela va finir par l'expulsion de la famille royale.

« — Nous ne nous entendons pas, répond Gœthe ; c'est d'une bien autre affaire qu'il s'agit ; j'entends parler de l'éclat qui vient de se faire à l'Académie, du débat de Cuvier et de Geoffroy Saint-Hilaire. Nous avons maintenant en Geoffroy un puissant allié ; la méthode synthétique ne peut plus disparaître. » Gœthe, en effet, avait toujours professé des idées évolutionnistes. On sait que l'immortel poète s'est signalé par des travaux d'histoire naturelle fort remarquables ; la théorie vertébrale du crâne, la découverte de l'os intermaxillaire chez l'homme, les métamorphoses des plantes. Il était partisan de la variation des espèces ; il s'est plu à exposer fréquemment ses vues à ce sujet : sans doute il n'a jamais recherché les causes des variations, et il n'a pas édifié de théorie complète et suivie ; il n'a même pas donné d'exemples précis, à l'appui de l'hypothèse transformiste, mais il n'en a pas moins très bien saisi le phénomène dans sa haute généralité.

D'autres naturalistes s'associaient d'ailleurs à cette manière de voir. En Allemagne, von Baër, Carus, Schaafhausen, Büchner se prononçaient plus ou moins explicitement en sa faveur. En Angleterre, Herbert, Grant, Ficke, Huxley admettaient également la théorie de la descendance. Herbert Spencer, dès 1852, en démontrait la nécessité et en commençait l'application à l'ensemble des phénomènes physiques, biologiques, psychologiques et sociaux. Enfin en France, Isidore Geoffroy Saint-Hilaire admettait la variété limitée de l'espèce ; et un botaniste distingué, M. Naudin, à la suite d'expériences sur les hybrides, se déclarait aussi partisan du transformisme.

Mais c'étaient là, pour la plupart, des vues isolées dont les auteurs même n'avaient pas développé les conséquences ; c'étaient d'ailleurs des exceptions assez rares.

Presque tous les savants continuaient, en effet, à partager les idées de Cuvier qui, en 1858, étaient de nouveau développées et amplifiées par un grand naturaliste, Louis Agassiz. En tête de son ouvrage *Recherches sur l'histoire naturelle des États-Unis de l'Amérique du Nord*, il place un *Essai de classification* où il embrasse presque toute la biologie générale. L'espèce, pour lui, est immuable ; chaque espèce est une pensée créatrice incarnée de la divinité, la subordination des groupes, les embranchements, les classes, les ordres, les familles, les genres et les espèces, tout cela est l'expression immédiate du plan de la création ; établir une classification naturelle, c'est retrouver l'idée de Dieu. La classification est un édifice immuable comme le Créateur. Agassiz admet également les idées de Cuvier sur les cataclysmes géologiques : chaque période est séparée de la précédente par quelque grand bouleversement, et reçoit d'un Créateur des formes animales inconnues jusque-là. D'ailleurs d'une période à l'autre, Dieu perfectionne successivement ces formes, jusqu'à ce qu'il arrive à l'homme, but suprême de la création ; et alors la série des temps géologiques est close.

Au moment même où Agassiz s'efforçait d'établir sur des bases plus étendues les théories de Cuvier sur la fixité de l'espèce, sur l'intervention de Dieu dans la nature, ces théories étaient définitivement renversées par Darwin.

Né en 1809, Darwin fut attaché en 1831, en qualité de naturaliste, à une expédition scientifique envoyée par le gouvernement anglais. Ce voyage autour du monde, sur le navire *le Beagle*, dont Darwin a laissé une très intéressante relation, dura cinq ans. Ce fut durant cette expédition qu'il conçut la première idée de sa théorie, comme il le raconte lui-même : « Dans l'Amérique « du Sud, dit-il, trois classes de phénomènes firent sur moi une « vive impression ; d'abord la manière dont les espèces très voi- « sines se succèdent et se remplacent à mesure que l'on va du « Nord au Sud ; en second lieu la proche parenté des espèces qui « habitent les îles du littoral et de celles qui sont propres au « continent ; enfin les rapports étroits qui lient les mammifères « édentés et les rongeurs contemporains aux espèces éteintes des « mêmes familles : Je n'oublierai jamais la surprise que j'éprouvai « en déterrant un débris de tatou gigantesque semblable à un « tatou vivant. En réfléchissant sur ces faits il me parut vrai- « semblable que les espèces voisines pouvaient dériver d'une « même souche. Mais durant plusieurs années, je ne pus com- « prendre comment chaque forme se trouvait si bien adaptée à « des conditions particulières d'existence. J'entrepris alors d'étu- « dier systématiquement les animaux et les plantes domestiques « et je vis nettement que l'influence modificatrice la plus impor- « tante réside dans les sélections des races par l'homme, qui « utilise pour la reproduction des individus choisis. Mes études « sur les mœurs des animaux m'avaient préparé à me faire une « juste idée de la lutte pour l'existence, et mes travaux géolo- « giques m'avaient donné une idée de l'énorme longueur des « temps écoulés. Un heureux hasard me fit alors lire le livre de « Malthus, « sur la population » et l'idée de la sélection naturelle « me vint à l'esprit. De tous les points de ce vaste sujet, l'impor- « tance et la cause du principe de divergence me furent les « derniers connus. »

Darwin s'appliqua d'abord à étudier, dans sa retraite de

Down, les animaux domestiques. De 1835 à 1857 il ne publia rien sur ses idées, bien qu'il eût déjà formulé par écrit sa théorie en 1844.

Pour le faire sortir de cette circonspection il fallut qu'un de ses compatriotes, Alfred Russel-Wallace, voyageur et naturaliste qui avait étudié durant bien des années l'Archipel de la Sonde, lui envoyât un mémoire sur le même sujet. Wallace avait trouvé, de son côté, indépendamment de Darwin, le principe de la sélection naturelle. Celui-ci se décida alors à communiquer à la société linnéenne de Londres un résumé de son livre, en même temps que le récit de Wallace (août 1858). Ce fut en novembre 1859 que parut l'ouvrage de Darwin, l'*Origine des espèces*. Il renforça plus tard sa théorie d'une masse innombrable de faits démonstratifs, dans un grand livre plus développé : *les Variations des animaux et des plantes domestiques* dont la première partie parut en 1868. Une des conséquences capitales de la doctrine, la descendance animale de l'homme, ne fut pas d'abord explicitement reconnue par Darwin ; sans doute il craignait que l'opposition déjà très vive à ses idées ne prît un caractère bien plus violent encore. Ce n'est que plus tard, quand d'autres naturalistes eurent expressément tiré cette conclusion de ses travaux, qu'il s'y rallia dans son ouvrage sur *l'Origine de l'homme et la sélection sexuelle*, paru en 1871.

Le darwinisme ne doit être confondu ni avec la théorie de l'évolution, ni avec le transformisme. La théorie de l'évolution en effet, s'applique à l'ensemble des phénomènes naturels ; le transformisme ne s'applique qu'aux êtres vivants : c'est la doctrine qui soutient que toutes les espèces actuelles dérivent d'un petit nombre de types ancestraux très simples. Ce serait donc à tort que l'on attribuerait à Darwin le mérite de cette doctrine ; si on voulait lui donner le nom du premier naturaliste qui l'ait formulée, ce serait lamarckisme qu'il faudrait l'appeler, comme le propose Haeckel.

Le darwinisme est, à proprement parler, l'explication du mécanisme suivi par la nature pour la transformation des espèces, c'est plus brièvement la théorie de la sélection.

Lamarck avait bien constaté la variation des espèces; mais il n'avait pas saisi le procédé par lequel elle s'effectue; c'est à Darwin que revient le mérite d'en avoir donné une explication, sinon tout à fait complète, du moins fort satisfaisante.

Le darwinisme repose essentiellement sur la comparaison des modifications que l'homme fait subir aux espèces domestiques avec celles que la nature imprime aux espèces sauvages. Il faut donc s'occuper d'abord de la sélection artificielle.

Les jardiniers, les éleveurs réussissent à obtenir des races très variées en partant d'un seul type. Comment s'y prennent-ils? Supposons qu'un jardinier veuille obtenir une fleur d'un rouge éclatant, en partant d'une plante qui revêt médiocrement cette nuance. Il choisira parmi tous les échantillons celui qui présente cette couleur le plus vivement et en sèmera les graines; parmi les plantes de cette seconde génération, il choisira encore celles qui sont le plus rouges, pour en semer les graines. Il continuera ce triage pendant huit à dix générations et au bout de ce temps la fleur sera d'un rouge éclatant. Ainsi donc on se borne à élever les individus qui présentent les caractères les plus avantageux, dans l'espoir qu'ils les transmettront par hérédité à leurs descendants. C'est ainsi que l'on se fait une écurie de choix, une étable de bœufs de concours; on épie tout ce qui constitue le plus léger avantage: chez un cheval, la grandeur des jambes, la solidité des jarrets, etc., et de progrès en progrès, on obtient un cheval de course qui remporte le prix. Cet art de l'élevage exige un coup d'œil exercé et un traitement judicieux; il est très développé en Angleterre où un éleveur fort expérimenté, M. John Sebright, pouvait dire « qu'en trois ans il produisait chez un oiseau une plume donnée, mais que pour obtenir telle ou telle forme de la tête ou du bec, il lui fallait six ans. »

Les propriétés utilisées par l'éleveur pour la formation de nouvelles races animales ou végétales sont au nombre de deux : l'hérédité, c'est-à-dire la loi en vertu de laquelle tout être vivant tend à se reproduire dans ses descendants, et l'adaptation, c'est-à-dire la loi en vertu de laquelle les organismes tendent à se mettre en harmonie avec le milieu dans lequel ils vivent.

L'hérédité est un phénomène tellement général et tellement inséparable de la nature des choses, qu'habituellement la plupart des hommes n'y prêtent aucune attention. On trouve tout simple que les enfants ressemblent aux parents. Pourtant le fait est moins simple qu'on ne croit ; les enfants ne sont pas identiques à leurs parents. Comme le remarque Haeckel, il faut dire, non pas : « Le semblable produit le semblable », mais bien : « l'analogue produit l'analogue ». L'hérédité se manifeste d'une façon frappante dans le cas des monstruosités corporelles. On connaît un assez grand nombre de cas de familles humaines présentant durant plusieurs générations six doigts à chaque pied : si les hommes sexdigités se mariaient à des femmes sexdigitées, on obtiendrait très probablement une race à six doigts ; mais comme ils épousent des femmes normales, au bout de quelques générations, ce caractère accidentel s'affaiblit et disparaît.

On possède des observations analogues fort nombreuses. Au siècle dernier vivait à Londres un homme dont la peau était couverte d'une croûte cornée et hérissée d'écailles et de piquants ; il transmit cette particularité à ses fils et à ses petits-fils.

Il n'est pas rare de voir apparaître chez un individu une maladie inconnue jusque-là dans sa famille et qu'il transmet à tous ses descendants : la phtisie, la syphilis, les maladies mentales en offrent bien des exemples. L'institution de la noblesse et de la monarchie héréditaire suppose que les mérites de certains individus se transmettent à leurs descendants ; mais cela est tout aussi vrai des vices et des maladies. Esquirol a remarqué que les maladies mentales sont soixante fois plus nombreuses dans les familles régnantes que dans le reste de la population. C'est que, grâce à un isolement volontaire du reste de l'humanité et à une éducation étroite et incomplète, les côtés les moins nobles de la nature humaine deviennent l'objet d'une sélection artificielle, et se transmettent en grandissant dans la série des générations.

Parmi les phénomènes de l'hérédité qui jouent un grand rôle dans la théorie de Darwin, il faut mentionner particulièrement l'hérédité alternante. Les enfants, au lieu de ressembler aux parents, ressemblent à leurs grands-parents ou à des aïeux plus ou moins lointains. L'observation journalière en fournit des exemples à tout le monde, et les éleveurs ont souvent eu à constater le fait. Il est même tout à fait régulier chez certains animaux inférieurs ; les salpes, par exemple, offrent deux types distincts : le grand type représenté par un individu isolé, muni d'un œil en fer à cheval, engendre par bourgeonnement des individus réunis en chaîne et munis d'un œil conique dont chacun produit à son tour un individu solitaire de grande taille. Ici ce sont donc la 1re, la 3e, la 5e génération d'une part, la 2e, la 4e, la 6e de l'autre qui se ressemblent. Parfois au lieu de sauter une génération, l'hérédité en saute deux, troix, six ou plus. On désigne par *atavisme* la réapparition, chez un animal, d'une forme disparue depuis longtemps et ayant appartenu à quelqu'un de ses ancêtres. C'est ainsi que l'on voit parfois apparaître chez nos chevaux des raies sombres le long du dos, sur les épaules ou sur les jambes :

c'est là un retour vers la forme primitive d'où descend le cheval actuel et qui était rayée comme le zèbre et le couagga.

C'est pour la même raison que les variétés nouvelles de fleurs ou de plantes, développées par l'art humain, retournent bien vite à l'état sauvage si on cesse de les cultiver; ces nouvelles formes ont beau être déjà anciennes, elles sont toujours nouvelles en comparaison de la nature; il faudrait des siècles pour que la forme primitive fût complètement effacée; mais si l'homme ne dispose pas d'une assez longue durée pour transformer définitivement les variétés en espèces stables, la nature, elle, peut le faire, et elle le fait par des procédés que nous examinerons plus loin.

L'hérédité conserve non seulement les caractères de l'espèce, mais encore transmet les modifications que l'individu a acquises durant sa vie; le cas des hommes à six doigts, des hommes porc-épics, le prouve suffisamment. Il faut ajouter pourtant que la science ne sait pas encore quelles sont les propriétés acquises qui se transmettent, quelles sont celles qui ne se transmettent pas : c'est ainsi que les mutilations des membres ne sont pas héréditaires; pourtant on a obtenu une race de chiens sans queue, en coupant durant plusieurs générations celles des mâles et des femelles.

A côté des lois de l'hérédité, il y a une seconde série de phénomènes sur lesquels se fonde la sélection artificielle aussi bien que la sélection naturelle : ce sont les faits d'adaptation que l'on peut résumer d'un mot en disant que tout organisme varie selon les conditions dans lesquelles il est placé. Quelque semblables que soient les représentants d'une même espèce, ils diffèrent toujours par quelques caractères secondaires; sans cette diversité, toute sélection serait impossible; or ces différences sont dues précisément aux conditions d'existence de l'être vivant. Que l'on change l'alimentation d'une plante cultivée ou d'un animal domestique, on fera varier sa taille et son aspect. Pour avoir de bons chevaux de course on les soumet à un régime particulier.

De même notre humeur, nos désirs, nos sentiments, notre caractère, en un mot, sont profondément influencés par le climat ou la nourriture. Les Chinois mangeurs de riz, ou les Irlandais mangeurs de pommes de terre, diffèrent essentiellement des Anglais et des Gauchos de l'Amérique du Sud, qui se nourrissent surtout de viande La température, l'atmosphère n'ont pas un rôle moins considérable.

Les espèces animales ou végétales offrent de nombreux exemples d'adaptation. Les mêmes plantes acquièrent des feuilles épaisses et charnues sur le bord de la mer, minces et velues dans un endroit chaud et sec. On élevait, il y a quelques années au jardin des plantes de Paris, des axolotls du Mexique : cet animal vit dans l'eau et possède des branchies et des poumons. On vit tout à coup quelques individus sortir de l'eau et ramper sur le sol, perdre leurs branchies et reproduire un type différent, le triton de l'Amérique du Nord, qui respire uniquement au moyen de ses poumons.

La modification d'un organe déterminé au moyen de l'adaptation entraîne souvent celle des autres organes ; l'altération des glandes génitales agit sur toute l'économie : pour engraisser les moutons et les porcs, les éleveurs commencent par les châtrer.

L'adaptation des organes de la génération exerce en outre une influence capitale sur les caractères des descendants ; on sait d'ailleurs qu'en soumettant ces organes à des conditions spéciales on réussit à produire des monstruosités.

Tels sont les phénomènes d'adaptation ; joints à ceux de l'hérédité, ils suffisent à expliquer toutes les variations des espèces animales, comme Lamarck l'avait vu ; mais le mécanisme de cette variation n'a été découvert que par Darwin : c'est la sélection naturelle. Ce que l'homme réalise d'une manière intentionnelle et intelligente dans la sélection artificielle, la nature le réalise d'une façon purement mécanique grâce à la lutte pour l'existence.

Darwin, nous l'avons dit plus haut, a conçu l'idée de la lutte pour l'existence (*struggle for life*) en lisant le livre de Malthus *Sur la condition et le résultat de l'accroissement de la population.* Cet auteur y montre que le nombre des hommes croît en proportion géométrique, tandis que le nombre des aliments ne croît qu'en proportion arithmétique, c'est-à-dire beaucoup plus lentement. De cette disproportion résulte une lutte acharnée entre les hommes, dans le but de se procurer les moyens de subsistance nécessaire.

La théorie de Darwin est l'extension à tout le règne organique de la théorie de Malthus sur la population. La nature produit les êtres en nombre si grand qu'elle est condamnée à en détruire plus de 99 sur 100. Que dis-je ? Il n'y a ni places, ni aliments pour la millionième partie des êtres qu'elle pourrait mettre au jour. On a calculé que si tous les œufs de harengs arrivaient à éclosion, les mers seraient comblées en quelques années. Il en est de même des insectes, des plantes ; ils couvriraient rapidement la terre entière, s'ils n'étaient détruits dès l'origine. Ainsi, de l'énorme quantité de germes produits, bien peu se développent ; l'accroissement de chaque espèce est limité par les exigences des autres.

Tout être lutte contre un ensemble d'influences ennemies ; il lutte à la fois contre les êtres vivants qui veulent le manger, contre les bêtes de proie et les parasites qui se nourrissent à ses dépens ; il lutte en même temps contre la température, le sol, le milieu ; il lutte surtout contre les organismes de même espèce que lui ; les individus d'une même espèce se disputent ce qui est nécessaire à leur existence, puisque les ressources sont loin de répondre aux besoins. Du haut en bas de l'échelle, la lutte pour l'existence est la loi des vivants. L'oiseau mange les insectes, le bœuf écrase les animaux cachés dans l'herbe ; l'homme tue l'oiseau et le bœuf. Et dans l'espèce humaine aussi, partout on rencontre la rivalité, la compétition, le combat.

Or, les individus sont plus ou moins bien doués ; tout avantage, si faible qu'il paraisse, décide de la victoire en faveur de celui qui le possède. Seul, dès lors, cet individu privilégié se reproduit ; parmi ses descendants, ceux qui ont hérité de ses caractères de supériorité triomphent à leur tour et les transmettent aux leurs ; ceux qui n'en ont pas hérité périssent. Ainsi vont, se fixant et se perfectionnant, les conditions favorables à l'individu, tandis que les conditions défavorables s'effacent de plus en plus.

Dans les pampas de l'Amérique, les grands ruminants cheminent en troupeaux serrés, par crainte des loups et des animaux carnassiers ; les plus robustes sont en tête, ils trouvent l'herbe fraîche et épaisse ; ceux du milieu n'ont plus sur une terre piétinée qu'une nourriture maigre et à peine suffisante ; les derniers, enfin, les plus faibles, les moins agiles ne trouvent rien ; ils tombent et deviennent la proie des loups.

Nous saisissons ici les avantages qui assurent la survivance de ces animaux ; mais les rapports des phénomènes naturels sont si complexes que bien souvent nous ne pouvons connaître ces conditions essentielles de la lutte pour l'existence. A première vue, qui verrait un rapport entre les chats et le trèfle rouge ? Et pourtant ce rapport existe. Le trèfle rouge est fécondé par l'intermédiaire des frelons, qui en pénétrant dans la corolle y sèment la poussière pollinique qu'ils ont emportée sur leurs pattes, et décident ainsi de la fructification de la fleur. Or parmi les animaux, les frelons ont un ennemi très actif : le rat des champs ou campagnol. Plus il y a de campagnols, et moins il y a de trèfle. Mais les campagnols ont à leur tour pour ennemi le chat : aussi rencontre-t-on les frelons au voisinage des villes, où il y a beaucoup de chats. Le nombre des chats profite donc à la fructification du trèfle. — Darwin a accumulé une série d'observations de ce genre. Citons-en deux autres encore : On ne trouve dans l'Uruguay ni bœufs, ni chevaux, ni chiens sauvages, tandis qu'ils abondent dans les contrées voisines : ce fait s'explique par la présence, en ce pays, d'une mouche qui dépose ses œufs dans le nombril des jeunes animaux, qui en meurent. Que cette mouche soit détruite par quelque espèce d'oiseau insectivore, aussitôt les bœufs et les chevaux se multiplieront ; d'où résulteront de grands changements pour les plantes, par suite pour les insectes et les oiseaux insectivores. — Il est des îles dont les habitants tirent tout ce qui leur est nécessaire de certains palmiers, or ces palmiers sont fécondés par des insectes, que poursuivent à leur tour des oiseaux ; mais ces oiseaux sont attaqués par une mite parasite qui vit dans leur plumage, et la mite même est détruite par un petit champignon. Le champignon influe donc en dernière analyse sur la prospérité de la population.

C'est par une série d'influences de ce genre, dont la complexité est pour ainsi dire infinie, que certaines espèces prennent l'avantage sur d'autres ; que la nature supprime impitoyablement tous les animaux mal doués, et, en fin de compte, les produits de la sélection naturelle seront aussi bien adaptés au but que ceux de la sélection artificielle ; ce qui montre que par le seul jeu des forces naturelles on peut arriver aux mêmes résultats que par l'intelligence humaine. Tous les exemples d'adaptation parfaite de certains organes, tels que l'œil, sur lesquels les anciens naturalistes s'extasiaient et dans lesquels ils voulaient voir la preuve irrécusable de l'intervention d'un esprit tout-puissant, s'expliquent simplement, sans aucun miracle. C'est un des plus hauts mérites de la théorie de Darwin d'avoir détruit complètement la doctrine des causes finales, qui faisait perpétuellement intervenir dans la nature des influences étrangères, et d'avoir prouvé que tous les phénomènes de la nature, si merveilleux qu'ils paraissent au premier abord, sont l'œuvre de causes infiniment simples, de lois exactement analogues à celles qui régissent les corps bruts Il n'y a pas de division dans les phénomènes : aussi bien dans le domaine de la vie que dans celui des forces physico-chimiques, les causes mécaniques doivent nous suffire ; la cristallisation des minéraux ou la chute des corps ne sont pas des phénomènes d'un autre ordre que le développement des plantes ou que l'activit de l'homme.

Le mimétisme s'explique aussi facilement que les adaptations précédentes : on désigne ainsi ce fait curieux de l'identité de couleurs de beaucoup d'animaux avec leur milieu. Beaucoup d'insectes vivant sur les feuilles sont verts; les animaux du désert sont jaunes comme le sable ; les animaux polaires blancs ou gri comme la neige et la glace, etc.

Un cas intéressant de la sélection naturelle est la sélection sexuelle. On sait que chez les mammifères et les oiseaux il y a ordinairement lutte pour posséder les animaux de l'autre sexe. Il suffit de citer les combats de cerf après lesquels le vaincu es condamné à la solitude, ou encore les combats de coqs. Il fau drait, selon Darwin, y chercher l'origine de la belle armure du cerf mâle. Chez d'autres animaux il y a des combats plus doux ; la beauté du plumage, la mélodie du chant décident la femelle chez certains oiseaux ; ailleurs, chez les insectes c'est l'éclat des ailes. Tous ces moyens de séduction manquant aux femelles, on doit en conclure que les mâles les ont acquis lentement dans leurs luttes pour plaire aux femelles.

C'est de cette manière que s'expliquent tous les cas de variation des espèces animales ou végétales que l'on a constatés; on est conduit par là à admettre que toutes les espèces descendent d'un petit nombre de types primitifs. Il y a toujours eu progression dans le degré de perfection des êtres organisés. Depuis le jour déjà lointain où la vie est apparue sur notre planète, tous les organismes ont été en se développant, en progressant : les couches géologiques recèlent des débris d'êtres organisés d'autant plus simples, d'autant plus imparfaits que l'on remonte plus haut dans la durée du temps. Cette magnifique évolution du règne animal et végétal, que nous découvre la paléontologie et que nous retracerons plus tard, a donc simplement pour cause la sélection naturelle dans la lutte pour l'existence.

Voilà la théorie de Darwin telle qu'il l'exposa dans son *Origine des Espèces*. Cette théorie fut accueillie avec une faveur universelle; elle avait le mérite immense de faire rentrer les sciences naturelles dans la loi générale ; de montrer qu'en biologie, en astronomie, en physique ou en chimie il n'y avait pas d'intervention miraculeuse. « Aux débuts de l'astronomie, dit Huxley, les étoiles du matin faisaient entendre un chœur d'allégresse, et des mains célestes dirigeaient la marche des planètes. Aujourd'hui l'harmonie des étoiles se résout par la loi de la gravitation inverse du carré des distances, et l'orbite des planètes se déduit des lois par lesquelles la pierre lancée par la main d'un enfant vient briser un carreau de vitre. L'éclair était l'ange du Seigneur, mais dans ces derniers temps, la science en a fait l'humble messager de l'homme. » L'œuvre de Darwin a été analogue ; il a prouvé que la biologie devait participer au concert des autres sciences, et que le domaine de la vie, où se réfugiait encore cette puissance inconnue, la force vitale, était soumise aux lois de la force et de la matière.

Le succès du darwinisme fut immédiat; la grande majorité des naturalistes et des savants y donna son adhésion; de toutes parts les travaux surgirent pour confirmer la doctrine nouvelle. Huxley en Angleterre montra comment l'oiseau est sorti du reptile et la découverte de *l'archæopteryx*, sorte de lézard emplumé, confirma ses prévisions. Fritz Muller reprenant une idée que Geoffroy Saint-Hilaire, Serres, Milne-Edwards et Agassiz avaient déjà exprimée, posa comme une loi générale de l'évolution que le développement de l'individu durant la vie embryonnaire est une récapitulation du développement de l'espèce durant les périodes géologiques. Hæckel, professeur à Iéna, montra la succession probable des organismes et dressa le tableau généalogique de nos ancêtres en commençant par les plus infimes de tous les animaux, les monères; il s'attacha à faire ressortir par sa doctrine du monisme, l'unité fondamentale de la nature tant organique qu'inorganique. Carl Vogt apporta également de précieuses confirmations au darwinisme. La France, où les idées de Cuvier dominaient encore, résista plus longtemps mais depuis quelques années ses savants sont entrés résolument dans la voie de l'évolution. M. Albert Gaudry établit d'une façon magistrale *les enchaînements du monde animal*.

Le mouvement dont le livre de Darwin avait donné le signal ne s'arrête pas à la zoologie; une science encore jeune, l'anthropologie en est complètement renouvelée et les travaux de Broca en établissent solidement les nouveaux fondements. Huxley, dans son célèbre écrit *sur la place de l'homme dans la nature*, montre qu'il y a moins de différence entre l'homme et les singes supérieurs qu'entre ceux-ci et les singes inférieurs. Rien dès lors n'autorise à séparer l'homme des autres animaux et à lui assigner une origine à part; il doit nécessairement avoir débuté par un état physique et moral très inférieur, et n'être parvenu que lentement à sa supériorité actuelle sur le règne animal.

Ce perfectionnement graduel, une nouvelle science a pour mission d'en rechercher tous les vestiges. Le préhistorique, par une étude attentive des premiers débris de l'industrie, démontre que si, à l'époque tertiaire, l'homme n'existait pas encore, il y avait déjà un être supérieur au singe, l'anthropopithèque.

L'homme en est sorti à l'époque quaternaire; son industrie d'abord très rudimentaire s'est peu à peu perfectionnée, puis à la suite de quelque invasion orientale, l'agriculture et les animaux domestiques font leur apparition. Cette évolution ne s'est pas accomplie en un jour; de même que celle des animaux, elle a exigé des milliers de siècles. Dès 1863, le géologue anglais Lyell prouva dans son ouvrage *Sur l'antiquité de l'homme* qu'au lieu des six mille ans de la tradition biblique, la science exige au moins deux cent mille ans.

Pour concorder avec cette évolution de l'homme comme avec l'évolution des animaux, la géologie devait être profondément remaniée. Si la faune et la flore du globe s'étaient modifiées progressivement et sans secousses, pouvait-on admettre encore les cataclysmes dont Cuvier s'était fait le défenseur?. D'ailleurs avant l'apparition de l'ouvrage de Darwin, sir Charles Lyell, reprenant l'idée de Lamarck, réformait l'histoire de la terre dans ses *Principes de géologie*. Dès 1830, il prouvait que point n'est besoin de supposer de grands bouleversements pour expliquer toutes les apparences que nous offre le globe. Les changements dont nous sommes aujourd'hui témoins suffisent à rendre compte de tout; pourvu que l'action des causes naturelles soit prolongée durant d'immenses périodes de temps, elles produisent les plus grands effets. Les agents séculaires : le froid et le chaud, la pluie, l'air, la mer, le vent, la glace modifient incessamment la surface de notre planète, et l'histoire des changements actuels nous donne la clé des changements passés.

Ainsi, grâce à la géologie et à la paléontologie, nous pouvons retracer d'une manière ininterrompue le grandiose spectacle de l'évolution de la Terre et de l'évolution des organismes qui l'ont habitée ; ensemble magnifique que pouvaient à peine entrevoir les philosophes du dernier siècle ! Nous sommes conduits, par un enchaînement logique, des premiers jours de la terre jusqu'à l'homme actuel. Mais est-ce tout ? Ne pouvons-nous pas remonter plus haut encore ?

N'est-il pas possible, armé de la science astronomique, des lois de la chaleur et de l'analyse spectrale, de poursuivre l'unité matérielle du monde jusque dans ces astres perdus au fond de l'espace ? Certainement, et déjà la concordance des mouvements de notre système planétaire nous conduit, avec Laplace, à cette intime conviction : qu'il a dû son origine à une gigantesque nébuleuse animée de mouvements rapides. La théorie mécanique de la chaleur confirme cette hypothèse ; l'observation des phénomènes célestes vient à l'appui. Ce qui se passe dans notre monde se passe dans tous les autres ; nous assistons à la genèse des uns, à la décadence des autres.

La théorie de l'évolution nous offre donc le tableau complet de l'histoire de l'univers : elle nous permet de retracer tour à tour l'origine du système solaire, l'origine de la terre, l'origine de la vie, l'origine de l'humanité.

Toutes les sciences en reçoivent une vie nouvelle. Et non seulement les sciences, mais encore la philosophie. Les sensualistes croyaient jadis que l'esprit humain était façonné uniquement par l'expérience : toutes nos connaissances, disaient les adeptes de cette école, toutes nos idées nous viennent des sens ; avant l'expérience, l'esprit est pareil à une table rase, à une page blanche sur laquelle aucun caractère n'a été tracé. C'était une erreur : dès que l'on pense, l'on fait usage de certains principes; les axiomes de la géométrie ne semblent pas plus vrais à soixante ans qu'à vingt. S'il n'y avait rien d'inné dans l'esprit, un cheval pourrait recevoir la même éducation qu'un enfant ; en les prenant tous deux à la mamelle, en leur donnant les mêmes soins, ils devraient être aussi intelligents l'un que l'autre à vingt ans.

On ne saurait donc attribuer à l'expérience individuelle les principes fondamentaux de l'esprit; mais il n'en est pas moins vrai que toute pensée dérive de l'expérience ; tous les principes aujourd'hui innés, a dit M. Spencer, ont été acquis par nos ancêtres dans le cours des siècles et résultent d'expériences accumulées.

Les antiques théories sensualistes sont donc ressuscitées aujourd'hui, et la psychologie est à son tour renouvelée par la doctrine de l'évolution ; l'expérience avec l'aide de l'hérédité suffit à donner la raison de tous les faits devant lesquels l'ancienne métaphysique était restée impuissante.

Et de même que nos idées, que nos sentiments ont eu une lente et progressive genèse, de même nos institutions se sont formées peu à peu.

La religion, la morale, la famille, la propriété, autant de conceptions que l'on se contente de constater d'ordinaire sans rechercher leur origine. Mais elles aussi ont eu leur histoire ; elles aussi se sont formées à la longue. L'homme n'a pas toujours été religieux; surtout il ne l'a pas toujours été de la même manière ; il n'a pas toujours conçu la famille ou le mariage comme il le fait aujourd'hui ; il n'a pas toujours admis l'idée de la propriété individuelle. Voilà autant de nouveaux problèmes dont l'étude historique, dont l'évolution nous donnera la solution.

Ce dernier côté de la théorie évolutionniste, le côté philosophique et social a été traité pour la première fois avec une incomparable largeur de vues par M. Herbert Spencer.

M. Herbert Spencer prend comme point de départ la grande loi scientifique de la permanence de la force, qui ne peut ni croître, ni diminuer, mais seulement se transformer. L'évolution n'est que le développement de l'univers suivant cette loi ; partout la réaction suit l'action. La force ne pouvant se perdre, doit, après avoir paru s'absorber dans les corps, s'en dégager et reparaître sous forme de détente. Le rythme se retrouve partout depuis les mouvements des étoiles jusqu'aux vibrations des molécules, depuis les pulsations du cœur jusqu'aux paroxysmes des passions. Cette loi du rythme implique nécessairement la diffusion après la condensation. Toujours, aussi bien après la formation des nébuleuses, après la croissance des organes, ou après la formation des centres industriels, la période d'agrégation est suivie d'une période de désagrégation. Il y a des ères alternantes de progression et de regression, de prospérité et de décadence.

M. Spencer applique ces vues à l'ensemble de nos connaissances : l'astronomie, la géologie, la biologie, la psychologie, la sociologie sont, selon lui, soumises à des lois identiques. Il s'est attaché à montrer avec une profusion inouïe d'exemples que l'évolution était la même dans tout système organisé ; que les mêmes phénomènes se retrouvent dans l'évolution d'un organisme tel que l'organisme humain et dans l'évolution d'une société, et il a poursuivi ce parallélisme jusque dans les plus petits détails.

La conception générale que nous nous faisons de l'univers physique et du monde social a donc été complètement renouvelée au XIXe siècle par les progrès des sciences naturelles. Naguère encore, trompés par l'apparente uniformité des phénomènes matériels et par l'apparente incohérence des phénomènes sociaux, les esprits les plus éclairés se figuraient volontiers l'homme, la terre, le ciel à l'état de repos, d'immobilité, et les sociétés livrées à des transformations de hasard. Satisfaits de retrouver les lois des choses, de tracer le tableau du monde actuel, ils ne se préoccupaient pas de savoir si ce tableau n'avait pas varié durant le cours des siècles. Ça été l'œuvre de notre époque de rapprocher dans toutes les branches de la science le présent du passé, de joindre au point de vue dogmatique le point de vue historique, et de démontrer clairement par la considération des époques successives, le *devenir* lent, progressif, incessant et universel.

Grâce aux efforts de tous les grands penseurs dont nous venons de rappeler l'œuvre en quelques pages, la doctrine de l'évolution est assise sur des bases inébranlables, et elle est devenue la grande loi qui explique aussi bien la genèse d'une idée que celle d'un monde.

LIVRE PREMIER

L'ÉVOLUTION DES MONDES

CHAPITRE PREMIER

De l'origine des mondes. — Formation du système solaire.

L'univers semble, au premier abord, nous offrir l'image de la fixité, de l'immobilité. Les astres qui se lèvent aujourd'hui sont ceux qui se levaient hier, et les constellations qu'admiraient, il y a bien des siècles, les pâtres de la Chaldée brillent encore sur nos têtes. Les poètes ont souvent chanté cet aspect des choses, en opposant la sérénité de la nature à l'agitation des hommes.

Mais avec un peu d'attention, on ne tarde pas, même dans le ciel, à voir quelques changements ; au milieu des étoiles on aperçoit des astres dont la position varie chaque jour : ce sont les planètes.

Les premiers astronomes grecs, pour expliquer ces apparences, imaginèrent une série de sphères de cristal supportant, les unes les planètes, les autres les étoiles, et tournant autour de la Terre.

Copernic eut la gloire de détruire l'erreur qui faisait de notre globe le centre du monde. Il montra que la Terre n'est qu'une planète semblable aux autres planètes et tournant, comme elles, autour du Soleil.

Cependant le système solaire n'est pas seul à nous montrer

de tels changements. Les étoiles que l'on aperçoit au fond des cieux sont des soleils comme le nôtre, et comme lui entourées d'un cortège de satellites en mouvement.

Ce n'est pas tout. Les étoiles nous semblent fixes, il est vrai ; mais le cavalier qui chevauche au loin sur la grande route semble immobile aussi. En réalité, elles se meuvent, elles se déplacent toutes dans l'espace ; elles s'approchent ou s'éloignent les unes des autres. Sans cesse de nouvelles étoiles deviennent visibles, d'autres cessent de l'être ; la figure des constellations change avec les siècles. Le Soleil se dirige avec son cortège de planètes vers la constellation d'Hercule.

Parmi tous ces systèmes que le télescope nous fait découvrir dans l'espace, on trouve des mondes encore embryonnaires, d'autres plus avancés, d'autres déjà formés, des étoiles pâlissantes et près de s'éteindre, enfin des astres morts et glacés. Toutes les phases de la vie sont représentées dans les cieux.

Ainsi donc tout change, tout se modifie. Rien n'est en repos dans la nature : frémissement des atomes et déplacement des mondes, tout est agitation et mouvement. L'univers entier est le théâtre d'une gigantesque évolution. Le monde où nous vivons a obéi comme les autres à cette grande loi, et nous allons retracer le tableau des états successifs par lesquels il a passé.

Au centre se trouve un globe incandescent, le Soleil, autour duquel tournent huit petits globes obscurs et semblables à la Terre : les planètes ; ce sont, en s'éloignant du Soleil, Mercure, Vénus, la Terre, Mars, Jupiter, Saturne, Uranus et Neptune. Mercure à 15 millions de lieues du Soleil ; — Vénus à 26 millions ; — la Terre à 37 millions ; — Mars à 56 ; — Jupiter à 192 ; — Saturne à 355 ; — Uranus à 710 ; et Neptune à un milliard cent dix millions de lieues. Entre Mars et Jupiter se trouve un essaim de plus de 250 petites planètes : les astéroïdes.

Des huit grosses planètes, six ont des satellites, c'est-à-dire qu'elles reproduisent en miniature le système solaire. La Terre a un satellite, la Lune ; Mars en a deux ; Jupiter quatre ; Saturne huit ; Uranus quatre, et Neptune un. Tous ces globes tournent autour du Soleil comme emportés par un même mouvement giratoire ; et en même temps ils tournent sur eux-mêmes en entraînant leurs satellites autour d'eux.

Toutes ces planètes se meuvent dans le même sens autour du Soleil ; ce sens de la rotation autour d'un même astre central est aussi le sens de la rotation de chacune d'elles autour de son axe ; il en est encore de même pour les satellites qui les accompagnent dans leur marche ; bien plus, pour les satellites de Jupiter et de la Terre, il y a non seulement identité de sens, mais encore égalité entre les mouvements moyens de rotation et de révolution ; toutes ces orbites ne s'éloignent pas beaucoup du plan commun de l'équateur solaire (1). L'analyse spectrale, enfin, a déjà permis de retrouver dans le Soleil une bonne partie des éléments de la Terre ; on y a reconnu avec une irrécusable évidence le fer, le cuivre, le sodium et la plupart des autres métaux : une seule et même cause a donc primitivement exercé son influence dans tout le système. Laplace a d'ailleurs soumis la question au calcul, et il a trouvé qu'il y avait plus de deux cent mille milliards à parier contre un que de tels phénomènes ne sont point dus au hasard ; « ce qui, dit-il avec raison, forme une probabilité bien supérieure à celle de la plupart des événements historiques dont nous ne doutons pas. »

Le problème de l'origine du système solaire se pose donc en termes très nets : comment la matière a-t-elle pu, en vertu des lois de la mécanique, former ces astres, soleil, planètes et satellites, animés de ces girations gigantesques, et présentant une telle concordance et dans leur structure et dans leur mouvement ?

(1) Il y a à ces règles quelques exceptions dont il sera tenu compte plus loin.

Et, ne l'oublions pas, le Soleil n'est qu'une étoile comme les autres, le système solaire n'est pas une exception dans l'univers. C'est une infime partie d'un tout infiniment grand. Ce qui est vrai pour lui, est vrai pour les autres mondes.

I

Le philosophe allemand Kant, le premier dans les temps modernes, tenta de répondre à la question ainsi posée.

A l'origine, dit-il, tous les matériaux dont se composent le Soleil et les planètes remplissaient l'espace entier où ils circulent aujourd'hui. A ce moment rien encore n'a pris forme. Plus tard les éléments les plus légers se réunissent aux particules plus denses de façon à créer diverses masses qui s'équilibrent entre elles, grâce à leur action mutuelle. Les particules environnantes se précipitent alors vers ces premiers noyaux ; mais en se repoussant mutuellement elles donnent naissance à des tourbillons circulaires en tous sens. Ces mouvements discordants tendent naturellement à s'uniformiser jusqu'à ce qu'ils se fassent tous sur des cercles parallèles dont le Soleil est le centre. Ainsi donc, la plupart des particules primitivement disséminées viennent grossir le noyau central, le Soleil, autour duquel circule une masse moindre formée de particules indépendantes.

Les causes qui, au sein du chaos originaire, ont produit le Soleil, continuent à agir. Les éléments voisins se réunissent en vertu de l'attraction et donnent naissance aux planètes : celles-ci, se composant de corpuscules animés d'un mouvement circulaire, auront donc le même mouvement et dans la même direction. Si les orbites de ces planètes ne sont pas exactement circulaires, c'est que les particules dont elles se composent, étant à des distances diverses du Soleil, n'ont pas toutes la même vitesse.

La masse et la densité des planètes dépendent de leur éloignement du Soleil. La densité de la nébuleuse croissant du pourtour au centre, les planètes extérieures sont les moins denses ; mais par contre la sphère d'action de chacune d'elles étant d'autant plus grande que le noyau primordial est plus loin du centre, les planètes les plus éloignées ont la plus grande masse.

La formation des satellites aux dépens des planètes s'explique de même que celle des planètes aux dépens du Soleil. « Ce que le soleil est en grand avec les planètes, une planète l'est en petit dans sa sphère. »

Les cometes, selon Kant, ont la même origine que les planètes; elles s'en distinguent par la forme allongée de leurs orbites. « Or ces orbites, dit-il, doivent s'écarter d'autant plus de la forme circulaire que l'astre est plus loin du Soleil. S'il existe des planètes au delà de Saturne, leurs orbites doivent être très excentriques. » Quant à la matière constitutive des comètes, c'est une vapeur très tenue, analogue à l'aurore boréale.

Kant se propose enfin d'expliquer la formation de l'anneau de Saturne.

Saturne a dû être à l'origine une comète entourée d'une atmosphère très tenue ; tandis que le noyau en perdant sa chaleur se transformait en planète, la masse vaporeuse qui l'environnait a donné naissance à l'anneau.

Telle est l'hypothèse par laquelle Kant a cru pouvoir expliquer l'origine du système solaire. Elle a l'incontestable mérite de faire dériver ce système d'une nébuleuse primitive dont le mouvement a donné aux planètes leur uniformité si remarquable. Mais, cela accordé, elle prête le flanc aux plus graves objections, et se trouve à chaque instant en contradiction avec les lois les plus générales de la mécanique.

Kant suppose le chaos primitif se divisant en une série de masses isolées qui s'équilibrent réciproquement. — Mais de telles masses dénuées de vitesse initiale se réuniraient nécessairement en un globe unique, de sorte que la nébuleuse de Kant ne peu donner naissance qu'à un seul soleil et non pas au système planétaire que nous connaissons.

Par une singulière inadvertance, Kant n'a pas vu que, dans son système, les mouvements des planètes et de leurs satellites seraient rétrogrades, c'est-à-dire que nous verrions le Soleil se lever à l'ouest et se coucher à l'est, et toutes les planètes se déplacer en sens contraire de leur mouvement réel.

La théorie de Kant indique encore que seules les planètes les plus éloignées du Soleil peuvent avoir plusieurs satellites ; la découverte des satellites de Mars a renversé cette conclusion.

Elle conduit à penser que les orbites des planètes transsaturniennes sont très excentriques.

Il n'en est rien.

Enfin, d'après l'origine qu'il assignait à l'anneau de Saturne, Kant a calculé la durée de rotation de cette planète. Il a trouvé cinq heures environ. On sait aujourd'hui que cette durée est double.

Un peu plus loin, Kant s'écarte singulièrement de la rigueur que doit conserver toute explication scientifique quand il donne à la Terre dans les premiers âges un anneau semblable à celui de Saturne. « Quel magnifique spectacle pour les êtres créés en vue d'habiter la Terre comme un paradis! » Puis il prétend expliquer le Déluge par la rupture de cet anneau, châtiment destiné à punir le monde qui s'était rendu indigne d'un si beau spectacle !

Il voit dans les vapeurs répandues à ce moment dans l'air « un poison lent qui raccourcit dès lors la vie de toutes les créatures. » Enfin Kant se livre à une série de considérations assez aventurées sur les habitants des planètes ; il ne craint pas d'affirmer qu'ils sont d'autant plus intelligents qu'ils habitent plus loin du soleil; en conséquence, il s'extasie sur les habitants de Jupiter, il calcule la durée de leur existence, etc.

II

Les erreurs mathématiques que l'on constate à chaque instant dans cette théorie, les démentis que lui ont infligés les observations modernes; le caractère fantaisiste qu'elle finit par revêtir, tout cela contraste étrangement avec l'hypothèse si claire, si simple, si scientifique de Laplace. Plus grandiose comme conception, en conformité parfaite avec les lois de la mécanique, elle explique toutes les particularités que l'on a découvertes depuis; il n'est pas jusqu'aux objections qu'on lui a opposées qui n'aient servi à mieux l'établir. Complétée et mise en harmonie avec les idées nouvelles introduites dans la science par la théorie mécanique de la chaleur, elle a reçu de celle-ci une confirmation nouvelle.

On va voir combien peu se ressemblent les hypothèses de Laplace et de Kant; et si les susceptibilités nationales n'étaient pas en jeu, il serait impossible de comprendre comment on a voulu attribuer au philosophe allemand les mérites d'une théorie qui appartient tout entière à l'astronome français.

Laplace suppose qu'à l'origine tous les matériaux du système solaire se trouvaient diffusés dans une immense étendue; c'est là tout ce que son hypothèse a de commun avec celle de Kant; la nébuleuse de Kant est formée de particules indépendantes qui circulent autour du centre, chacune avec sa vitesse propre. La nébuleuse de Laplace est une atmosphère formée d'un gaz élastique dont toutes les couches se meuvent ensemble autour d'un axe commun.

La matière du soleil et des planètes est donc originairement répandue dans une sphère immense ayant pour rayon plus de dix fois la distance à laquelle est située la planète la plus lointaine du système solaire, la planète Neptune. Pour se faire une idée de cet état initial, on peut évaluer la masse du soleil et des diverses planètes et la supposer répartie dans tout cet espace. On trouve alors que chaque kilomètre cube ne contient pas plus de matière qu'une pièce de cinq francs. Les brumes les plus légères qui flottent dans l'air par les journées de printemps n'en sauraient donner la moindre idée. La raréfaction de ces nébuleuses est deux cent cinquante millions de fois plus grande que celle de l'air restant dans le vide obtenu avec les machines pneumatiques.

Et ce n'est pas là une simple hypothèse, une conception de la la raison, une création de l'esprit. Il y a, dans la nature, de la matière à cet état de diffusion extrême. Par delà les étoiles, dans les profondeurs des cieux, on a reconnu des astres d'une nouvelle espèce. Ça et là, on aperçoit, dans les télescopes, des masses blanches, d'apparence laiteuse, de formes variées, sortes de brumes tenues, à peine assez condensées pour y faire naître une faible lumière : ce sont les nébuleuses.

De ces nébuleuses, il en est qui affectent les formes les plus irrégulières. Telle est la magnifique nébuleuse *d'Orion*. Située au-dessous des trois belles étoiles que l'on nomme *Baudrier d'Orion*, elle ressemble vaguement à une gueule ouverte. La partie la plus brillante, qui semble flamboyer comme une flamme, occupe dans le ciel une étendue comparable au disque du Soleil ; en la supposant placée à la distance des étoiles les plus voisines, sa surface serait 640,000 millions de fois plus grande que celle du Soleil. Et si l'on considère la nébuleuse tout entière, en remarquant qu'elle a pu être suivie dans le ciel noir sur une étendue de 4° de l'Est à l'Ouest et de 5° du Sud au Nord, comme à ces distances prodigieuses une seconde d'arc vaut 74 millions de lieues, et un degré 266, 400 millions, on voit qu'il y aurait là au minimum 1,332,000 millions ou plus d'un trillion de lieues de gaz. Un train express, lancé avec une vitesse de soixante kilomètres à l'heure, mettrait dix millions d'années à traverser cette brume !

On a réussi récemment à photographier cette nébuleuse ; il a fallu trente-six minutes de pose, tandis qu'une demi-seconde suffit pour une étoile de première grandeur.

Citons encore parmi les nébuleuses irrégulières, le navire *Argo* qui ressemble à une masse visqueuse contractée sur elle-même et percée d'un grand trou noir ; ailleurs, dans le *Sagittaire* on trouve des nébuleuses déchirées en lambeaux, d'autres envoient au loin de grands filaments lumineux.

Mais ces masses diffuses ne conservent pas toujours des formes aussi peu symétriques. Les courants qui y circulent tendent à leur donner un aspect plus régulier ; c'est ainsi que la nébuleuse des *Chiens de chasse* se présente comme une série de spirales immenses convergeant vers un centre commun. Cette forme semble indiquer la rotation de la nébuleuse sur elle-même et montrer de plus que le noyau central tourne plus rapidement que le pourtour. Ces détails se retrouveront dans la nébuleuse de Laplace comme une simple conséquence des lois de la condensation.

D'autres nébuleuses ont la forme de fuseaux, comme la nébuleuse *d'Andromède*. D'autres encore sont complètement annulaires comme celle de *la Lyre* dont la forme régulière rappelle les anneaux de Saturne.

Enfin les nébuleuses planétaires offrent un disque circulaire presque aussi net que celui d'une planète ; d'autres, dites Étoiles nébuleuses, présentent une forte condensation au centre d'une nébuleuse planétaire. Telle est par exemple la nébuleuse du *Verseau*: Herschel qui l'observa le premier en 1782, la comparait au disque de Jupiter. Lord Rosse reconnut plus tard qu'elle est environnée d'un anneau que nous voyons par la tranche, ce qui rappelle l'aspect de Saturne. L'astronome d'Arrest, descendant d'une famille chassée de France par la révocation de l'édit de Nantes, l'observa à Copenhague pendant les nuits des 23 juillet 1862, 7 août 1863 et 6 novembre 1865. Elle brille, dit-il « d'une insigne splendeur. » Nous avons donc là un système solaire en formation ; nous assistons à la création d'un monde, image de la genèse de la Terre et des Planètes par la formation d'anneaux se détachant du foyer central. Et cette petite nébuleuse, une des plus minuscules que l'on connaisse, occupe un espace au moins aussi vaste que celui du système solaire tout entier ; ce globe gazeux est au moins 264 milliards de fois plus gros que notre soleil, c'est-à-dire 338 quatrillions, 896 trillions, 800 mille millions de fois plus volumineux que le globe sur lequel nous vivons.

Telle est cette étoile nébuleuse ; tels nous étions Terre, Lune, Soleil et Planètes, il y a des millions d'années.

Il y a trop peu de temps que les observations astronomiques se font avec une précision suffisante pour que l'on ait suivi pas à pas les transformations d'une de ces nébuleuses. Déjà pourtant on a cru remarquer dans Orion quelques changements. Mais du moins, en parcourant le ciel, on rencontre des mondes à tous les âges et à tous les degrés de la carrière qu'ils doivent fournir.

Or, la nébuleuse solaire a précisément revêtu successivement les formes diverses que nous venons de passer en revue.

A l'origine elle se compose de matériaux diffus, animés d'un mouvement lent de rotation. C'est une véritable atmosphère dont la limite est le point où la force centrifuge fait équilibre à la pesanteur. Peu à peu, par suite de la gravité, l'atmosphère se condense.

Elle abandonne les molécules situées à sa limite primitive, puis aux limites successives produites par l'accroissement de rotation du Soleil. Ces molécules ont continué de circuler autour de cet astre. Mais les autres se sont rapprochées de l'atmosphère solaire, à mesure qu'elle se condensait, et n'ont pas cessé de lui appartenir.

Ces zones de vapeurs successivement abandonnées ont formé divers anneaux concentriques de vapeurs circulant autour du Soleil.

Si toutes les parties d'un anneau gazeux continuaient à se condenser avec une parfaite régularité, elles formeraient à la longue un anneau liquide ou solide ; c'est un cas assez rare, et dont le système solaire n'offre aujourd'hui qu'un exemple, celui des anneaux de Saturne. Presque toujours chaque anneau s'est rompu en plusieurs masses. Ces masses ont pris la forme sphérique avec un mouvement de rotation dirigé dans le sens de leur révolution, puisque les molécules inférieures avaient moins de vitesse que les supérieures ; elles ont donc formé autant de planètes à l'état de vapeurs. Mais si l'une d'elles a été assez puissante pour absorber successivement par son attraction toutes les autres, l'anneau s'est transformé en une planète unique. Ce dernier cas est le plus fréquent. Cependant le système solaire nous offre l'exemple du premier dans l'essaim de planètes télescopiques qui circulent entre Jupiter et Mars.

La formation des satellites s'explique d'une manière analogue ; au centre de chaque planète se forme un noyau qui s'accroît sans cesse ; la condensation produit aux limites de l'atmosphère des phénomènes semblables à ceux qui ont été décrits, c'est-à-dire des anneaux et des satellites circulant autour du centre et tournant dans le même sens sur eux-mêmes.

Enfin Laplace considère les comètes comme étrangères, à l'origine, au système solaire ; c'est encore aujourd'hui l'opinion la plus probable.

Ajoutons encore qu'il rattache à sa théorie la lumière zodiacale ; on sait que l'on aperçoit pendant les nuits sombres, avant le lever du soleil ou après son coucher, une lueur phosphorescente allongée comme un fuseau, sorte d'atmosphère très étendue située dans le plan de l'équateur solaire ; c'est, selon Laplace, un reste de la nébuleuse primitive.

Tel est, presque textuellement, l'exposé que Laplace a fait de sa célèbre hypothèse dans son « SYSTÈME DU MONDE ». Cette théorie de la formation des mondes a pu être reproduite par une expérience de laboratoire imaginée vers 1850 par M. Plateau, de Bruxelles. On introduit par un siphon une goutte d'huile dans un mélange d'eau et d'alcool ayant même densité que l'huile; cette goutte prend la forme sphérique et flotte en équilibre. On y fait pénétrer un petit disque de fer supporté par une tige de verre; puis on imprime à cette tige un mouvement de rotation d'abord très lent ; ce mouvement se communique à la sphère et on la voit s'aplatir aux pôles et se renfler à l'équateur, comme sont tous les corps célestes ; l'effet est d'ailleurs d'autant plus marqué que la rotation est plus rapide. Si l'on accélère encore la rotation de la partie équatoriale, on voit se détacher un anneau qui circule autour de la sphère dans le même sens, comme l'anneau de Saturne. Que l'on continue à tourner, l'anneau se déforme et se divise en plusieurs masses, dont chacune devient aussitôt sphérique ; ces sphères se mettent à tourner sur elles-mêmes dans le sens du mouvement général de translation.

Comme on le voit, c'est en petit la formation du système solaire.

La théorie de Laplace explique admirablement l'harmonie générale du système. Elle rend compte de la coïncidence des plans des orbites planétaires avec l'équateur solaire, de la faible excentricité des orbites qui, à l'origine, devaient être des cercles parfaits, du sens des mouvements de rotation et de révolution, ainsi que de l'unité de composition de tous ces corps. Il nous reste à montrer comment peuvent s'expliquer les anomalies et les particularités qui s'y rencontrent.

Mais auparavant il est nécessaire de rechercher quelle est l'origine de la chaleur solaire ; il est clair, en effet, qu'il ne suffit pas de se représenter le soleil comme le siège d'une combustion violente, il faut trouver des aliments à ce foyer. Laplace n'a pas répondu et ne pouvait répondre à cette question.

C'est de nos jours seulement que la théorie mécanique de la chaleur a permis de résoudre le problème. Depuis quarante ans une révolution générale s'est accomplie dans les sciences physiques par suite de la nouvelle manière dont on a été conduit à envisager la chaleur ; tandis que les physiciens du siècle dernier en faisaient un fluide matériel uni aux différents corps, on s'accorde aujourd'hui à y voir simplement un mode de mouvement ; on a démontré d'une manière irrécusable qu'il y a proportionnalité entre la quantité de chaleur disparue dans les machines et le travail qu'elles fournissent. Et réciproquement, s'il y a dépense de travail dans un système, sans que cette dépense s'explique par un phénomène du même ordre dans un autre système, on observe le dégagement d'une quantité de chaleur proportionnelle. L'ancien adage « rien ne se perd, rien ne se crée, » ne s'applique donc pas seulement à la matière, il est vrai aussi du mouvement. L'univers contient une certaine quantité d'énergie qu'il n'est en notre pouvoir ni d'augmenter, ni de diminuer. Le mouvement, la chaleur, l'électricité peuvent être convertis les uns dans les autres ; mais en aucun cas on ne crée de l'énergie, en aucun cas on n'en détruit. Qu'on lance un corps contre un obstacle ; il s'arrête brusquement, mais son mouvement n'est pas anéanti, de visible il devient invisible, il se transmet aux dernières particules des corps, il reparaît sous forme de chaleur. Cet échauffement est parfois suffisant pour porter au rouge les boulets de canon, ou pour faire fondre les balles de plomb ainsi arrêtées. C'est de la même manière que s'explique l'échauffement du marteau qui tombe sur l'enclume, ou des roues qui frottent contre le sol. Quand on dépense 425 kilogrammètres, la quantité de chaleur qui apparaît est égale à une calorie. On voit ainsi que si la Terre arrivait jamais à choquer dans l'espace quelque astre aussi volumineux qu'elle, la chaleur dégagée suffirait pour la réduire en vapeur.

C'est dans cet ordre d'idées que l'on a cherché l'origine de la chaleur du Soleil. Les matières étrangères qui tombent à sa surface sont portées à l'incandescence; un corps pesant 1 kilogr. et venant de l'infini, aurait une vitesse de 150 lieues par seconde et dégagerait 44 millions de calories. La chute des comètes et des météores cosmiques est certainement un des modes d'alimentation de la chaleur solaire.

Mais il en est un autre au moins aussi efficace ; à mesure qu'il se refroidit, le Soleil se contracte, et la chaleur dégagée par cette chute de la matière solaire vers le centre, suffit à réparer les pertes qu'il éprouve par rayonnement. Nous sommes donc amenés à penser que le Soleil a sans cesse diminué dans le cours des siècles. Il fut un jour où il remplissait l'orbite de Neptune, où il s'étendait même bien au delà, de sorte que la théorie mécanique de la chaleur nous ramène par une voie toute différente aux idées mêmes de Laplace. On doit supposer qu'à l'origine la matière était au zéro absolu. On sait en effet que si la série ascendante des températures semble illimitée théoriquement, et si pratiquement elle n'a d'autres bornes que l'imperfection de nos moyens de chauffage, il n'en est pas de même des basses températures, on ne saurait descendre au-dessous de 273° de froid ; c'est le zéro absolu. Et cela est facile à concevoir. Puisque la chaleur n'est qu'un mode de mouvement, il y a une température limite qui est celle où les particules des corps sont en repos. C'était autrefois la température de notre nébuleuse ; c'est aujourd'hui celle des espaces interstellaires. Mais peu à peu cette nébuleuse se contracte sous l'empire de la gravité ; sa température s'élève et le Soleil formé par la réunion progressive de tous les matériaux dispersés dans cet espace immense devient incandescent. C'est la condensation qui a produit sa chaleur actuelle; c'est la condensation toujours persistante qui suffit, partiellement du moins, à sa dépense annuelle de chaleur et de lumière.

Ainsi la grandiose conception de Laplace est pleinement d'accord avec les idées modernes sur le Soleil. Il faut voir maintenant comment elle se concilie avec les diverses particularités du système, celui-ci ne possédant pas une régularité parfaite. On ne doit pas oublier en effet que les orbites de Mercure et de Pallas sont très notablement inclinées sur l'équateur solaire; que les équateurs de quelques grosses planètes font des angles considérables avec le plan de leur orbite, que les satellites d'Uranus et de Neptune ont une rotation rétrograde; que la Lune enfin est trop loin de la Terre pour avoir pu se former par la rupture d'un anneau. Le système planétaire présentant à l'origine un accord de mouvements presque parfait, c'est par l'action de causes agissant postérieurement que l'on peut expliquer ces anomalies.

Mais tout d'abord deux particularités caractéristiques viennent à l'appui de la théorie. Les planètes ne sont pas distribuées au hasard, on exprime leurs distances au Soleil par une remarquable série arithmétique, connue sous le nom de *loi de Bode*. Or, cette loi se présente comme une conséquence de la contraction de la nébuleuse, elle entraîne cette conclusion du plus haut intérêt : que les planètes se sont formées à des époques également espacées dans le temps. Il en est de même pour les satellites des planètes.

Autre remarque curieuse : on est amené à penser que l'anneau de Saturne est composé d'un grand nombre de petits corpuscules circulant autour de la planète, chacun avec sa vitesse propre. Mais alors ce n'est plus un cas unique; c'est un phénomène semblable à l'essaim des planètes télescopiques. Et de même que l'anneau de Saturne est divisé en plusieurs zones séparées par des espaces vides, de même les petites planètes s'agglomèrent en zones distantes de larges intervalles. Ces vides reconnus, quand le nombre des planètes n'atteignait pas cent, n'ont pas été comblés par la découverte de plus de cent cinquante nouveaux astéroïdes. Ces hiatus s'expliquent par la puissante influence de Jupiter ; de même l'influence perturbatrice des lunes de Saturne est la cause de l'intervalle qui sépare les anneaux.

Ainsi se poursuit jusque dans les moindres détails, le parallélisme entre la formation des planètes autour du Soleil et celle des satellites autour de leurs planètes, qui constitue un des traits originaux de la théorie nébulaire.

Reste enfin à expliquer pourquoi les mouvements des satellites de Neptune et d'Uranus et sans doute aussi les mouvements de ces planètes sont rétrogrades. La question est très générale. Au début, les mouvements de rotation des planètes s'exécutaient tous dans le plan équatorial de la nébuleuse. Directe ou rétrograde, la rotation d'Uranus s'effectuait autour d'un axe perpendiculaire à ce plan; ce qu'il faut expliquer, c'est comment cet axe a pu s'incliner sur l'orbite. Le même problème se pose pour les autres, car il n'en est qu'une seule, Jupiter, dont l'axe soit resté normal à l'orbite. On rend compte de ces faits par l'action du Soleil au moyen de considérations analogues à celles qui expliquent la formation de la Lune.

La Lune présente en effet ce caractère particulier que sa distance à la Terre est plus grande que n'a pu être le rayon de l'atmosphère terrestre à l'époque de sa genèse. Aussi doit-on rapporter son origine à un phénomène particulier, celui des marées, dont Laplace, un des premiers, a montré l'importance. On sait en quoi consistent les marées terrestres. La mer éprouve des oscillations régulières et périodiques. Elle monte pendant six heures, c'est le flux, et redescend pendant six heures, c'est le reflux.

Cette double oscillation est due à l'influence de la Lune. Quand la Lune se trouve au méridien d'une mer, elle attire plus fortement la surface de cette mer que le centre de la Terre dont elle est plus éloignée. Par suite, cette masse liquide s'élève vers elle, ce qui produit une marée haute. En même temps sur le point du globe diamétralement opposé il se produit un renflement analogue.

Pour fournir cet excès d'eau, le niveau s'abaisse sur tous les points qui ont à ce moment la Lune à l'horizon. Par suite de l'attraction, la terre perd sa forme sphérique et s'allonge comme un œuf.

Le Soleil agit de même; mais étant très éloigné, son action se borne à contrarier ou à aider celle de la Lune; on a ainsi les plus basses ou les plus hautes marées de l'année.

Tel est le mécanisme des marées. Il suffit de réfléchir un instant pour voir quelle est la quantité de travail mécanique absorbée par cette double oscillation diurne de l'océan tout entier. Ce travail est dépensé à ronger les falaises, à déplacer les sables, à accumuler des bancs de galets en certains points, etc., mais quel qu'en soit l'emploi, les marées se comportent comme une force motrice capable d'accomplir de grands travaux. Or, comme rien ne se crée, pas plus dans le domaine du mouvement que dans celui de la matière, il faut nécessairement que tout ce travail soit emprunté à quelque source extérieure d'énergie. Nous verrons dans la suite que tous les travaux qui s'accomplissent à la surface de notre globe empruntent l'énergie nécessaire au soleil. Seul le travail des marées fait évidemment exception. Dès lors il n'est que deux causes auxquelles on puisse recourir : le mouvement diurne de la Terre et le mouvement mensuel de la Lune. Or ces deux mouvements, au bout d'un temps plus ou moins long, sont nécessairement influencés par cette perte continuelle de force vive. Quelle a dû être cette influence dans le passé ? quelle sera-t-elle dans l'avenir? Pour le moment nous n'examinerons que la première de ces deux questions.

Pour expliquer un phénomène qui a longtemps embarrassé les astronomes : l'accélération séculaire du mouvement de la Lune; Laplace avait remarqué qu'il suffirait d'admettre un ralentissement dans la rotation de la Terre. Delaunay, qui reprit cette question plus tard, expliqua ce ralentissement par l'action des marées ; le frottement des océans doit agir sur le noyau solide à la manière d'un frein. Mais il s'ensuit nécessairement une réaction qui a pour effet d'éloigner progressivement notre satellite. Ainsi donc le jour s'allonge avec les siècles, et la Lune s'éloigne peu à peu de nous. Les conséquences de ces faits sont d'un haut intérêt pour notre planète et pour son satellite : elles ne sont pas moins importantes pour le système tout entier.

Si nous remontons le cours des siècles, nous voyons la Lune de plus en plus rapprochée de la Terre dont la rotation était alors plus rapide qu'aujourd'hui ; à un certain moment la Lune était en contact avec la Terre ; la durée de sa révolution n'était alors que de trois heures ; c'était aussi la durée du jour sidéral qui est aujourd'hui de vingt-quatre heures. A ce moment la Lune décrivait autour de notre planète, non pas une ellipse comme aujourd'hui, mais un cercle.

Si l'on remonte plus haut encore dans la durée on arrive à une époque où la Lune se confondait avec la Terre dont elle s'est séparée depuis par quelque commotion violente. A ce moment ces deux corps n'en formaient qu'un seul, tournant sur lui-même très rapidement. C'était alors un globe à demi-fluide dans lequel la rotation produisait un aplatissement si considérable que la figure ellipsoïdale devait être très peu stable. La Lune n'existant pas encore, les marées étaient produites par le Soleil seul, et bien qu'aujourd'hui la marée solaire soit deux fois et demie plus faible que la marée lunaire, à cette époque lointaine, l'état fluide et visqueux de la Terre lui donnait une bien autre importance. Le globe entier participait à ce mouvement et la vitesse de l'ondulation qui en faisait le tour en trois heures déterminait une énorme absorption de force vive. Or l'un des effets de la marée étant d'écarter le satellite de sa planète, la Terre devait être alors notablement plus près du Soleil, ce qui augmentait encore l'importance de ces grandioses phénomènes.

Ainsi l'attraction solaire déterminait deux renflements aux extrémités du diamètre passant par le soleil; mais, ce diamètre se déplaçant par suite de la rotation, un autre le remplaçait, de sorte que le globe entier se trouvait périodiquement déformé.

Comment ces déformations ont-elles pris assez d'importance pour détacher de la Terre une masse aussi considérable que la Lune ?

La physique nous montre un très grand nombre de cas dans lesquels des causes, souvent très minimes, mais périodiques, arrivent à produire des effets énormes. Il faut seulement que les effets successifs aillent en s'ajoutant les uns aux autres. Il arrive parfois qu'un vaisseau sombre en mer par un temps assez calme. C'est que la première lame lui imprime un balancement dans un certain sens; la seconde vient ajouter son effet à la première, les autres continuent et l'oscillation finit par le faire chavirer. Il suffit pour cela que la période du balancement du navire soit la même que celle des lames.

Il en est de même dans le cas présent. Les oscillations des marées ne s'éteignent pas immédiatement; elles persistent jusqu'à ce que le frottement ait absorbé toute leur force vive. L'effet d'une marée subsiste encore quand arrive la suivante. Dès lors il peut arriver que ces effets s'ajoutent pour produire une marée plus haute; la suivante sera plus grande encore, et ainsi de suite. Les causes du phénomène agissant constamment dans le même sens, il finira par prendre des proportions énormes qui semblent d'abord peu en rapport avec la cause qui les produit.

En a-t-il bien été ainsi dans la réalité? On a réussi à calculer la période d'élasticité du globe fluide ; elle était d'une heure et demie. Quant à la période de la marée, c'est la moitié du jour solaire qui était alors de trois heures. Les deux périodes sont donc égales, et tout s'est passé comme nous l'avons dit.

Que l'on se représente ces oscillations énormes, ces torrents de laves incandescentes dont la hauteur atteignait le dixième, le cinquième, le quart peut-être du rayon terrestre, ces protubérances colossales plus de trois cents fois aussi hautes que les Alpes se formant et disparaissant en une heure et demie ; et l'on concevra facilement qu'aux régions équatoriales, à une époque voisine de l'équinoxe, c'est-à-dire des plus grandes marées de l'année, la force centrifuge née de cette rotation rapide l'ait emporté sur la pesanteur ; une masse énorme se détache entraînant avec elle une partie de la Terre et bientôt se forme en un globe nouveau : c'est la lune.

Dès lors que va-t-il arriver ? Les causes les plus légères peuvent rapprocher la Lune de la Terre ou l'en éloigner.

Dans le premier cas elle retombe sur notre globe : c'est un astre mort-né.

Mais tout se retrouve dans l'état primitif, les mêmes causes continuent à agir : une nouvelle lune se forme. Il a pu ainsi s'en produire plusieurs, jusqu'au moment où l'une d'elles, celle qui existe aujourd'hui, s'est un peu écartée de la Terre. D'après les calculs de M. G. Darwin, le fils de l'illustre naturaliste anglais, cet événement a dû se produire il y a 54 millions d'années environ. A partir de ce moment les deux astres tournent ensemble ; chacun d'eux produit des marées sur l'autre; par suite de ce frottement, la période de la Lune, c'est-à-dire le mois, s'allonge, et celle de la Terre, le jour, s'accroît aussi. Mais la masse de la Terre étant égale à 81 fois celle de la Lune, les marées déterminées sur celle-ci accomplissent rapidement leur œuvre. Un moment arrive où la rotation du globe lunaire s'effectue dans le temps même de sa révolution. Dès lors, comme Laplace l'a indiqué, la Lune tourne toujours la même face vers nous, toute agitation disparaît à sa surface. Seul le refroidissement continue son œuvre, et en fait le globe mort que nous voyons aujourd'hui.

Telle semble donc avoir été la naissance de la Lune ; postérieure aux autres planètes, sa genèse s'accorde fort bien avec la théorie de Laplace ; celle-ci nous explique donc d'une manière purement scientifique l'origine de notre système. Par sa précision et sa rigueur elle diffère complètement des hypothèses que l'on avait proposées jusque-là.

Les uns, comme Newton, renonçaient à expliquer la formation du système tout en pensant qu'une main puissante devait de temps en temps mettre les choses en place pour éviter les accidents possibles. Ses successeurs supposaient les planètes réparties à l'origine sur un billard gigantesque ; survenait un joueur divin qui leur donnait dans le même sens et perpendiculairement aux rayons vecteurs des impulsions proportionnelles à leurs masses et inverses au carré des distances. On a même calculé que pour expliquer la rotation il suffisait d'un peu d'*effet*. La terre devait avoir été frappée de côté, à une distance du centre égale à $\frac{1}{160}$ du rayon ; Mars à $\frac{1}{418}$, Jupiter à $\frac{7}{19}$. On oubliait les satellites.

Descartes, du moins, dans son hypothèse des tourbillons, ne s'écartait pas des principes essentiels de la science. Selon lui, la matière primitive en rotation s'était subdivisée peu à peu : les parties les plus grossières formant les planètes et les comètes ; les parties les plus subtiles, les fluides ; enfin les plus déliées, le feu. Il supposait que la masse d'abord homogène était sillonnée par des courants de vitesses égales. La différence de vitesse entre deux filets contigus engendrait des mouvements circulaires comme les tourbillons des cours d'eau. Telle est son explication du mouvement général des planètes. « Et de même que dans les tourbillons terrestres on voit se former d'autres tourbillons plus petits autour de quelques fétus, de même chaque planète entraîne d'autres corps, ses satellites. » C'est là un tableau d'ensemble assez satisfaisant de notre système.

M. Faye en 1884 a repris et développé cette théorie des tourbillons appliqués à l'origine du monde. Il suppose une nébuleuse primitivement homogène à l'intérieur de laquelle se forment des anneaux dont la rupture donne naissance à toutes les planètes à rotation directe, Mercure, Vénus, la Terre, etc.; qui sont par conséquent antérieures au soleil; puis le soleil se forme; et enfin les planètes extérieures à rotation rétrograde, Uranus et Neptune.

Les satellites sont de même engendrés par la rupture d'anneaux.

Les modifications que cette théorie apporte à l'hypothèse de Laplace ne semblent pas heureuses; comme l'a fait remarquer M. Wolf, il est bien difficile d'admettre la formation des anneaux intérieurs séparés; les distances des planètes ne sont soumises à aucune loi, contrairement à l'opinion de tous les astronomes; enfin cette théorie a le grave inconvénient de ne tenir aucun compte de la classification naturelle des planètes: toutes les considérations physiques et géométriques conduisent à en faire deux groupes de quatre planètes chacun, séparés par l'anneau des astéroïdes.

La conception de Descartes, même conciliée partiellement avec celle de Laplace, comme l'a fait M. Faye, ne rend pas un compte suffisant du système solaire.

A plus forte raison en est-il de même des hypothèses suivantes :

Buffon, voulant s'abstenir d'avoir recours aux causes qui sont hors la nature, expliqua la formation des planètes par le choc d'une comète qui aurait enlevé au soleil la matière nécessaire à les constituer.

Kant eut le mérite de supposer un chaos nébuleux d'où un développement mécanique fait naître l'univers actuel ; mais les erreurs qui vicient sa conception lui enlèvent malheureusement toute valeur.

Bien différente est la théorie de Laplace. Chef-d'œuvre de netteté et de précision, elle fait suivre pas à pas toutes les évolutions de cette nébuleuse immense sans qu'aucun point reste dans l'ombre, sans qu'aucune particularité ne découle d'une cause naturelle. Tout y dérive des données initiales et des lois de la mécanique.

CHAPITRE II

Le système solaire

LE SOLEIL

Le Soleil n'est qu'une étoile parmi des millions d'autres, et parmi ces étoiles il y en a vraisemblablement des milliers qui le surpassent en éclat et en grandeur, mais seul il est assez rapproché de nous pour exercer son influence sur notre globe et cette influence est telle que, s'il suspendait son action pendant un mois seulement, tout mouvement cesserait immédiatement à la surface de la Terre.

La doctrine de la conservation de l'énergie a permis de suivre une à une jusqu'à leur origine solaire les diverses activités dont la Terre est le théâtre ; la force vive engendrée par les chutes d'eau et les courants, le travail des machines à vapeur et celui des animaux tirent leur origine du Soleil.

Les rivières sont alimentées par les pluies et les nuages qu'entretient l'évaporation incessante de la surface des mers. Tant que cette eau reste au sommet des montagnes soit à l'état solide sous forme de glaciers, soit à l'état liquide sous forme de lacs, la chaleur dépensée par le Soleil pour l'élever à ces hauteurs a disparu de l'univers, mais elle reparaît successivement depuis la première unité jusqu'à la dernière par le frottement contre le lit de la rivière, au fond des cascades où l'eau s'arrête, dans le travail effectué par les roues qu'elle met en mouvement.

Mais il est d'autres énergies dont la source n'est pas aussi évidente. Dans la plupart de nos machines à vapeur on brûle du charbon et cette combustion donne naissance à d'immenses quantités de puissance mécanique. Quelle en est l'origine ? Elle est due à la combinaison du charbon avec l'oxygène ; comme dans toutes les combinaisons chimiques il y a précipitation des molécules les unes sur les autres avec de grandes vitesses ; de là résulte un dégagement de chaleur, comparable à celui qui a lieu lors du choc du marteau sur l'enclume ; mais cette combinaison n'est possible que parce que le charbon et l'oxygène ont été séparés l'un de l'autre. Quand les plantes se constituent, elles empruntent leur carbone à l'acide carbonique de l'air ; le rayon de soleil est l'agent qui met en liberté l'oxygène et permet au carbone de se fixer sur les fibres ligneuses. Sans lui cette action ne pourrait avoir lieu, et dans cette opération la quantité de chaleur solaire dépensée est exactement équivalente à celle que produit plus tard la combustion. Les plantes renferment donc l'énergie à l'état latent, l'énergie *potentielle* qui, lorsque la plante est brûlée, apparaît sous forme d'énergie *actuelle*. On extrait chaque année de nos mines 84 millions de tonnes de charbon. Or la combustion d'un kilogramme de charbon est égale au travail de 900 chevaux pendant le même temps. Il faudrait 108 millions de chevaux travaillant nuit et jour pendant un an pour avoir l'équivalent de l'énergie accumulée par le soleil aux périodes géologiques dans les forêts carbonifères, en formant le charbon extrait de nos puits en un an.

Directement ou indirectement le monde végétal est la source de toute vie animale ; quelques animaux se nourrissent de plantes ; d'autres mangent des herbivores. Tous les êtres vivants remontent donc au Soleil comme source première. La machine humaine est en tout comparable à la machine à vapeur. A tout travail exécuté, qu'il s'agisse de l'activité musculaire ou de l'activité cérébrale, correspond une quantité de chaleur équivalente.

Le Soleil est donc véritablement le cœur de l'organisme universel. Le mouvement des eaux ou celui des airs, la croissance des plantes ou celle des animaux, le travail de nos machines, les pensées même de l'homme, toute puissance terrestre descend de lui.

Et pourtant toutes les énergies du monde, la puissance emmagasinée dans nos mines, les vents, les rivières, les machines sont engendrées par une fraction de l'énergie du soleil qui ne s'élève pas à $\frac{1}{2\,300\,000\,000}$ de son énergie totale, car c'est la fraction reçue par la Terre, et encore nous ne convertissons en travail mécanique qu'une minime fraction de cette fraction. Multiplions des millions de fois toutes nos énergies, nous n'aurons encore qu'une bien faible idée de la dépense de chaleur solaire, et malgré cette déperdition gigantesque, il nous est impossible de constater le moindre ralentissement dans son activité depuis des siècles. « Mais nous pouvons nous élever au-dessus de toutes ces mesures au point de ne plus voir dans le Soleil qu'une goutte d'eau dans l'océan universel. Nous nous élançons vers d'autres systèmes et d'autres soleils dont chacun répand son énergie comme le nôtre, mais toujours sans infraction à la loi qui nous révèle l'immutabilité dans le changement, qui admet des transformations incessantes, mais sans gain ni perte finale. Tout ce que l'homme peut faire, c'est de changer de place les parties d'un tout qui ne varie jamais, de sacrifier l'un pour en produire une autre. La loi de conservation exclut la création et l'annihilation. Les vagues peuvent se changer en rides et les rides en vagues ; la grandeur peut être substituée au nombre et le nombre à la grandeur ; des astéroïdes peuvent s'agglomérer en soleils ; des soleils se résoudre en faunes et flores ; les flores et les faunes peuvent se dissiper en gaz ; la puissance en circulation est éternellement la même, elle roule en flots d'harmonie à travers les âges et toutes les énergies de la Terre, toutes les manifestations de la vie, aussi bien que le déploiement des phénomènes, ne sont que des variations et des modulations d'une mélodie céleste (1). »

La quantité totale de lumière solaire semble égale, d'après les meilleures observations, à 157,500,000,000,000,000,000,000,000 de becs Carcel.

Cette lumière solaire est de beaucoup la plus intense que nous connaissions ; l'arc électrique lui-même interposé entre l'œil et le disque solaire fait l'effet d'une tache noire.

L'éclat de la surface solaire a été l'objet de curieuses expériences de l'astronome américain Langley ; cet éclat est tel que le courant de fer fondu que l'on verse dans le convertisseur Bessemer semble noir en comparaison.

Si la quantité de lumière solaire est énorme quand on la compare aux unités terrestres, il en est de même pour la chaleur solaire. Ses rayons concentrés au foyer d'une lentille volatilisent instantanément le platine, l'argent, le diamant même ; or la plus puissante lentille ainsi construite a pour effet de rapprocher l'objet situé à son foyer à 400,000 kilomètres de la surface solaire. Si le Soleil se rapprochait de nous à la distance de la Lune, la Terre fondrait comme de la cire et s'évaporerait en partie.

Scientifiquement parlant, le rayonnement du Soleil est d'un peu plus d'un million de calories par minute et par mètre carré de sa surface. Pour produire une telle quantité de chaleur, il faudrait brûler par heure une couche de charbon de cinq mètres d'épaisseur, neuf fois autant que font les plus puissants fourneaux connus. Si le soleil était de charbon massif il se consumerait en moins de six mille ans.

Ce globe qui nous éclaire est distant de la Terre de 149 millions de kilomètres.

La distance du Soleil à la Terre a été mesurée par un grand nombre de méthodes : par les observations de Mars, de Vénus

(1) Tyndall, *la Chaleur*, traduction Moigne, 1881.

ou des astéroïdes les plus rapprochés. Ces trois procédés reviennent à étudier le mouvement d'une planète voisine de deux points éloignés sur la surface de la Terre. On en déduit la distance de cette planète et par suite celle du Soleil. Nous pouvons en effet dessiner une carte très exacte du système planétaire, la seule question réservée étant celle de l'échelle ; la détermination d'une ligne quelconque, soit la distance de Mars à la Terre, suffit donc pour fixer les dimensions de l'ensemble. —Une autre méthode est basée sur l'observation attentive des mouvements de la lune : l'intervalle entre la nouvelle Lune et le premier quartier est de huit minutes plus long que l'intervalle entre le premier quartier et la pleine Lune, cela suffit pour avoir la distance de la Lune au Soleil. — On peut encore avoir recours aux perturbations des planètes: c'est la méthode de Leverrier.— Enfin connaissant la vitesse de la lumière et le temps qu'elle met à venir du Soleil, on en déduit la distance de celui-ci.

Pour se faire quelque idée de ce que peut être cette distance, on a recours aux comparaisons : un train qui marcherait dix heures par jour à raison de 64 kilomètres à l'heure emploierait 6,700 ans à franchir cette distance ; si le train faisait 960 kilomètres à l'heure, jour et nuit, le voyage durerait 175 ans. Si l'on suppose un enfant ayant le bras assez long pour toucher le Soleil et s'y brûler, il mourra de vieillesse avant de ressentir la douleur, car la transmission nerveuse mettrait 150 ans à parvenir jusqu'au centre. Le son emploierait 14 ans ; un boulet de canon 9 ans.

La distance du Soleil une fois fixée, son diamètre s'en déduit facilement: il est de 1,400,000 kilomètres. C'est 109 fois et demie celui de la Terre, de sorte que le voyageur qui ferait le tour de notre globe en 80 jours mettrait 24 ans à faire celui du Soleil. La surface du Soleil est 12,000 fois plus grande et son volume 1,300,000 fois plus grand que le nôtre. Si l'on imagine le Soleil creux et la Terre au centre, ce serait un ciel pour nous et dans lequel la Lune se mouvrait à l'aise ; il y aurait même place pour un second satellite un peu moins de deux fois aussi loin. — Arago fai une autre comparaison : Pour remplir la mesure de capacité appelée le litre il faut 10,000 grains de froment environ ; il en faut 100,000 pour un décalitre, 1,400,000 pour 14 décalitres. Supposons en un seul tas ces 14 décalitres, contenu de 3 sacs, et à côté un seul grain de blé. Le grain représente la Terre ; le tas de 14 décalitres, le soleil.

La masse du Soleil est 330,000 fois celle de la Terre. Elle est près de 750 fois aussi grande que celles de toutes les planètes et de leurs satellites réunies, la masse de Jupiter est seule 300 fois aussi grande que la nôtre.

L'attraction entre le Soleil et la Terre est de 3,600 quatrillions de tonnes. Elle équivaut à un lien matériel de gros fils d'acier à peu près aussi serré sur la surface d'un hémisphère terrestre que les brins d'herbe d'une pelouse.

Le volume du Soleil étant 1,300,000 fois celui de notre planète et sa masse 330,000 fois seulement la nôtre, il s'ensuit que sa densité n'est que le quart de celle de la Terre. C'est un fait très important au point de vue de sa constitution. On y retrouve un grand nombre de nos métaux, de sorte qu'il devrait être au moins aussi dense, s'il était liquide ou solide. On est donc amené à le considérer comme un globe gazeux dont la température augmente rapidement à mesure que l'on se rapproche du centre. Mais la pesanteur est énorme sur le Soleil ; un homme qui pèserait 75 kilogr. sur la terre pèserait 2,000 kilogr. sur le soleil, en sorte qu'il lui serait impossible de bouger. Il en résulte que les gaz du Soleil, prodigieusement comprimés, ressembleraient à de la poix ou à du mastic.

Mais pour aller plus loin, l'observation directe ne suffit plus ; il faut avoir recours à une nouvelle méthode : l'analyse spectrale.

Quand on reçoit sur un écran un rayon de lumière solaire qui a traversé un prisme de verre, au lieu d'une tache blanche on aperçoit un ruban allongé, coloré des nuances de l'arc-en-ciel ; c'est le spectre solaire. Newton, pour expliquer ce fait bien connu, admit que la lumière blanche est formée de la superposition de toutes les couleurs de l'arc-en-ciel ; il traça sur un cercle ces diverses couleurs (violet, indigo, bleu, vert, jaune, orangé, rouge), et le fit tourner rapidement : il semblait blanc. La lumière solaire est donc complexe ; elle est formée d'une série de rayons superposés, mais chacun de ces rayons élémentaires a une individualité propre ; il est caractérisé par sa longueur d'onde. L'analyse de la lumière par le prisme est donc parallèle à l'analyse chimique qui sépare les éléments simples d'un corps complexe.

Or voici le principe fondamental de la spectroscopie : les rayons élémentaires émis par une matière *gazeuse* rayonnante dépendent de sa nature chimique et la caractérisent. D'où il résulte que l'image spectrale d'un corps permet de le reconnaître.

C'est ainsi que le potassium est caractérisé par deux raies rouges très brillantes ; le sodium par une raie jaune éclatante, et ainsi de suite.

Cette méthode est si sensible pour certains corps qu'elle en révèle des quantités impondérables : on reconnait dans une bougie la présence d'un millionième de milligramme de sodium ! Chaque substance inscrit, pour ainsi dire, son nom dans la flamme qu'elle émet.

Mais il existe une différence capitale entre les gaz d'une part, les liquides et les solides d'autre part.

Les corps gazeux non comprimés donnent seuls des spectres discontinus composés de raies et de bandes brillantes caractéristiques.

Les solides et les liquides incandescents, ainsi que les gaz sous forte pression, donnent des spectres continus, par conséquent les mêmes pour toutes les substances.

On peut aller plus loin ; on remarque dans le spectre solaire un grand nombre de petites lignes noires ; on en compta d'abord six cents ; on en connaît aujourd'hui plus de 5,000. Quelle en est la cause ?

Quand la lumière qui vient d'un corps incandescent solide ou liquide traverse un gaz, celui-ci absorbe les rayons dont se compose son propre spectre, il en résulte un spectre où les raies noires occupent exactement les positions des raies brillantes du gaz seul.

Si donc on observe des raies noires inconnues, on est en droit d'en conclure que l'on a affaire à un métal nouveau ; c'est par cette méthode qu'ont été découverts plusieurs métaux dans ces dernières années.

De ces diverses lois découle naturellement la théorie de la constitution physique du Soleil.

S'il existe du sodium dans l'atmosphère solaire entre la photosphère et nous, on doit voir des raies noires dans le spectre solaire à la place même où sont les raies brillantes dans le spectre du sodium. C'est ce que l'on observe en effet. C'est ainsi que l'on a retrouvé dans le Soleil 460 lignes du spectre du fer, 118 du titane, 57 du manganèse, etc. On a donc reconnu ainsi le fer, le titane, le manganèse, le nickel, le cobalt, le chrome, l'hydrogène, etc. On retrouve de même dans les étoiles les éléments solaires diversement associés ; il y a plus, on a analysé les mondes embryonnaires, les pâles nébuleuses, on y a aperçu des gaz incandescents et en première ligne l'hydrogène. L'analyse chimique atteint donc des mondes situés à des milliards de lieues, et elle nous donne en même temps une irréfragable démonstration de l'unité matérielle du monde.

LA LUNE

Née de la Terre il y a à peu près 60 millions d'années, la Lune est restée annexée aux destinées de notre planète. Elle n'en est éloignée que de 96,000 lieues, 30 fois seulement le diamètre de la Terre ; un grossissement de 2,000 fois appliqué aux puissants instruments de l'optique moderne la rapproche à 192 kilomètres de notre œil. Et pourtant bien des choses encore restent obscures dans sa constitution !

Le globe de la Lune est 49 fois plus petit, et 81 fois moins lourd que le nôtre. Sa densité est les $\frac{6}{10}$ de celle de la Terre ; la pesanteur y est très faible : un homme de 70 kilogrammes transporté sur la Lune y pèserait 12 kilogrammes.

Comme le Soleil, la Lune se déplace d'un mouvement propre sur la sphère céleste, mais elle se meut à peu près treize fois aussi vite que lui. Par suite, ces deux astres se retrouvent dans la même position par rapport à la Terre au bout de 29 jours et demi : c'est le mois lunaire ou lunaison.

L'aspect de la Lune varie durant cette période. Au moment de la nouvelle Lune, son disque est entièrement obscur ; puis il apparaît comme un mince croissant; plus tard la moitié en est éclairée; enfin au moment de la pleine Lune il est entièrement brillant. Les mêmes phénomènes se produisent ensuite en sens inverse.

Tout le monde sait que ces phases de la Lune proviennent de ce que cet astre n'est pas lumineux par lui-même ; c'est un globe obscur, éclairé par le Soleil, comme la Terre, et qui nous présente son même hémisphère tantôt éclairé, tantôt obscur. De là les phases.

Que l'on se transporte par la pensée à la surface de la Lune : on y verra la Terre comme un disque brillant, treize fois aussi grand que la Lune et présentant comme lui la succession des différentes phases.

Examinée au télescope, la Lune semble parsemée d'une multitude de petites taches rondes demi-obscures, demi-brillantes, entourées de cercles lumineux. A l'époque de la nouvelle Lune, alors que l'on n'aperçoit qu'un mince croissant, les détails se dessinent avec une admirable netteté, et l'on reconnaît que ces taches sont d'énormes cratères circulaires. Les pentes situées en face du Soleil sont brillantes ; les pentes opposées recouvertes d'ombre, les sommets des pics restent illuminés longtemps après les régions inférieures sur lesquelles ils projettent leur ombre noire. C'est en mesurant la longueur de cette ombre que l'on parvient à connaître la hauteur des montagnes de la Lune. Partout on retrouve ces cratères qui rappellent par leur forme les volcans éteints de l'Auvergne. Le fond du cratère est ordinairement plus bas que le niveau général de la Lune, et souvent le centre en est occupé par une petite montagne conique, un piton.

Mais si la forme des montagnes lunaires rappelle les volcans terrestres, leurs dimensions sont bien autres. Le cratère de *Clavius* mesure 55 lieues de diamètre, celui de *Ptolémée* 45 ; *Tycho*, 20. Que sont en comparaison les cratères du Vésuve, ou même l'Etna qui n'ont que 200 et 3000 mètres de diamètre ? Peut-être doit-on rapprocher plutôt les cirques pyrénéens, tels que le cirque d'Héas, gouffre de plus de 2 lieues de diamètre, dont les remparts ont 8 à 900 mètres de haut ; trois millions d'hommes ne le rempliraient pas ; six millions trouveraient place sur ses gradins. Et pourtant qu'est cela à côté de ces cirques lunaires de 100, de 150 lieues de tour dont les murailles se dressent à 6,000 mètres ? Le cirque Tycho, par exemple, a 63 lieues de contour ; la hauteur de ses murailles atteint 5,000 mètres, un piton de 1,500 mètres se dresse au centre ; le fond du cratère brille d'un éclat vitreux comme si quelque matière cristalline s'y était déposée au moment de sa formation.

Ces cirques de la Lune ne forment pas des soulèvements rectilignes analogues aux chaînes terrestres. Ils se trouvent par groupes ou isolés au milieu des régions inférieures, sombres : les plaines lunaires. On désigne ces taches grisâtres sous les noms de mers, de lacs, de marais, bien qu'il n'y ait pas d'eau. On dit la mer du Nectar, la mer des Brises, la mer de la Sérénité, le lac des Songes, le marais du Sommeil, etc., car on a dressé des cartes de la Lune, où toutes les montagnes et toutes les plaines sont marquées et indiquées par des noms empruntés à la mythologie ou à la liste des astronomes les plus fameux.

En d'autres régions, on distingue de longues rainures, sortes de fossés compris entre deux talus parallèles à pic. Quelques-uns atteignent 50 lieues de long ; leur largeur ne dépasse pas 1,600 mètres. Ils semblent blancs à la pleine Lune, quand leur cavité est éclairée en entier, et noirs à toute autre époque à cause de l'ombre du talus voisin.

On aperçoit aussi de longues bandes brillantes rayonnant de quelques cratères, comme Kepler et Copernic. Ces bandes sont à fleur de sol ; ce sont probablement des fossés remplis de matières cristallines analogues à celle qui recouvre le fond des cratères.

Ajoutons enfin que l'on a reconnu sur la Lune une série de murs singuliers dont il est difficile d'expliquer la nature. L'un des plus curieux part du cratère Burg, s'avance au sud-est jusqu'à un massif montueux où il disparaît, mais on le retrouve au delà, traversant le lac du Sommeil, pour aller finir à travers les terrains accidentés de cette région, dans la mer de la Sérénité, au nord d'un petit cratère isolé de la chaîne du Caucase. A l'est du cratère Rhœticus on rencontre un autre de ces murs qui semble être le prolongement d'une grande rainure : là où il traverse les ravins, ce mur porte une ombre très large, mais quand il traverse les crêtes, l'ombre est très étroite et quelquefois absente : ce qui montre qu'il n'est pas plus élevé qu'elles.

La longueur de ce mur, sa régularité, l'élégance de la courbe qu'il décrit comme pour éviter le cratère, lui donnent un aspect analogue à celui de quelque gigantesque viaduc.

Avec le relief tourmenté du sol de la Lune un fait est frappant entre tous : c'est la crudité de l'illumination, la netteté singulière des lumières et des ombres. La Lune n'a donc pas de lumière diffuse ; elle n'a pas non plus de crépuscule. Au lever ou au coucher du Soleil, le jour ou la nuit surviennent soudain, sans transition. On en conclut que la Lune n'a pas d'atmosphère : le crépuscule terrestre, en effet, est dû à la lumière diffuse que nous envoient les couches supérieures de l'air, les premières et les dernières illuminées.

L'eau manque aussi à la surface de la Lune : jamais en effet on n'y a aperçu de nuages ou de vapeurs analogues à ceux qui se produisent au dessus de la Terre, de Mars, ou de Jupiter.

Il convient de dire toutefois que l'on n'est pas sûr que l'air et l'eau manquent entièrement à la surface de la Lune. Quelques observations portent à croire au contraire qu'elles y existent, mais en quantité extraordinairement faible. C'est ainsi que lors de certaines occultations d'étoiles on a observé des effets de réfraction dus à une très mince atmosphère.

Cette extrême rareté de liquides et de gaz qui constitue le trait caractéristique du climat de la Lune, peut s'expliquer par le mode de formation de cet astre. A l'époque où il s'est séparé de la Terre, dans les conditions que nous avons étudiées, la température du globe était si élevée que tous les corps aujourd'hui liquides y étaient à l'état de vapeur. Or il est très probable que dans les flux gigantesques, qui revenaient à chaque heure et demie, les laves et les roches incandescentes atteignaient les dernières limites de l'atmosphère. La Lune s'étant formée à leurs dépens n'a entraîné que de très faibles portions de l'atmosphère terrestre, en sorte qu'elle ne contient pas de liquides aujourd'hui.

S'il n'y a ni liquides, ni gaz sur la Lune il est fort difficile d'y concevoir l'existence de végétaux ou d'animaux. Il semble donc que la Lune soit une solitude éternellement silencieuse, un désert morne et inhabité.

Et ce désert est sujet aux plus extrêmes vicissitudes de température. Le jour solaire sur la Lune est 29 fois plus long que sur la Terre. Pendant 15 fois 24 heures chaque hémisphère reste exposé aux ardeurs du Soleil ; pendant 15 fois 24 heures il est dans le froid et la nuit. Si déjà sur la Terre certaines journées d'été sont accablantes, que doivent être ces journées de 360 heures sur un globe qu'aucun nuage, aucun souffle de vent ne vient rafraîchir? Et durant la nuit qui y succède, la chaleur se perd presque instantanément, car il n'y a pas d'enveloppe gazeuse pour la retenir, en sorte que la température descend peut-être au voisinage de celle des espaces célestes qui est de 273° centigrades au-dessous de zéro. Ces alternatives de chaud et de froid expliquent sans doute les modifications que l'on a observées à la surface de la Lune. Mais que deviendraient, dans ces conditions, des êtres vivants tels que nous les concevons ?

Tout concourt donc à nous montrer dans la Lune un astre aujourd'hui refroidi, un monde mort, image de ce que sera sans doute la Terre dans plusieurs milliers de siècles.

LES PLANÈTES

La considération des volumes, des masses, des densités, des durées de rotation conduit à répartir les planètes en deux groupes.

D'un côté, Mercure, Vénus, la Terre et Mars.

De l'autre, Jupiter, Saturne, Uranus et Neptune.

Entre les deux circule l'essaim des astéroïdes

Il semble que la nébuleuse de Laplace, après avoir conservé une constitution uniforme dans les régions extérieures, a subi, au moment où s'est formé l'essaim des planètes télescopiques, une modification profonde, à la suite de laquelle ont pris naissance des planètes plus petites, plus denses et tournant plus lentement sur elles-mêmes que les quatre premières.

Au point de vue, non plus de la classification naturelle, mais des apparences qu'elles nous présentent, on distingue les planètes inférieures et les planètes supérieures.

Les planètes inférieures sont situées entre le Soleil et la Terre: ce sont Mercure et Vénus. Elles offrent des phases pareilles à celles de la Lune et qui s'expliquent de même, si l'on remarque que les planètes nous renvoient simplement la lumière du Soleil.

Les planètes supérieures, au contraire, sauf la plus voisine, Mars, qui est parfois un peu échancrée, paraissent toujours pleines ; il est aisé de s'en rendre compte.

Un observateur placé sur le Soleil verrait évidemment en entier l'hémisphère éclairé de chaque planète : toutes les planètes seraient pleines pour lui. Un fait analogue se passe pour nous au sujet des planètes supérieures, surtout les plus éloignées ; nous ne les voyons pas du centre du système, mais d'un point très voisin, eu égard à leur grande distance.

Mercure

Mercure, la première des planètes inférieures, est rarement visible à l'œil nu à cause du voisinage du Soleil ; on l'aperçoit dans le crépuscule un peu après le coucher du Soleil ou un peu avant son lever. Ses phases sont très nettes et faciles à voir avec une lunette. Son diamètre est environ le tiers de celui de la Terre, son volume le vingtième, sa masse le seizième. Elle reçoit sept fois autant de chaleur et de lumière que la Terre à égale surface ; il faut nous figurer sept Soleils à la fois dans le ciel pour avoir l'idée de l'effet produit. Toutefois, Mercure est protégé par une atmosphère très dense, chargée de nuages épais ; la température doit pourtant en être fort élevée; comme pour la Terre aux premiers âges, une foule de substances, solides ou liquides à une température plus basse, y existent à l'état de vapeur.

Mercure a une année de 88 jours, divisée en deux saisons. Pendant 44 jours la moitié supérieure de la planète voit le Soleil tourner sur l'horizon sans jamais se coucher ; tandis que l'autre moitié est plongée dans l'ombre. Pendant les 44 autres jours les rôles sont intervertis.

Vénus

Vers le mois de juin, peu après le coucher du Soleil, on aperçoit à l'ouest, un astre d'une blancheur éclatante : c'est l'étoile du Soir ou du Berger, Vesper ou la planète Vénus. Quand elle apparaît le matin à l'est un peu avant le Soleil, on la nomme l'étoile du matin, Lucifer. Tel est son éclat qu'on l'aperçoit au milieu du ciel en plein midi.

Les phases de Vénus sont d'une admirable netteté; une lunette est nécessaire pour les apercevoir.

Vénus est très peu plus petite que la Terre ; elle a une densité un peu moindre; elle reçoit du Soleil deux fois autant de chaleur et de lumière que nous.

Elle possède une atmosphère très analogue à celle de la Terre ; il est probable que nous n'apercevons pas la planète même et que sa blancheur provient d'une couche de nuages qui réfléchit les rayons du Soleil.

Le jour a, sur Vénus, la même durée que sur la Terre ; mais les inégalités des saisons y sont excessives : un climat tour à tour torride et glacial va d'un pôle à un autre, de cent douze jours en cent douze jours.

Du moment où Vénus se trouve entre la Terre et le Soleil, on la voit se projeter sur celui-ci comme un petit point noir. L'observation de ces passages de Vénus fournit un excellent moyen de connaître la distance de la Terre au Soleil, le dernier a eu lieu le 6 décembre 1882 ; le prochain se produira le 8 juin 2004, de 5 à 11 heures du matin.

Durant l'observation de 1882, on a remarqué sur Vénus des surélévations de 116 kilomètres. Il semble qu'il n'y ait pas là, seulement des montagnes, comme les Andes et les Cordillères, mais des accumulations de glaces et de neiges sur le pôle sud de la planète.

Mars

Mars est la première des planètes supérieures, ou de celles qui sont situées au delà de la Terre.

Elle apparaît comme une étoile brillante colorée en rouge ; elle ne présente pas de phases aussi sensibles que Mercure ou Vénus, mais elle semble parfois légèrement échancrée.

Sa distance à la Terre varie de 14 à 106 millions de lieues, son diamètre est la moitié du nôtre, son volume le septième ; sa densité est un peu plus faible.

Mars possède deux satellites, Phobos et Deïmos.

On aperçoit sur Mars des taches claires que l'on croit être des continents et des taches sombres, de couleur verdâtre, qui semblent être des mers.

Les deux hémisphères de Mars ne sont pas aussi bien connus l'un que l'autre. L'hémisphère austral a été complètement étudié ; l'hémisphère boréal l'a été beaucoup moins, il n'est tourné vers nous qu'à l'époque où la planète est plus éloignée. Ces deux hémisphères diffèrent d'ailleurs au point de vue géographique comme au point de vue météorologique. Sur l'hémisphère sud, les taches sombres, c'est-à-dire les mers, sont plus grandes, plus nombreuses et mieux définies; sur l'hémisphère nord elles sont rares et si confuses qu'il est presque impossible d'en distinguer les limites.

La distribution des continents et des mers de Mars est très curieuse. Tandis que les trois quarts de notre globe sont couverts d'eau, et que la terre ferme y est constituée par trois grands continents (les deux Amériques, l'Afrique et l'Asie dont l'Europe n'est qu'un prolongement), il n'y a sur Mars ni grands continents, ni vastes océans, mais des golfes, des presqu'îles, des méditerranées et des canaux étroits. L'étendue des continents et celle des mers se balancent à peu près. Les continents se trouvent surtout au voisinage de l'équateur; les mers sont découpées et peu profondes; on en voit le fond en certains endroits, et l'on observe de temps à autre des dessèchements et des inondations sur de vastes étendues ; ces régions doivent être très plates ; il ne semble pas en effet que Mars possède de grandes chaînes de montagnes comme la Terre ou comme Vénus, car de longs canaux traversent en tous sens la planète, comme s'il n'y avait que de vastes plaines. On aperçoit pourtant certaines élévations. C'est ainsi qu'il y a dans l'océan Kepler une île, l'île Neigeuse, formée de hautes montagnes blanchies parfois par la neige et les nuages; quelque chose d'assez analogue à notre île de Ténériffe.

Les inondations intermittentes de certaines régions s'expliquent par les pluies, les gelées, la fonte des neiges. On ne peut les attribuer aux marées à cause de l'excessive petitesse des deux satellites de Mars.

Il y a beaucoup moins d'eau sur Mars que sur la Terre. Ceci s'accorde avec la théorie de Laplace. Les planètes les plus éloignées s'étant formées les premières, Mars a dû naître avant la Terre; la thermodynamique nous enseigne que la condensation du Soleil a produit une température de 28 millions de degrés, celle de la Terre 8,900°, celle de Mars 1,990° seulement. Il s'ensuit que l'évolution géologique de Mars a été plus rapide que la nôtre; les eaux ont dû être en partie absorbées ; les mers sont moins grandes et moins profondes, les nuages moins nombreux. L'observation montre qu'il en est bien ainsi.

On aperçoit à chacun des pôles de Mars une tache circulaire d'une vive blancheur, qui augmente pendant l'hiver et diminue durant l'été. Il y a donc là d'énormes accumulations de glaces, analogues à celles des pôles arctique et antarctique de la Terre. Le froid est plus rigoureux au pôle sud qu'au pôle nord. De même que sur notre planète le centre du froid ne coïncide pas avec le pôle géographique; il en est à 5° ou 6°. En 1877-78 et 79 le pôle est resté quelque temps complètement découvert. Ces régions polaires sont occupées par des mers. On voit que le pôle austral de Mars est beaucoup mieux connu que les deux pôles de la Terre auxquels on n'a pu arriver jusqu'ici.

Quelle est la température de Mars ? La chaleur et la lumière envoyées par le Soleil sont deux fois plus faibles que sur la Terre ; mais il ne faut pas oublier que l'atmosphère joue un grand rôle. Elle agit à la manière des vitres d'une serre, laisse arriver les rayons à la surface du sol, puis empêche la chaleur de rayonner dans l'espace. C'est surtout la vapeur d'eau qui joue ce rôle protecteur; et bien que l'air atmosphérique n'en contienne que des quantités presque infinitésimales, on a démontré que si l'on supprimait cette couche de vapeur d'eau de quelques pieds qui se trouve au-dessus du sol, toutes les plantes seraient gelées comme dans l'hiver le plus froid. Or le spectroscope indique la présence de la vapeur d'eau dans Mars ; d'ailleurs on y remarque parfois des couches de nuages qui se forment en quelques heures et masquent les régions situées au-dessous.

Quand on regarde Mars au télescope, on est frappé de la couleur jaune-rougeâtre que présentent certaines de ses parties.

Herschel y voyait un indice de la nature ferrugineuse du sol. Il paraît plus probable que cette coloration est due à la végétation qui, au lieu d'être verte comme sur la terre, aurait cette teinte rouge. D'ailleurs, vu de ballon, un champ de blé mûr rappelle exactement la nuance de Mars.

La durée du jour sur Mars est connue à une seconde près; elle est de 24 heures 37 minutes 23 secondes. La durée de l'année martiale est double de l'année terrestre; elle est de 687 jours terrestres ou 668 jours martiaux.

L'axe de Mars, d'après les plus récentes mesures, a sur son orbite une inclinaison de 65°; on sait que l'axe de la terre est incliné de 67°. Il en résulte des climats analogues sur les deux planètes : une zone torride, deux zones tempérées, et deux zones glaciales. Les saisons : printemps, été, automne et hiver sont analogues aux nôtres, mais d'une durée double.

Les nuits de Mars sont éclairées par deux lunes; la première gravite à 6,000 kilomètres de la surface et fait le tour de la planète en 7 heures 39 minutes. Elle marche en sens contraire du mouvement apparent du Soleil, se lève à l'ouest et se couche à l'est. Trois fois par jour elle fait le tour du ciel, elle présente en 11 heures toute la série de ses phases; chaque quartier ne dure pas 3 heures.

La seconde lune est à 20,000 kilomètres de la surface et tourne en 30 heures 18 minutes.

Mais ces deux lunes ont un éclat bien moindre que la nôtre; elles sont si petites qu'on n'a pu mesurer leur diamètre; cependant certaines mesures photométriques conduiraient à penser qu'elles ne mesurent que 10 à 12 kilomètres de diamètre : à peu près la largeur de Paris. Il est possible pourtant qu'elles soient notablement plus grosses.

Nous arrivons maintenant a un problème bien délicat :

Mars est-il habité ? C'est la question même de la pluralité des mondes qui se pose ici.

Les uns veulent que la Terre seule soit habitée dans l'Univers. Mais ils commencent par admettre que la vie ne peut se produire que dans des milieux analogues aux nôtres. Voici par exemple l'argumentation de M. Faye : La vie ne peut s'établir que sur un globe étant, près de son soleil, maintenu dans d'étroites limites de température. Il faut que l'axe soit peu incliné, sinon on aurait des nuits polaires, comme celles d'Uranus qui durent 43 ans. Il faut encore que la densité moyenne soit supérieure à celle de l'eau. L'azote, l'oxygène et la vapeur d'eau sont insuffisants à entretenir la vie ; si les eaux ou l'air étaient privés des traces d'acide carbonique qu'elles contiennent tous les êtres y périraient. Un peu de chaux est nécessaire aussi ; il faut encore que tout soit exactement dans les proportions terrestres. Il faut enfin exclure les globes qui comme Saturne sont entourés d'anneaux opaques dont l'ombre portée sur les régions les plus favorables à la vie y produit périodiquement des éclipses, etc., etc. C'est dire que tout séjour qui n'est pas analogue, ou plutôt identique au nôtre, est condamné à une stérilité éternelle.

Mais la nature s'est chargée elle-même de démentir ces assertions téméraires. Il y a quelques années à peine, les naturalistes admettaient presque tous que la vie est impossible au fond des mers ; que la pression y est si énorme qu'elle écraserait tous les êtres ; que l'obscurité empêcherait l'assimilation du carbone, etc. En 1880, on jeta la sonde à cinq, six, huit mille mètres de profondeur, et on en ramena des êtres singuliers et bizarres d'une incroyable variété. Pour résister à ces pressions qui écraseraient nos canons, sont-ils bardés de carapaces épaisses ? Nullement ; frêles et délicats comme des fleurs, leurs organes sont seulement en parfait équilibre avec la pression ambiante. Et la lumière qui leur manque, ils la fabriquent : ils sont phosphorescents. Les monstres eux-mêmes qui hantent ces abîmes y portent la lumière : les yeux des squales pêchés à 2,000 mètres luisent en plein jour comme des lampes de plongeurs. Amenés à la surface de l'eau, ils font explosion sous l'influence de la pression interne.

Les êtres s'adaptent donc aux milieux dans lesquels ils doivent vivre.

Il y eut une époque sur la Terre où le sol, la température, l'atmosphère, tout était différent de l'état actuel. Alors les êtres vivants étaient tout différents aussi. Les ichtyosaures, les plésiosaures, les iguanodons respiraient une atmosphère qui eut été mortelle pour nous, au milieu des bouleversements de la terre et des eaux.

Que serait-ce si nous évoquions le monde des primitifs organismes, dont tous les êtres qui habitent aujourd'hui la Terre ne sont que des descendants transformés ? C'étaient des êtres aquatiques, sans tête, sans cerveau, sans cœur, muets, sourds, aveugles. Les uns, les diatomées, formées suivant les lois de la géométrie, ne sont pour ainsi dire que des cristaux animés; d'autres, au contraire, sont mous, flasques : qu'on coupe un polype en dix, vingt parties, on aura créé dix, vingt polypes. Quelle variété dans les conditions vitales, même sur notre petite planète !

Pourquoi donc assigner à la vie des limites que nous ignorons? Comment l'exclure de Vénus ou de Mercure sous prétexte qu'il y fait ou trop chaud ou trop froid, qu'il y a ou trop ou trop peu d'oxygène ? Mais cet air même que l'on croit indispensable à la vie, cet air que respirent même les mystérieux organismes du fond des mers, peut devenir un poison violent. Il tue instantanément certains organismes microscopiques tels que le *bacillus amylobacter*, qui par contre vivent très bien dans l'acide carbonique.

La vie déborde de toutes parts à la surface de la Terre ; elle se développe dans les conditions les plus diverses, les plus opposées. Rien ne nous autorise à en faire un attribut terrestre.

Or parmi toutes les planètes, celle qui semble le moins prêter à ces objections contre la possibilité de la vie, c'est Mars. Avec ses continents et ses mers, ses saisons, son atmosphère, elle ressemble tant à la Terre que M. Faye lui-même, quoique à regret, se résigne à la croire habitée, bien que, selon lui, « l'aspect invariable de ses continents rouges, contrastant avec ses mers légèrement verdâtres, ne soit guère favorable à l'idée d'une vie organique largement développée. »

En 1882, M. Schiaparelli, directeur de l'observatoire de Milan, découvrit que la surface de Mars est sillonnée par d'innombrables canaux rectilignes de 100 à 5,000 kilomètres de longueur, de 100 kilomètres de largeur.

Et par un phénomène qui n'a rien d'analogue sur la Terre et qui tient sans doute au cours des saisons sur Mars, à certains moments un grand nombre de ces canaux semblent se dédoubler. Quelle est la nature de ces canaux ?

On a émis l'hypothèse d'une origine humaine ; ces lignes droites ou légèrement courbes, dit M. Flammarion, semblent destinées à relier entre elles différentes parties de la planète. Pourquoi alors des canaux si larges ? Il faut remarquer que les matériaux de Mars sont beaucoup moins lourds que les nôtres ; tandis que la terre est cinq fois et demie plus lourde que l'eau, Mars est seulement quatre fois plus dense. Et par suite de sa masse la pesanteur n'y est que les $\frac{37}{100}$ de ce qu'elle est sur la terre. Un kilogramme terrestre y pèserait 350 grammes. Cet état de la pesanteur joue un rôle prépondérant dans l'organisation des êtres, dans la structure du tissu musculaire de l'appareil locomoteur, en sorte que les habitants de Mars doivent être plus légers que nous. Et comme d'autre part ce monde est plus ancien que le nôtre, l'humanité doit y être bien plus développée. Tandis que le percement des Alpes, de l'isthme de Suez ou de Panama nous paraissent des travaux gigantesques, ce ne seront que des jeux pour l'avenir. Il est probable d'ailleurs que dans quelques milliers de siècles, l'homme futur nous ressemblera aussi peu que nous ressemblons peu nous-mêmes à nos ancêtres des périodes géologiques.

Les petites planètes

Entre Mars et Jupiter circule un essaim de petites planètes, visibles seulement au télescope et que l'on nomme pour cette raison *planètes télescopiques* ou *astéroïdes.*

Leur existence fut soupçonnée au commencement du XIXe siècle. Cérès fut aperçue en 1801, Pallas en 1802, Junon en 1804, Vesta en 1807. Depuis on en a découvert une foule d'autres.

En novembre 1886 on en connaissait 263 et leur nombre s'accroît tous les jours.

Leur trait caractéristique est leur extrême petitesse; les quatre plus grosses ont un rayon de 50 à 100 lieues. Il en est d'autres dont le rayon atteint à peine quelques lieues et dont on ferait le tour en un jour de marche. On sait encore fort peu de chose sur leur constitution physique, leurs saisons et leur rotation.

Dans l'essaim de ces astéroïdes on remarque certaines lacunes remarquables qui, déjà constatées en 1886, alors qu'on ne connaissait que 90 petites planètes, subsistent encore aujourd'hui.

Ces lacunes sont dues à l'influence de la grosse planète voisine Jupiter.

Jupiter

Cette planète est la plus grosse de toutes, son diamètre vaut onze fois le diamètre de la Terre; son volume, douze cent soixante-dix-neuf fois le volume de la Terre, sa masse vaut treize cent neuf fois seulement la nôtre, sa densité n'est que le quart de celle de la Terre. Jupiter apparaît comme une étoile jaunâtre, brillante, mais inférieure en éclat à Vénus. Sa distance moyenne au Soleil est cinq fois la nôtre; vu de Jupiter, l'astre central paraît donc cinq fois plus petit, ce qui entraîne un pouvoir calorifique et lumineux vingt-cinq fois moindre.

L'année de Jupiter est douze fois aussi longue que la nôtre; c'est-à-dire que la Terre fait douze fois le tour du Soleil pendant que Jupiter le fait une fois, et pourtant sa vitesse est de 12,000 lieues par heure.

La Terre tourne sur elle-même en 24 heures, de sorte qu'un point de son équateur parcourt 462 mètres par seconde ; c'est la vitesse d'un boulet de canon. Jupiter tourne en moins de dix heures : un point de son équateur parcourt 12,586 mètres par seconde : c'est vingt-cinq fois plus que sur la Terre. Cette vitesse a pour effet d'aplanir la planète aux pôles en la renflant à l'équateur : la dépression de chaque pôle est d'un millier de lieues. Pour la Terre elle est de cinq lieues seulement.

L'axe de Jupiter est perpendiculaire sur son orbite : il en résulte qu'il n'y a pas de saisons périodiques. D'un bout à l'autre de l'année, c'est un printemps perpétuel. Et sur toute la planète les jours et les nuits sont égaux : ils durent toujours cinq heures.

Le disque de Jupiter est traversé par des bandes irrégulières, alternativement blanches et noires, et parallèles à l'équateur de la planète. Les zones blanches sont dues aux nuages qui réfléchissent la lumière du soleil ; les zones noires au globe de la planète qui apparaît dans les éclaircies. La rapidité de la rotation engendre des vents intenses, et surtout deux courants semblables à nos vents alisés de part et d'autre de l'équateur : à ces deux courants d'air correspondent deux bandes noires permanentes.

Ces vents sont d'une violence extrême : certains nuages parcourent 300 mètres par seconde, vitesse huit fois supérieure à celle de nos plus forts ouragans.

Il semble que les phénomènes très curieux que nous observons sur Jupiter nous offrent un intermédiaire entre les faits terrestres qui nous sont familiers et les mystères du Soleil. Les observations des taches à diverses latitudes indiquent, comme pour le Soleil, que Jupiter ne tourne pas tout d'une pièce et que ses diverses parties se meuvent indépendamment les unes des autres. On y a observé durant plusieurs années une grande tache rouge qui a disparu en 1884. Aucune analogie tirée de la Terre n'a pu en expliquer la nature, et pourtant c'est jusqu'ici le trait le plus caractéristique de ce globe immense.

Autour de Jupiter se meuvent quatre petits satellites, quatre lunes qui éclairent ses nuits, trois d'entre elles sont notablement plus grandes que la nôtre. Elles tournent en même temps sur elles-mêmes, et les deux révolutions ayant une durée égale, elles présentent constamment la même face à leur planète ; exactement comme la Lune vis-à-vis de la Terre. En passant devant Jupiter, ces satellites occasionnent des éclipses de Soleil pour les points où ils projettent leur ombre. Quand ils pénètrent dans le cône d'ombre de la planète ils sont à leur tour éclipsés. L'étude de ces éclipses a permis de reconnaître que la lumière met huit minutes à nous venir du Soleil ; et que par suite elle parcourt 300,000 kilomètres par seconde.

Saturne

Après Jupiter, Saturne est la plus grosse des planètes. Son diamètre vaut neuf fois celui de la Terre ; son volume est sept cent dix-neuf fois aussi grand, sa masse quatre-vingt-douze fois plus grande seulement. Sa densité est le huitième de celle de la Terre : elle est égale à celle du liège. A surface égale elle reçoit quatre-vingt-dix fois moins de chaleur du Soleil que la Terre. Elle parcourt son orbite en 29 ans 1/2 avec une vitesse de 9,000 lieues par heure. Elle tourne sur elle-même en 10 h. 1/4 : il en résulte, comme pour Jupiter, un aplatissement considérable aux pôles, la dépression est $\frac{1}{10}$ du rayon de la planète ou de quatorze cents lieues.

L'axe de Saturne est incliné de 64° sur son orbite, environ comme celui de la Terre. Les saisons sont donc analogues aux nôtres, mais chacune y dure sept ans.

On y voit des bandes parallèles lumineuses et sombres, analogues à celles de Jupiter.

Saturne possède huit satellites : Titan, le plus gros, a neuf fois le volume de la Lune. Saturne possède en outre une annexe unique dans le système solaire : son anneau qui est circulaire, aplati, très large et très mince ; il environne la planète sans la toucher. Il est composé de trois zones : l'intérieure obscure et transparente, l'extérieure grisâtre, l'intermédiaire plus lumineuse que la planète. Entre les deux dernières zones, de même qu'entre la première et la planète, existent des espaces vides, à travers lesquels on aperçoit le ciel étoilé. La largeur totale de l'anneau est de 1,200 lieues, l'espace qui le sépare de la planète de 7,500 lieues : l'anneau n'est pas lumineux de lui-même, car il porte ombre sur la planète.

Les planètes Mercure, Vénus, Mars, Jupiter et Saturne ont été connues de tout temps; les deux autres, Uranus et Neptune, ont été découvertes à la fin du XVIIIe siècle ou dans le courant du XIXe. C'est en 1781 qu'Herschel aperçut Uranus comme un petit disque ayant l'éclat d'une étoile de sixième grandeur.

Uranus

Uranus a un diamètre égal à quatre fois celui de la Terre ; son volume est soixante-neuf fois plus grand, sa masse treize fois plus grande. Sa densité n'est pas le quart de celle de la Terre. La quantité de chaleur et de lumière qu'il reçoit du Soleil est les trois millièmes de celle que reçoit la Terre. Il parcourt son orbite en quatre-vingt-quatre ans ; il tourne très rapidement sur lui-même, car on reconnaît au pôle un énorme aplatissement que l'on évalue à $\frac{1}{11}$.

Uranus est entouré de quatre satellites.

Neptune

La découverte de Neptune est une des plus éclatantes preuves de la précision de l'astronomie moderne.

Tous les corps, on le sait, s'attirent proportionnellement à leur masse : le Soleil, à cause de sa masse prépondérante, attire vers lui les planètes; les planètes attirent leurs satellites. Les différentes planètes agissent de même les unes sur les autres et tendent réciproquement à s'écarter de la route où le Soleil tend à les ramener toutes ; ces légers écarts se nomment *perturbations*, ils sont d'autant plus grands que l'astre perturbateur est plus gros et plus proche. Pour calculer d'avance l'orbite des planètes, les astronomes ont donc à déterminer et l'attraction du Soleil et les effets des planètes voisines.

Or, Uranus déjouait toujours les calculs des astronomes et n'arrivait jamais au point fixé. Alors l'illustre astronome français Leverrier soupçonna qu'au delà d'Uranus devait se trouver un monde inconnu dont l'attraction troublait l'orbite de la planète. Le 31 août 1846 il annonça la position et la grandeur de la planète perturbatrice ; on dirigea un télescope vers le point indiqué, la planète était là, on la nomma Neptune.

Cinquante-cinq fois aussi grosse que la Terre, d'un diamètre quatre fois aussi grand, d'une densité quatre fois moindre, elle tourne en 164 ans autour du Soleil dont elle reçoit neuf cent fois moins de chaleur que nous.

Neptune possède un satellite qui tourne autour de lui en six jours environ.

Les deux planètes extrêmes du système solaire, Uranus, et Neptune, semblent déroger aux lois d'inclinaison que l'on retrouve partout ailleurs dans notre système. L'axe des diverses planètes est en effet à peu près perpendiculaire au plan de leur orbite. Seul celui d'Uranus est presque entièrement couché dans ce plan, et celui de Neptune est fortement incliné en sens contraire : il en résulte que la rotation d'Uranus est à peine directe, et celle de Neptune franchement rétrograde. Autre anomalie : les satellites des planètes tournent dans le sens direct, sauf ceux d'Uranus et de Neptune dont la rotation est rétrograde. Il semble donc que l'on ait, à ce nouveau point de vue, deux groupes dans les planètes; d'un côté les plus rapprochées du Soleil, ce sont les systèmes à rotation directe; d'autre part Neptune, système à rotation rétrograde; et entre eux deux, Uranus établissant une transition.

Ces curieuses particularités s'expliquent assez bien par l'influence des marées solaires sur les planètes; ces marées ont dû nécessairement rendre direct le sens de rotation de toutes les planètes, sauf celui des plus lointaines; elles ont dû également produire à la longue l'inclinaison des axes sur les orbites.

Avons-nous atteint avec Neptune les extrêmes limites du système solaire ? Il serait téméraire de l'affirmer.

Il y a un siècle seulement on regardait l'univers comme borné à 327 millions de lieues par l'orbite de Saturne. La découverte d'Uranus, en 1781, recula ces bornes à plus de 732 millions de lieues; celle de Neptune, en 1846, à plus d'un milliard de lieues. Et voici qu'aujourd'hui l'étude de la comète de Halley indique, d'une façon presque certaine, l'existence d'une planète transneptunienne circulant à un milliard sept cents millions de lieues du Soleil sur une orbite qu'elle met 330 ans à parcourir. Est-ce la scule ? Entre Neptune et l'étoile la plus voisine, Alpha du Centaure, il y a 7,400 fois la distance de Neptune au Soleil. Sans doute il y a des mondes dans cet espace immense, mais ils sont plongés dans un perpétuel crépuscule ; quelle existence différente de celle des mondes voisins du Soleil !

LES COMÈTES ET LES ÉTOILES FILANTES

Quoique le système solaire puisse être considéré comme isolé, il s'y introduit des éléments étrangers, accidentels, venus on ne sait d'où, qui s'éloignent bientôt à des distances où l'œil ne peut plus les suivre. Ce sont les comètes dont les apparitions imprévues, la forme singulière, la grandeur démesurée ont eu en tout temps le privilège de frapper l'imagination publique. Aujourd'hui nous connaissons les lois de leurs mouvements et nous prévoyons l'époque de leur retour ; mais leur origine et leur constitution sont encore singulièrement obscures.

Une comète se compose en général d'une nébulosité arrondie, *la tête*, au centre de laquelle est une condensation brillante, *le noyau* ; la tête est entourée d'un brouillard lumineux, la *chevelure*, que prolonge une immense traînée brillante nommée *la queue*.

Une comète n'a pas toujours cet aspect. Au moment de son apparition c'est une nébulosité vague ; en s'approchant du Soleil la comète s'allonge de plus en plus et finit par posséder une queue immense toujours dirigée du côté opposé au Soleil, comme si elle était repoussée par lui. La comète contourne le Soleil: c'est l'époque de son plus grand éclat, puis elle s'éloigne ; à ce moment la queue la précède, cette queue s'affaiblit de jour en jour, puis s'évanouit. La tête elle-même s'éloigne et disparaît à son tour.

La queue revêt des formes variées : tantôt elle est droite ;

tantôt recourbée ; parfois en éventail. Ses dimensions sont gigantesques : la comète de 1843 avait une queue de 1,320,000 lieues de largeur et de 60 millions de lieues de longueur ; plus du double de la distance du Soleil à la Terre.

Le volume des comètes est énorme ; la tête de la comète de Halley en 1835 avait 142,000 lieues de diamètre ; celle de 1811 450,000 ; le volume de celle-ci dépassait celui du Soleil ; et celui de la première était quarante fois aussi considérable que celui de toutes les planètes réunies. Mais la matière y est tellement raréfiée qu'on aperçoit au travers les plus faibles étoiles. Le plus léger brouillard est dense en comparaison, car quelques centaines de mètres nous cachent toutes les étoiles, tandis qu'ici plusieurs milliers de lieues n'absorbent rien de leur lumière.

Les comètes obéissent dans leur marche aux mêmes lois que les planètes ; mais tantôt elles décrivent des paraboles et vont se perdre à l'infini sans jamais reparaître ; tantôt leur orbite se ferme, elles parcourent des ellipses et réapparaissent, à intervalles déterminés : ce sont les *comètes périodiques.*

Les plus remarquables de ces comètes sont celles de Halley, d'Encke et de Biéla.

Newton le premier avait annoncé que les comètes soumises aux mêmes lois que les planètes doivent périodiquement revenir près du Soleil. Son contemporain Halley appliqua la méthode indiquée à une belle comète qui parut en 1682. Il calcula son orbite et vit qu'elle avait suivi la même route que la comète de 1607 observée 75 ans auparavant par Kepler, et que celle de 1531 étudiée 76 ans plus tôt par Appien, astronome de Charles-Quint. Il détermina l'ellipse entière et annonça qu'elle reviendrait en 1758 ; mais qu'elle serait un peu retardée par les grosses planètes Saturne et Jupiter près desquelles elle passait. Le géomètre Clairaut calcula ce retard ; il déclara qu'elle serait retardée de 100 jours par Saturne, de 580 par Jupiter et qu'elle passerait au périhélie en avril 1759 à un mois près : elle y passa en mars. C'était un beau résultat.

La comète revint en 1835 ; en tenant compte d'Uranus encore inconnu à l'époque de Clairaut, on fixa son retour au périhélie au 12 novembre ; elle y arriva le 16. Ce merveilleux accord est une des confirmations les plus éclatantes des théories astronomiques modernes.

Cette comète doit revenir en 1910 ; il est probable que cette fois-ci la différence entre le temps calculé et le temps observé ne sera plus que de quelques heures.

Telle est la célèbre comète de Halley, la première dont on ait reconnu la périodicité. Plusieurs de ses apparitions sont célèbres. Elle parut en 451, l'année où Attila ravageait la Gaule ; elle parut en 1066, l'année de la conquête de l'Angleterre par les Normands ; elle parut en 1456, trois ans après la conquête de Constantinople par les Turcs, alors qu'on tremblait pour la chrétienté ; sa queue en forme de sabre fut regardée comme le présage de leur succès et le pape ordonna de sonner toutes les cloches à midi.

La seconde comète reconnue périodique est celle d'Encke ; elle est peu remarquable et revient tous les trois ans et demi. Les perturbations qu'elle éprouve près de Mercure ont permis de calculer la masse de cette planète. Une comète n'est plus aujourd'hui l'annonce d'un fléau : elle sert à peser les planètes. Chose remarquable : l'orbite de la comète d'Encke se retrécit de plus en plus, de sorte qu'elle finira par tomber sur le Soleil.

Cette chute des comètes et des météores est un des modes d'entretien de la chaleur solaire. Newton la redoutait fort : la comète sera, disait-il, comme un immense fagot jeté dans un brasier ; il y aura une telle incandescence que la terre sera brûlée et que tous les animaux périront. Ces craintes étaient chimériques, vu la faible masse des comètes.

La troisième comète reconnue périodique est celle de Biéla qui parcourt son orbite en 6 ans $\frac{3}{4}$. Aperçue en 1826 et en 1832, elle revint en 1845. On la suivait au télescope, quand le 13 janvier 1846, on la vit se diviser en deux. Les deux comètes jumelles voyagèrent dès lors côte à côte, puis se séparèrent ; le 10 février il y avait 60,000 lieues entre elles deux. Puis elles disparurent. En 1852 on revit les deux comètes associées à 500,000 lieues l'une de l'autre. Depuis, on ne les a plus revues ; mais le 27 novembre 1872 il tomba sur la terre une véritable pluies d'étoiles filantes. On en a évalué le nombre à 160,000. C'étaient les restes de la comète désagrégée. On les retrouva encore dans la nuit du 27 novembre 1885, où l'on vit des milliers d'étoiles se détacher du voisinage de la constellation d'Andromède pendant plus de six heures.

Les essaims d'étoiles filantes ne sont donc que les restes de comètes désagrégées qui continuent à suivre la même route dans l'espace. On a incontestablement trois pluies d'étoiles filantes dues à d'anciennes comètes : celle du 27 novembre due à la comète de Biéla capturée par Jupiter ; celle du 13-14 novembre due à la comète de 1866 capturée par Uranus ; celle du 10-11 août due à la comète III de 1862 capturée par la planète transneptunienne.

La comète de Biela avait donné lieu en 1832 à des craintes excessives. On avait calculé qu'elle devait passer précisément en un point où la Terre arrivait un mois après. Mais on n'était pas rassuré. Une erreur d'un mois dans les calculs eut pu amener de telles calamités ! Heureusement tout se passa comme il avait été prévu.

D'ailleurs, en 1773, une comète s'approcha de la Terre à six fois la distance de la Lune. La Terre ne fut en rien influencée ; la comète fut au contraire retardée de deux jours, elle se dirigea alors vers Jupiter et s'engagea parmi ses satellites. Qu'allaient-ils devenir ? ne pouvaient-ils l'un ou l'autre déserter Jupiter et s'en aller à l'infini ? Rien de tel ne survint ; aucune des quatre Lunes ne fut même troublée dans son mouvement. Quant à la comète, elle abandonna sa voie et alla se perdre dans l'espace.

Malgré leur énorme volume, la masse des comètes est donc trop faible pour altérer la marche des planètes ou de leurs satellites.

Mais il pourrait arriver que les vapeurs de la queue se mêlent à l'air que nous respirons. Kepler, qui avait mauvaise opinion des comètes et qui les regardait comme formées de toutes les impuretés de l'éther, pensait qu'un tel mélange produirait la peste universelle. Mais jusqu'ici on n'a rien vu de pareil.

L'immensité des espaces célestes rend du reste une telle rencontre si peu probable qu'il est inutile de s'en occuper.

Et maintenant d'où viennent ces astres vaporeux qui traversent en étrangers la grande famille planétaire et tantôt s'y fixent, tantôt y éprouvent de mortelles catastrophes et tantôt enfin s'en éloignent à jamais ?

Il faut y voir sans doute des nébulosités abandonnées dès l'origine du monde aux confins les plus extrêmes de la nébuleuse d'où est sorti notre système. Insensiblement elles sont attirées par le Soleil et s'en approchent pour s'écarter de nouveau à l'infini. Mais si elles passent près d'une planète, elles doivent, après avoir visité le Soleil, revenir au point même où elles ont été influencées ; leur parabole, jusque là ouverte dans l'infini, se ferme et se transforme en ellipse. C'est l'origine des comètes périodiques. Jupiter en a capturé huit, Saturne une, Neptune une et la planète transneptunienne une.

Chaque étoile ou chaque soleil est donc accompagné de pareils flocons, et parfois, par suite du déplacement de ces étoiles dans l'espace, il peut arriver que les sphères d'attraction se pénètrent et qu'une comète passe d'un monde à l'autre, comme le pensait Laplace.

Quelle idée doit-on se faire de la constitution physique des comètes ? Le *spectroscope* permet de reconnaître dans le noyau le carbone, l'hydrogène et l'azote à l'état d'incandescence.

D'autre part, nous avons vu que la ténuité des queues était telle qu'elle ne pouvait en rien influencer les plus petits satellites des planètes ; que l'on apercevait les plus faibles étoiles au travers. Ces faits conduisent à douter de la matérialité des queues cométaires.

Le 27 février 1843, de 9 h. 30 à 11 h. 30 du matin, la grande comète a contourné l'hémisphère solaire à raison de 550,000 m. par seconde, à 13,000 lieues de cet astre, alors que les explosions d'hydrogène incandescent s'élèvent à 100,000 lieues. Ni cette effroyable chaleur, ni l'attraction de cette énorme masse ne purent l'arrêter. Et pendant ces deux heures sa queue balaya l'espace, ce qui représente à la distance de la Terre, une vitesse de 64,000 kilomètres par seconde. Si l'on avait là des molécules matérielles, elles cesseraient d'être sous la domination du Soleil. Au lieu de rester calme et immobile, la queue se disloquerait.

Pour expliquer ces faits il suffit d'admettre que seul le noyau des comètes est matériel ; il s'électrise fortement en s'approchant du Soleil. En même temps sa substance se diffuse jusqu'à l'état radiant et subit des modifications qui se trahissent par la variation de son spectre (observée en 1882 sur la comète Wells). La lumière de la queue est d'origine électrique comme l'aurore boréale. Or, rien ne s'oppose à ce qu'un tel rayon se déplace contrairement à la gravitation et se laisse traverser par la lumière des étoiles.

Voilà donc ce qu'est le système solaire dans son passé et dans son état actuel.

Il fut un temps où ce système se réduisait à un corps lumineux entouré d'un petit nombre d'astres obscurs.

Puis on y ajouta de nombreux systèmes de second ordre, les satellites, et on crut les découvertes terminées.

Mais aujourd'hui nous savons qu'entre Mars et Jupiter circulent des centaines de petites planètes ; que le Soleil est entouré d'une couche gazeuse qui s'étend à d'immenses distances et forme la lumière zodiacale ; on a reconnu de nombreuses comètes qui se meuvent sous son influence et brillent d'une lumière propre ; on a constaté aussi plus récemment des courants de corpuscules qui sillonnent l'espace en y décrivant des ellipses allongées ; et tout ce cortège pour un astre qui, à la distance des étoiles, serait de sixième grandeur, c'est-à-dire presque invisible à l'œil nu.

CHAPITRE III

L'univers stellaire

LES ÉTOILES

Le système planétaire n'est qu'une unité dans l'ensemble de l'univers. A l'infini scintillent des millions d'étoiles qui sont des soleils comme le nôtre et dont la plupart sont probablement entourées de planètes et de satellites obscurs qui reçoivent la vie et la lumière de l'astre central.

Sans doute toutes ces étoiles, tous ces mondes lointains agissent les uns sur les autres, et en particulier sur notre monde à nous, par leur attraction, mais cette action peut être négligée. Dans les calculs astronomiques, il est permis de regarder le système solaire comme isolé dans l'univers, tant est grande la distance qui nous sépare des étoiles les plus voisines!

Mais il n'en est pas de même au point de vue physique. Ces étoiles nous envoient leur lumière et leur chaleur; les plus brillantes peuvent être photographiées en moins d'une seconde; et leur chaleur contribue certainement avec celle du soleil à élever notre température.

Leur distance même a pu être mesurée. La méthode employée est celle dont se servent tous les jours les arpenteurs pour évaluer la distance d'un point inaccessible : ils tracent sur le terrain une droite de longueur connue, et des deux extrémités visent le point en question. On connaît ainsi, dans un triangle, la base et les deux angles adjacents. La trigonométrie permet dès lors de calculer la distance. Mais il est indispensable que la base ne soit pas trop petite par rapport à cette distance ; autrement on n'obtient aucune précision. L'*astronome* opère comme l'arpenteur ; pour évaluer la distance de la Lune, la base dont il se sert est le diamètre de la Terre ; mais pour connaître celle des étoiles, il prend une base 23,000 fois plus grande, le diamètre du cercle que la Terre parcourt tous les ans autour du soleil, c'est-à-dire une ligne de 75 millions de lieues qu'un boulet de canon à 500 mètres par seconde mettrait 19 ans à parcourir. Eh bien ! les étoiles les plus proches sont si éloignées que cette base est beaucoup trop petite ; c'est comme si l'on voulait mesurer avec une base de 2 centimètres la distance d'un objet situé à plusieurs kilomètres.

On a réussi pourtant et on a trouvé que notre plus proche voisine, l'étoile du Centaure, est 300,000 fois aussi loin que le Soleil : si elle subissait quelque formidable explosion, le bruit n'emploierait pas moins de 3 millions d'années à venir jusqu'à nous.

Un train express lancé à raison de 60 kilomètres à l'heure, qui arriverait en neuf mois et demi à la Lune, en 266 ans au Soleil, n'atteindrait le Soleil Alpha du Centaure qu'après 60 millions d'années.

L'étoile la plus proche que l'on connaisse ensuite, la 61e du Cygne, la première dont on ait mesuré la distance (Bessel, 1840) gît à 15,000 milliards ou 15 trillions de lieues.

Signalons encore Castor à 35 trillions de lieues ; Sirius à 39, Vega à 42, l'Étoile polaire à 100 ; Capella à 170 ; le trillion est ici l'unité de mesure.

Pour se faire une idée de telles distances, une mesure spéciale est nécessaire, la lumière la fournit. On sait que pour venir du Soleil, c'est-à-dire pour franchir 38 millions de lieues, elle emploie 8 minutes. Pour venir d'Alpha du Centaure elle met 3 ans 6 mois ; de la 61e du Cygne, 6 ans 2 mois ; de Castor 15 ans ; de Sirius

16 ans ; de Vega 18 ; d'Arcturus, 25 ; de l'étoile polaire, 42 ; de Capella, 71.

Et la plupart des étoiles sont si lointaines que le trajet durerait des centaines ou des milliers d'années. Pour franchir le diamètre de la Voie Lactée, il faudrait 15,000 ans. Et certains amas, lointaines voies lactées, gisent à de telles distances, qu'il faudrait 5 millions d'années à la lumière pour en descendre.

De là résulte que nous ne voyons jamais l'univers tel qu'il est ou tel qu'il a été. L'astronome qui contemple l'étoile α du Centaure la voit telle qu'elle était il y a 3 ans 6 mois, et Castor tel qu'il était il y a quinze ans. Le septuagénaire qui observe Capella en reçoit aujourd'hui le rayon parti au moment de sa naissance. Que toutes les étoiles s'éteignent subitement, nous les verrons encore demain et après-demain et la plupart luiront pendant notre vie entière. Telle d'entre elles a peut-être disparu depuis des siècles; telle nébuleuse a peut être donné naissance à des soleils.

Qu'un homme périsse sur un champ de bataille, si l'on entend son cri à 700 mètres, ce sera deux secondes après sa mort. L'étoile aussi peut s'éteindre; son rayon voyage toujours. En s'éloignant de la Terre aux distances que la lumière a successivement franchies depuis les grands faits historiques, on les reverrait tous ; on assisterait à la bataille de Sedan, à la révolution du 4 septembre, aux grands jours de la Révolution, aux guerres de César ou à celles d'Alexandre.

Conséquence plus saisissante encore. Les astres obscurs qui tournent autour de ces étoiles, les planètes de ces soleils lointains renvoient les rayons émanés de la terre, comme la lune réfléchit ceux du soleil ; si nous possédions quelque télescope assez puissant, nous reverrions devant nous tous les siècles passés. Les astres les plus proches nous renverraient l'histoire des dernières années ; les astres plus éloignés celle des siècles précédents ; les guerres anciennes, l'apparition de l'homme sur la terre, la formation du système solaire.

La réalisation d'un tel rêve est sans doute impossible. Le fait n'en subsiste pas moins. Rien ne se perd dans l'immense étendue. Le moindre de nos gestes subsiste durant les siècles : l'histoire de toute notre vie est écrite aujourd'hui même et demeurera éternellement gravée aux différents points de l'espace.

Quelle est la constitution physique des étoiles ? L'analyse spectrale nous montre qu'elle est analogue à celle du Soleil.

Dans les étoiles isolées, on distingue plusieurs catégories d'étoiles établies d'après le spectre : les étoiles blanches, les jaunes et les rouges.

Les étoiles blanches ont pour type Sirius. Le spectre est continu, traversé de quelques bandes noires. On y trouve le fer, le magnésium, etc., et surtout l'hydrogène. Le trait caractéristique de ce spectre est la largeur des raies de l'hydrogène qui tend à faire croire que l'atmosphère de Sirius est très dense et soumise à de fortes pressions. Les étoiles de ce type sont les plus chaudes et les plus lumineuses ; on y range Vega, Procyon, Altaïr, plus de la moitié des belles étoiles du ciel.

Parmi les étoiles jaunes il faut citer le Soleil, Aldebaran, l'étoile α du Bouvier, etc. On trouve dans leurs spectres un grand nombre de raies noires y indiquant le fer, le calcium, le manganèse, le chrome, le sodium, etc. Les raies de l'hydrogène y sont moins nettes.

Les étoiles rougeâtres telles que α d'Hercule, T du Bélier, α d'Orion, etc., présentent un spectre cannelé dans lequel les raies de l'hydrogène manquent le plus souvent.

Ces trois types d'étoiles répondent à des degrés de refroidissement de plus en plus avancés. L'hydrogène, libre dans les deux premiers groupes, se combine dans le troisième ; c'est d'ailleurs à ce dernier qu'appartiennent les étoiles variables; telle est par exemple o de la Baleine qui tantôt brille comme une étoile de deuxième grandeur, tantôt devient invisible à l'œil nu. Ces variations d'éclat semblent présager une fin prochaine.

Le spectroscope nous renseigne donc sur l'âge des diverses étoiles.

L'analogie nous porte à croire qu'autour de la plupart de ces étoiles circulent des satellites analogues à nos planètes; l'expérience le confirme. Certaines étoiles, telle qu'Algol, subissent des variations d'éclat périodiques qui s'expliquent par l'interposition de satellites entre la Terre et l'étoile. On connaît beaucoup de ces étoiles variables et leur nombre s'accroît de plus en plus.

Parmi ces étoiles accompagnées de satellites il convient de citer en première ligne la plus brillante étoile du ciel, l'éclatant Sirius. En étudiant le mouvement de Sirius on remarqua qu'il n'était pas régulier; tantôt il est plus lent, tantôt plus rapide. Pour expliquer ces anomalies, l'astronome Bessel, en 1844, supposa l'existence d'un satellite invisible. En 1862, en essayant la plus forte lentille que l'on eût encore construite (47 centimètres de diamètre) on aperçut le compagnon de Sirius. Comme pour Neptune, le calcul avait devancé l'observation. Quant à la masse de ce satellite lointain, on est conduit à penser qu'elle est égale à onze millions de fois celle de la Terre. Son éclat est celui d'une étoile de huitième grandeur; c'est surtout l'éblouissement causé par le voisinage de Sirius qui empêche de le bien voir.

Dans certains cas on aperçoit ces satellites en même temps que leurs soleils. Les étoiles doubles, triples, quadruples sont des soleils dont une, deux, trois planètes, restées incandescentes à cause de leur masse, sont encore visibles.

Les mouvements de ces systèmes sont régis, comme ceux du système solaire, par les lois de Kepler. Toutefois, l'orbite, au lieu d'être presque circulaire, est une ellipse allongée. Il en résulte que la quantité de chaleur reçue aux diverses périodes de l'année, au lieu de varier dans le rapport de 1 à 1,03 comme cela a lieu pour la Terre, varie de 1 à 200. Ce fait a une grande importance pour le développement des êtres vivants.

Les durées des révolutions varient de quelques années à plusieurs siècles. Pour le couple η de la couronne Boréale, le cycle est de 40 ans ; dans Ophiucus, composé d'un soleil jaune et d'un soleil rose, la durée est de 93 ans.

Tandis que les étoiles simples sont généralement incolores, les étoiles doubles présentent toutes les nuances. En général, l'une des composantes a un éclat très inférieur à l'autre, ce qui indique une extinction plus rapprochée. L'étoile ζ d'Hercule nous montre le rouge associé au jaune; ailleurs le jaune est uni au violet (le cœur de Charles) ou le vert au rouge (d'Hercule).

L'alternative du jour et de la nuit dans un système à deux soleils est remplacée, soit par un jour double où brillent deux soleils, soit par un jour simple éclairé par l'un des deux; soit enfin par la nuit. Quels jours étranges: jours bleus, jours violets, jours livides ! Et les lunes qui gravitent autour de ces planètes qu'éclairent plusieurs soleils présentent des quartiers rouges, verts, bleus. Que peuvent être les éclipses quand ces soleils multicolores se recouvrent partiellement les uns les autres?

On estime que le cinquième environ des soleils de l'univers ne sont pas simples, mais associés par groupe de deux, de trois, ou plus encore.

On rencontre aussi dans le ciel de véritables amas d'étoiles ; accumulées dans certaines régions elles semblent à l'œil nu de vagues nébulosités. Quelques-uns de ces amas sont si serrés qu'il a fallu les puissants instruments de l'optique moderne pour les résoudre en étoiles.

Au premier abord, en effet, rien ne les distingue des nébuleuses, et longtemps on a confondu ces deux catégories. Pourtant on sait aujourd'hui, à n'en pas douter, que leur constitution est essentiellement distincte.

La première nébuleuse fut découverte en 1612. On en connaît aujourd'hui plus de 5,000.

On ne tarda pas à reconnaître que certaines nébuleuses se résolvent au télescope en une multitude d'étoiles voisines. On s'est longtemps demandé s'il n'en serait pas de même pour toutes.

L'analyse spectrale est venue trancher la question. Elle a montré qu'il existe des nébuleuses véritables, formées de matériaux gazeux incandescents, et dont le spectre ne contient que quelques lignes brillantes. D'autres nébuleuses donnent un spectre continu ; elles sont formées d'une matière pulvérulente, de particules incandescentes.

Nous avons déjà nommé les principales nébuleuses à propos de la formation du monde.

Quant aux nébuleuses résolubles, ou plus exactement aux amas d'étoiles, les uns sont irréguliers, comme les Pléïades, les Hyades, certaines parties de Persée récemment photographiées ; d'autres affectent des formes spiraloïdes ; d'autres enfin forment de curieux amas globulaires sur une surface huit à dix fois plus faible que le disque de la Lune. On y distingue des milliers d'étoiles ; toutes ont le même éclat, mais elles semblent plus pressées au centre que sur les bords. Aussi, a-t-on pensé qu'elles étaient réparties uniformément dans une sorte de sphère.

Parmi ces amas stellaires, il en est un qui nous intéresse entre tous, c'est la Voie Lactée.

Comme une bande lumineuse elle traverse le ciel dans la direction nord-sud. Sur la moitié de sa longueur elle se partage en deux fleuves renfermant une sorte d'îlot. On y remarque, dans l'hémisphère austral, de grandes irrégularités ; à un endroit il semble y avoir une rupture, et près de là, au milieu de la partie la plus brillante, une ouverture noire, vide de matière, nommée le sac à charbon. On trouve d'ailleurs dans les parties visibles de notre hémisphère de semblables ouvertures. Que sont ces vides? Faut-il admettre que, de la Terre aux insondables profondeurs de l'espace, il n'y a dans ces directions aucune étoile, aucun soleil, aucun monde ?

En dehors de la zone principale de la Voie Lactée sont deux masses brillantes: les nuées de Magellan, morceaux de la Voie Lactée détachés et isolés au firmament.

Les plus faibles instruments permettent de reconnaître qu'elle se compose d'une infinité d'étoiles. Herschel pensait que toutes les étoiles du ciel en font partie ; selon lui, l'univers stellaire a la forme d'une meule plate, peu élevée, mais assez large, au centre de laquelle nous sommes. Si nous regardons dans le sens de la hauteur nous n'apercevons qu'une faible épaisseur et peu d'étoiles ; mais dans le sens de la largeur il y a une condensation de perspective qui n'est autre que la Voie Lactée.

Herschel se proposa alors de jauger le firmament; en supposant que toutes les étoiles sont également espacées, le regard doit en apercevoir d'autant plus dans un sens que la couche est plus épaisse. Or cette zone n'a pas en effet une densité constante ; du côté de l'Aigle, elle laisse un fond blanc impénétrable aux plus forts instruments ; du côté du Taureau on aperçoit les étoiles, et derrière, le fond noir du ciel. Dans tel sens le télescope montrait une étoile ; dans tel autre 100 ou 200. Herschel conclut de cette étude que la meule stellaire est cent fois plus large que haute.

Aujourd'hui il semble plus naturel de regarder la Voie Lactée, non comme un disque plein, mais comme un anneau semblable à celui de la Lyre, vers le centre duquel se trouve le Soleil.

On peut aller plus loin; parmi les amas stellaires que l'on trouve à profusion dans le ciel, il en est d'aussi grands que la Voie Lactée; tel est l'amas d'Hercule d'où la lumière met au moins 400,000 années pour venir jusqu'à nous.

Ainsi, les étoiles se groupent en archipels dans l'océan des cieux. Pour aller d'une étoile à la plus proche, la lumière met plusieurs années. Pour aller d'un archipel à l'autre, elle met des milliers d'années; messagère bien lente! avec sa vitesse de 77,000 lieues à la seconde, elle nous apporte des nouvelles en retard de plusieurs dizaines de siècles.

A côté de toutes ces étoiles qui brillent d'une splendeur uniforme, il en est d'autres, dites temporaires, qui resplendissent subitement d'un grand éclat, puis disparaissent. Telle l'étoile de 1572 observée par Tycho-Brahé; un moment plus éclatante que Sirius, elle s'éteignit au bout de 17 mois. Le 13 mai 1866 apparut dans la Couronne Boréale une étoile très brillante qui disparut au bout d'un mois. Cette étoile n'était pas nouvelle, mais elle était de 9e grandeur et elle y est retombée après sa catastrophe. On a découvert dans sa lumière les raies de l'hydrogène incandescent. Il est probable qu'il s'est produit une violente éruption de ce gaz analogue à celles dont le Soleil est le théâtre.

Enfin, outre les étoiles visibles à tous les yeux, il existe certainement dans les espaces célestes des astres obscurs, en nombre plus considérable que les astres lumineux. Ces soleils invisibles, suivis de leurs planètes, gravitent ainsi, en tous sens, et depuis les temps les plus reculés.

MOUVEMENTS PROPRES DES ÉTOILES

Comment ces innombrables soleils, dispersés à d'aussi formidables distances, se soutiennent-ils dans l'espace? Chacun d'eux, attiré par tous les autres, les attirant à son tour, glisse dans le vide infini.

Contemplé durant des siècles, le ciel étoilé semble immuable; les constellations n'ont pas changé depuis les Égyptiens.

Et pourtant rien n'est en repos dans l'univers. Les étoiles ne sont pas fixes. Chacune se meut avec une vitesse prodigieuse. L'une en 265 ans, l'autre en 300, telle autre en 400 ans, se déplacent, sur la sphère céleste, d'une longueur égale au diamètre de la Lune.

Il y a 50,000 ans, les sept étoiles de la Grande Ourse formaient une croix; dans 500 siècles elles dessineront une ligne brisée.

Si nous vivions assez longtemps, nous verrions le ciel entier changer d'aspect. Nous verrions les Trois Rois d'Orion rompre leur éphémère alliance; nous verrions tomber les quatre bras de la Croix du Sud.

Ces mouvements propres des étoiles peuvent être mis en évidence de deux manières. D'abord par la mesure des positions; c'est ainsi que l'on a reconnu la plupart d'entre eux. Mais si l'étoile marche directement sur nous, elle reste toujours dans le prolongement visuel, elle semble immobile. Une nouvelle méthode s'applique heureusement à ce cas. L'analyse spectrale qui nous a permis de reconnaître la constitution des mondes, va servir — résultat inattendu — à déterminer la vitesse des étoiles et des corps lumineux en mouvement.

Tout le monde a remarqué le changement de hauteur du son émis par le sifflet d'une locomotive qui s'approche. Si l'on est dans un train marchant en sens opposé, à la vitesse de 60 kilomètres à l'heure, la hauteur monte d'une tierce majeure.

Ce fait s'explique facilement. Quand on reste immobile on entend le son véritable, les vibrations se suivent à intervalles réguliers. Mais si l'on s'avance vers la source sonore, l'intervalle qui sépare deux vibrations semble raccourci, car après avoir reçu une vibration nous nous avançons vers la suivante. C'est comme s'il y avait un plus grand nombre de vibrations dans le même temps.

Il en est de même pour la lumière. La lumière en effet consiste en une série de vibrations très rapides imprimées à un fluide élastique et impondérable, l'éther répandu dans tout l'espace. Dès lors si l'on s'avance rapidement vers un corps lumineux, c'est comme si le nombre de vibrations augmentait; la couleur doit changer, et comme chaque radiation simple se manifeste par une raie brillante occupant dans le spectre une position bien définie, on voit ces lignes caractéristiques s'altérer. Du changement produit, on conclut la vitesse du mouvement.

C'est par ces deux méthodes que l'on a déterminé la vitesse des étoiles. On a constaté que Sirius s'éloigne de nous de 700,000 lieues par jour, et pourtant depuis 40 siècles c'est toujours la plus brillante étoile du ciel. L'étoile du Cygne se rapproche à raison de 1,382,000 lieues par jour; une des étoiles de la Grande Ourse parcourt 300,000 mètres par seconde.

Le calme, le repos du ciel étoilé n'est donc qu'une vaine apparence. Déjà notre notion de l'univers s'était singulièrement élargie depuis l'époque où les Grecs voyaient dans le ciel une série de sphères de cristal auxquelles étaient fixés le Soleil et les étoiles. Le premier qui vit dans le Soleil un globe de feu aussi gros que le Péloponèse fut accusé de folie ; et l'enclume d'Hésiode semblait un mythe, elle qui mettait 7 jours et 7 nuits à tomber du Ciel sur la Terre. Ces conceptions sont bien dépassées. Copernic le premier renversa l'erreur capitale qui faisait de la Terre le centre du monde ; il montra l'unité du système planétaire. Et depuis, ce système a été à la fois enrichi de nouveaux astres et étendu à de nouvelles régions. La connaissance de la distance des étoiles et de leur distribution dans l'univers est un progrès capital dû à notre siècle. Un pas de plus est fait encore. Le ciel perd son apparente immobilité. Au lieu de paisibles étoiles, ce sont de lourds soleils qui se précipitent à travers les espaces, traînant à leur suite un cortège de planètes, d'astéroïdes et d'étoiles filantes, capturant dans leur route les comètes dispersées dans l'immensité, lançant de tous côtés leurs flamboyantes tempêtes, troublant dans le lointain les mondes par l'influence de leur électricité, tourbillonnant en tous sens et répandant partout le mouvement et la vie.

CHAPITRE IV

La Fin des Mondes

Dans cette rapide revue du ciel, nous avons vu des mondes aux différentes périodes de leur carrière ; les uns à l'état embryonnaire, d'autres dans tout leur éclat, d'autres enfin sur le point de périr. « L'observateur qui explore le Ciel ressemble au voyageur qui parcourt une forêt et dont les pas rencontrent tour à tour le gland qui lève, l'arbre adulte, ou la trace noire que laisse le vieux chêne » (1). Les causes qui amènent la décadence et la mort des astres sont les mêmes qui président à leur naissance et à leur développement. Les forces qui du chaos primitif ont fait sortir les systèmes actuels continuent à agir : l'énergie répandue primitivement dans la matière diffuse subsiste toujours, mais se manifeste tour à tour sous forme de chaleur, de lumière ou d'électricité.

Comment nous représenter la fin de notre monde ? la fin des différents mondes dont nous avons étudié l'origine ?

Il est des étoiles à des périodes plus ou moins avancées de refroidissement. Certaines d'entre elles, déjà moins chaudes, comme l'indique leur spectre, montrent des variations d'éclat qui semblent présager leur extinction prochaine.

Tel est notre Soleil, parsemé de taches de mauvais augure ; sa lumière subit d'inquiétantes oscillations. Sa chaleur entretenue

(1) Janssen, *Annuaire du bureau des longitudes*, 1883.

par la contraction de sa masse ne peut subsister indéfiniment. Un moment arrivera où son rayonnement ira en s'affaiblissant. Alors les glaces polaires s'étendront de plus en plus sur la terre ; la vie se concentrera aux environs de l'équateur. Puis le soleil s'encroûtera peu à peu ; la photosphère sera remplacée par une couche opaque semblable aux laves refroidies des volcans. Notre globe réduit aux radiations émises par les étoiles se refroidira de jour en jour. Les ténèbres et les neiges l'envahiront. Tout s'apaisera à sa surface ; l'atmosphère restera calme ; les nuages ne se formeront plus ; les mers glacées ne seront plus soulevées par des marées quotidiennes ; les fleuves et les rivières cesseront de couler. La vie prendra fin. Partout règnera l'immobilité et la mort. Et cependant les planètes éteintes continueront à tourner autour du Soleil éteint, le monde aura dépensé toute l'énergie de position accumulée dans la nébuleuse primitive.

Mais ces mouvements eux-mêmes continueront-ils toujours ? Ces systèmes vont-ils survivre aux êtres qui les ont habités un instant de la durée ?

Laplace a établi que les orbites des planètes peuvent se déformer et se déplacer, leurs intersections avec l'écliptique parcourir successivement tous les signes du zodiaque, leurs inclinaisons se modifier ; mais dans tout cet ensemble de mouvements si complexes, il est un élément qui reste constant : les grands axes des orbites planétaires sont invariables et les durées de leurs révolutions ne changent pas.

Le monde de Laplace, dans son admirable ordonnance, est donc représenté par lui comme fixe, comme immutable. C'était en toutes choses l'illusion du siècle dernier. La science moderne a montré au contraire que partout il y avait changement, évolution, transformation.

Les astres ne sont pas soumis aux seules forces de la gravitation ; un agent nouveau que Laplace soupçonnait à peine, a pris un rôle grandissant dans l'univers ; c'est l'électricité. Les grandioses phénomènes des aurores boréales, si bien concordantes avec les variations de la surface solaire, ont attiré déjà notre attention. Les récentes discussions sur la constitution des comètes attribuent à l'électricité une importance nouvelle. Entre le Soleil et les planètes s'exercent des actions électriques. Or de telles actions engendrent des courants d'induction, et ces courants, par une loi générale de la nature, tendent à contrarier la cause qui les produit. Ils se comportent à la manière d'un frein qui arrête les mouvements.

Newton pensait que l'harmonie du système solaire ne se maintiendrait pas, si de siècle en siècle une influence étrangère ne venait réparer les perturbations qui s'y produisent. Il se trompait ; l'attraction dont il avait découvert les lois ne saurait être une cause de désordre. Mais il n'en est pas de même de l'induction électrique ; elle introduit des irrégularités croissantes dont nul encore ne saurait évaluer les incalculables conséquences.

Il est d'autres phénomènes qui agissent dans le même sens. Les variations de la température déterminent périodiquement des courants, des ondes atmosphériques qui accélèrent quelque peu le mouvement de la Terre.

Sans doute il y a bien d'autres causes analogues auxquelles on ne songeait même pas autrefois et que la grande doctrine de la conservation de l'énergie met en relief. De tous ces phénomènes, le plus important est celui des marées. Les astres ne sont pas rigides ; l'attraction les déforme constamment ; les marées absorbent par l'intermédiaire des frottements l'énergie du mouvement pour la convertir en chaleur.

Que résulte-t-il de cette action prolongée pour la Terre et la Lune? Les durées de rotation tendent à devenir égales. De même que les marées anciennes engendrées par la Terre sur son satellite l'ont amené à tourner toujours la même face vers nous ; de même un jour arrivera où les marées que la Lune occasionne actuellement sur la Terre auront un effet analogue : la Terre présentera toujours la même face à la Lune. Les deux astres tourneront autour de leur centre commun comme si leur ensemble constituait un corps rigide. L'astre des nuits brillera pour un seul hémisphère dont les habitants le verront perpétuellement immobile au zénith ; les habitants de l'autre hémisphère devront faire un long voyage pour voir cette merveille inconnue à leurs climats, mais son éclat sera plus faible qu'aujourd'hui. La Lune sera à 100 rayons terrestres au lieu de 60 ; sa surface paraîtra plus de moitié moindre.

Le jour sera devenu égal au mois ; le mois lui-même ayant augmenté de durée, le jour sera 70 fois plus long qu'aujourd'hui ; il n'y aura plus que 5 jours $\frac{1}{2}$ dans l'année, 1 jour $\frac{1}{2}$ par saison. Quelles modifications auront subi les races d'aujourd'hui ? Par quelle lente évolution — car il faut 150 millions d'années pour ces changements — se seront-elles accommodées à cette nouvelle existence ?

Cet état même ne sera pas définitif. Le Soleil subsistant toujours, ses marées se produiront deux fois par jour, un jour deux fois aussi long qu'un mois actuel ! — De là, nouvelle perte d'énergie ; la Lune tombera sur la Terre et se réunira ainsi à l'astre dont elle est née. Mais alors la Terre se comportera d'une façon analogue vis-à-vis du Soleil. Son mouvement se ralentira jusqu'à devenir égal à la durée de rotation de celui-ci ; et les deux astres tourneront tout d'une pièce en se montrant constamment la même face.

Qu'un astre nouveau intervienne. La Terre se rapprochera du Soleil, et finira par tomber sur lui.

Il n'est donc qu'un seul état final pour un système tel que le nôtre, s'il n'est pas troublé par la rencontre d'autres masses en mouvement dans l'espace. Tous les corps dont il se compose doivent se réunir en une masse unique.

« Quand un système de mondes a épuisé dans sa longue durée toute la série des transformations, quand il est devenu un membre superflu dans la chaîne des êtres, il n'a plus qu'à jouer, dans le spectacle des métamorphoses incessantes de l'univers, le dernier rôle qui appartient à toute chose finie : il n'a plus qu'à payer son tribut à la mort.

« Mais faut-il voir là une véritable perte de la nature ? N'est-il pas permis de croire que la nature qui a pu, une première fois, faire sortir du chaos l'ordonnance régulière de systèmes si habilement construits, peut renaître de ce second chaos et régénérer de nouvelles combinaisons ? (1) »

La Lune tombera sur la Terre, et la Terre sur le Soleil. Il en sera de même des planètes. Chacune de ces collisions engendrera une quantité de chaleur énorme, suffisante sans doute pour que l'ensemble reprenne l'état nébuleux. Et ces matériaux de nouvelles créations, dispersés dans l'ancien espace de leur sphère de formation, façonnés par les mêmes lois mécaniques, peupleront à leur tour l'espace désert de nouveaux mondes et de nouveaux systèmes de mondes.

Cette série de transformations peut-elle se répéter indéfiniment ? Il semble que non. Il est une cause en effet qui diminue d'une manière ininterrompue l'énergie du monde : c'est la radiation vers les espaces célestes. La chaleur rayonne sans cesse dans le vide planétaire, et rien ne vient compenser cette perte. L'énergie de l'univers se dissipe dans le vide.

Les collisions par lesquelles les astres se réduiront en vapeurs, s'affaibliront de plus en plus dans la suite des temps.

Un jour viendra où elles seront insuffisantes pour ramener les

(1) Kant, *Théorie du ciel*, traduction Wolf, G. Villars, éd. 1886.

corps à l'état nébuleux; ceux-ci resteront confondus en une masse unique qui tournera d'abord sur elle-même, mais finira par rentrer au repos.

Ces différentes masses dispersées dans l'espace tendront par le jeu des mêmes forces à se réunir en une seule masse qui perdra lentement son énergie par le rayonnement.

Ainsi donc, à travers le cycle des destructions et des renaissances, la vie et la chaleur iront sans cesse en s'affaiblissant jusqu'au jour de leur définitive disparition.

La grande loi qui veut que tout être après avoir grandi et atteint son apogée, décline et meure, s'applique donc non seulement à chaque monde, non seulement à chaque système de monde, mais encore à l'ensemble de l'univers.

LIVRE DEUXIÈME

LA TERRE

CHAPITRE PREMIER

Les Périodes géologiques

Actuellement la Terre est un globe de 1,600 lieues de rayon, situé à 37 millions de lieues du Soleil et qui tourne autour de cet astre en 365 jours.

L'axe de la Terre est incliné de 67° sur le plan de l'écliptique. De là résulte la distribution des climats en cinq zones : la zone torride comprise entre les tropiques: les deux zones glaciales limitées par les cercles polaires, et les deux zones tempérées situées entre les tropiques et les cercles polaires. De là résulte aussi le partage de l'année en quatre saisons.

L'aspect de la Terre varie beaucoup, si on la regarde par la pensée, des différents mondes qui gravitent dans notre voisinage.

Vue de la Lune, elle présente un disque immense quatre fois aussi large, quatorze fois aussi étendu et aussi lumineux que celui de la pleine Lune. Du centre de l'hémisphère qui est tourné vers nous, la planète Terre semble un globe immobile au zénith qui tourne lentement sur lui-même en faisant passer en 24 heures au dessus de l'observateur ses continents et ses mers. Ce globe subit des phases successives ; d'abord mince croissant, il s'éclargit, passe par le premier quartier et arrive enfin à l'époque de la « pleine Terre » — Que l'on s'éloigne du centre de l'hémisphère lunaire, la Terre descend dans le ciel, elle vient se poser à l'horizon ; enfin pour le second hémisphère elle est toujours invisible.

De Mars, la Terre semble tour à tour « l'étoile du matin » ou « l'étoile du soir » visible seulement au crépuscule ou à l'aurore.

Pour Vénus notre planète brille durant toute la nuit comme une étoile de première grandeur escortée d'un petit point brillant, la Lune.

De Mercure, c'est encore une étoile très brillante.

A partir de Jupiter notre importance diminue de plus en plus ; la Terre est visible très difficilement un peu après le coucher du Soleil ou avant son lever.

De Saturne, d'Uranus ou de Neptune, notre globe est complètement invisible.

A plus forte raison n'existons-nous pas pour le reste de l'univers.

Telle est actuellement la place occupée par la Terre dans le système du monde. Mais il n'en a pas toujours été ainsi.

La Terre s'est formée en se détachant de la nébuleuse solaire ; elle brillait alors d'une lumière propre : c'était un soleil incandescent.

Comment, partie de cet état, est-elle parvenue à sa forme actuelle ? Par quelles phases successives a-t-elle passé ? De quels phénomènes mécaniques, physiques et biologiques a-t-elle été le théâtre depuis son origine jusqu'à ce jour ?

Jusqu'au commencement du XIXe siècle on n'avait à ce sujet que des idées erronées ou incomplètes. Il faut ici répéter ce que nous avons dit dans notre Introduction, car c'est le fondement même de la méthode :

C'est que l'on doit bannir de la géologie la doctrine des catastrophes. Tous les phénomènes anciens s'expliquent par des causes naturelles : rien ne les distingue des phénomènes actuels. De la connaissance des faits qui se passent sous nos yeux, on déduit les lois de ceux qui se sont effectués jadis.

M. Charles Lyell, dans ses *Principes de géologie*, publiés en 1830, prouva que les modifications de la surface terrestre qui se produisent sous nos yeux, rendent très bien compte de tout ce que nous savons sur l'écorce du globe. Au lieu d'immenses révolutions bouleversant la surface de la terre, il n'y a presque jamais eu que de lents mouvements d'élévation ou de dépression, prolongés durant des siècles.

Nous sommes encore aujourd'hui témoins de pareils mouvements. Certaines contrées semblent s'élever au-dessus du niveau de la mer, comme le nord de la Scandinavie ; le sud au contraire, la Scanie s'abaisse sous les eaux ; d'anciennes rues de la ville d'Ystadt sont à plusieurs mètres au-dessous du niveau de la mer, et l'on connaît des forêts suédoises en voie de submersion.

Les agents atmosphériques sont une cause incessante de modifications ; les alternatives de froid et de chaud, d'humidité et de sécheresse, de gel et de dégel désagrègent toutes les roches ; les eaux de pluie chargées d'acide carbonique altèrent le granit même. Tous les matériaux s'en vont, arrachés aux reliefs, combler les dépressions du sol dont la surface tend ainsi de plus en plus à se niveler.

La mer n'exerce pas une action moindre ; ses vagues rongent sans cesse les falaises : les côtes de la Manche reculent de plus d'un mètre par an. Deux fois déjà dans ce siècle il a fallu démolir le phare de la Hève pour le reconstruire plus loin. Des villages entiers ont été détruits de cette manière. L'île d'Helgoland a perdu en cinq siècles les trois quarts de sa surface.

Les blocs ainsi arrachés sont transformés en galets ou en sables que les courants littoraux transportent plus loin. Certains rivages empiètent peu à peu sur le domaine de la mer. D'anciens ports sont aujourd'hui à plusieurs kilomètres des plages.

Dans les mers chaudes, par suite de l'évaporation, les substances en dissolution se déposent à l'état amorphe ou en cristaux : les marais salants nous en donnent un exemple. La silice et le carbonate de chaux se précipitent et agglutinent souvent les sables ; ainsi se forment de nos jours, sur les côtes du Calvados, des calcaires très durs renfermant en abondance les coquilles de ces régions. Près de la Rochelle, c'est un grès calcaire ; près d'Oran un grès siliceux ; à Biarritz un poudingue, etc. Dans les pays tropicaux les dépôts s'effectuent plus rapidement qu'ailleurs ; dans ceux de la Guadeloupe on a découvert un squelette humain. Nous assistons donc aujourd'hui encore à la formation des fossiles.

Le vent joue aussi un rôle important : les dunes formées par les mouvements des sables ont englouti des villages entiers de la Bretagne et de la Gascogne en moins d'un siècle : celles de la Teste avançaient de vingt-cinq mètres par an.

A côté de ces agents externes, il faut faire une part importante aux forces souterraines. Elles ont produit les premiers mouvements du sol et déterminé la forme générale des continents. Elles se manifestent encore par les phénomènes volcaniques qui amènent à la surface des masses fluides en fusion. L'éruption du Krakatoa (26-27 août 1883), la plus grande des éruptions connues, arracha au sol dix-huit milliards de mètres cubes dont les deux tiers furent projetés dans un rayon de 15 kilomètres et dont le reste se dissémina à de telles hauteurs qu'un an plus tard on recueillait ces poussières à une distance de 70 kilomètres.

Citons encore les tremblements de terre, et les failles ou grandes fêlures de l'écorce terrestre longues souvent de plusieurs lieues.

La Terre entière est donc soumise à des variations incessantes dont la plupart s'effectuent avec une extrême lenteur, sous l'influence des agents extérieurs ou intérieurs.

Les phénomènes anciens sont dus aux mêmes causes, l'intensité seule des forces agissantes a pu varier.

Le limon et les graviers déposés par les eaux d'un fleuve sont faciles à reconnaître; dans ceux que charrie actuellement la Seine on trouve les dents et les ossements du bœuf, du cheval et des autres animaux qui vivent dans la contrée; mais à une certaine profondeur, on trouve des dépôts analogues contenant des dents d'éléphants, d'hippopotames, de rhinocéros. La Seine formait donc autrefois un énorme cours d'eau, sur les bords duquel paissaient les éléphants et les rhinocéros.

De même, il est d'autres régions où l'on retrouve des sables marins, renfermant les restes d'un grand nombre de mollusques et autres animaux marins. Ailleurs ce sont des dépôts lacustres qui se distinguent par les débris organiques qu'ils contiennent. En d'autres points, des sédiments se sont déposés dans des lagunes à eaux saumâtres.

Toutes ces formations dues à l'action de l'eau sont disposées en couches parallèles superposées les unes aux autres, comme on l'observe facilement dans les carrières ou les tranchées de chemin de fer : on dit qu'elles sont *stratifiées* et *sédimentaires*.

En d'autres points, on trouve des roches très différentes, disposées par masses compactes et irrégulières, intercalées dans les roches sédimentaires : ce sont les roches *éruptives* dues aux agents intérieurs. Projetées du sein de la Terre, elles ont fait irruption à travers les masses stratifiées ; ce sont, dans les temps anciens, les roches granitoïdes et porphyriques ; dans les temps modernes les trachytes, les basaltes et les laves.

On a divisé en plusieurs périodes le temps pendant lequel s'est consolidée la croûte terrestre.

1° L'Époque primaire ou Azoïque : la vie n'avait pas encore

apparu et les terrains de cet âge paraissent s'être formés dans des conditions particulières ;

2° L'Époque de transition ou Paléozoïque : âge de l'apparition de la vie, où l'on distingue plusieurs périodes : cambrienne, silurienne, dévonienne, carbonifère et pénéenne ou permienne ;

3° L'Époque Secondaire ou Mésozoïque, divisée en périodes triasique, jurassique et crétacée ;

4° L'Époque Tertiaire ou Cénozoïque qui comprend les périodes éocène, miocène et pliocène ;

5° L'Époque Quaternaire où a apparu l'homme.

La durée de ces diverses périodes est d'ailleurs très inégale. Les calculs relatifs au refroidissement de notre globe semblent faire remonter l'origine de la vie à 48 millions d'années environ dont 36 pour l'ère primaire, 9 pour l'ère secondaire, 3 pour l'ère tertiaire et 6 à 7 centaines de milliers d'années pour l'ère quaternaire. Sans vouloir exagérer la précision de ces chiffres, qui sont d'ailleurs plutôt au-dessous de la réalité qu'au-dessus, ils n'en font pas moins ressortir l'incommensurable durée des périodes géologiques ; de même que l'astronomie étend en quelque sorte l'idée de l'espace, la géologie élargit celle du temps.

L'ancienne tendance à tout considérer comme immuable, venait précisément de ce que l'on concevait mal ces durées immenses. Et de fait, nous sommes bien loin des six mille ans du Déluge et de la Création du monde. Lamarck a dit avec raison : » Si la durée de la vie humaine ne s'étendait pas au delà d'une seconde, et s'il existait une de nos pendules actuelles montée et les aiguilles en mouvement, nul ne les verrait changer de place. Les observations de trente générations n'apprendraient rien de bien évident sur le déplacement des aiguilles, car le mouvement d'une demi-minute serait trop peu de chose pour être bien saisi. Et si des observations beaucoup plus anciennes apprenaient que cette même aiguille a réellement changé de place, ceux auxquels on l'affirmerait croiraient à quelque erreur. »

Nous savons aujourd'hui à n'en plus douter que le sol, la faune, la flore, tout a changé graduellement ; et ce ne sera pas, une des moindres gloires du XIXe siècle d'avoir, en toutes choses constaté « le mouvement des aiguilles. »

CHAPITRE II

La naissance de la Terre. — L'Époque Primaire ou Azoïque

La naissance de la Terre date du jour où elle se détacha de la nébuleuse solaire. Animée de son double mouvement de rotation et de révolution, ce n'était encore qu'une vaste atmosphère, bien plus légère que l'air que nous respirons. Peu à peu, obéissant aux lois de la gravitation, les molécules se resserraient vers le centre, la forme sphérique s'accentuant de jour en jour. Cette concentration éleva la température jusqu'à 9,000°. Durant cette première période, la Terre incandescente, dilatée dans une orbe trente ou quarante fois aussi large qu'aujourd'hui, était alors le théâtre des grandioses phénomènes qui s'accomplissent encore aujourd'hui à la surface du Soleil. De gigantesques masses d'hydrogène ou de gaz enflammé s'élevaient à des centaines, à des milliers de kilomètres de hauteur. Et en même temps, produites par l'action du Soleil, des marées énormes déformaient périodiquement notre globe, en projetant, toutes les trois heures, des masses bouillantes de laves et de gaz jusqu'aux extrêmes limites de l'atmosphère.

De ces marées naquit un jour la Lune. Alors très proche de la Terre, elle produisit à son tour des marées formidables sur ce sphéroïde fluide et visqueux ; et peu à peu, tandis que la rotation de la Terre se ralentissait, notre satellite allait en s'écartant.

Deux planètes de notre système semblent être encore à cette période de formation : ce sont Jupiter et Saturne. Bien que nées avant la Terre, leur masse énorme les a empêchées de se refroidir aussi vite. Aussi sont-elles relativement beaucoup plus jeunes. Jupiter est dans un état d'instabilité perpétuelle; les phénomènes qui s'y passent ne peuvent être entretenus par la chaleur solaire; ils sont dus à la température encore très élevée de la planète. L'énorme tache rouge, plus vaste que la Terre entière, qui, restée fixe de 1878 à 1884, a pâli graduellement pour s'effacer, n'est peut-être autre chose qu'un continent en formation.

La Terre a passé par ces phases successives. D'abord incandescente, elle a commencé à se refroidir extérieurement à force de rayonner autour d'elle sa chaleur. La température des espaces interplanétaires étant de 273° au-dessous de zéro, au sein de ce milieu glacé, ni la chute des météores, ni la condensation progressive n'ont suffi à entretenir la chaleur terrestre. D'abord se sont montrées les taches dont est parsemé le Soleil aujourd'hui; puis l'atmosphère extérieure, de gazeuse est devenue liquide; enfin même la surface s'est solidifiée. La Terre et le Soleil, vus de loin, formaient alors une étoile double, qui traversa toutes les phases que nous observons aujourd'hui dans ces systèmes. Les deux composantes brillaient toutes deux d'abord d'une lueur jaune, mais la Terre se refroidissant, ses rayons semblèrent orangés, puis rougeâtres; jusqu'au moment où elle s'éteignit.

Les différents corps existaient alors à l'état simple ; suspendus en vapeurs dans l'air, à mesure que s'abaissait la température, ils tombaient en pluie sur le sol: vers 1,300° c'étaient les pluies de zinc, vers 350° les pluies de mercure; au-dessous de 100° enfin, les pluies d'eau.

Peu à peu, les différents éléments se combinaient entre eux et donnaient naissance aux composés actuels.

Puis, au milieu de ce foyer intense, de ce laboratoire gigantesque de la Nature, où s'accomplissaient tour à tour toutes les réactions chimiques, une croûte solide se forma. C'étaient d'abord quelques rares îlots dispersés sur un océan de feu; graduellement ils s'étendaient, se réunissaient les uns aux autres jusqu'à envelopper l'ensemble de la Terre. Mais les marées qui secouaient deux fois par jour la surface de la Terre, les dégagements gazeux de la fournaise intérieure, brisèrent sans doute bien des fois cette première écorce solide.

Le globe primitif avait alors pris, par suite de la rotation, la forme ellipsoïdale qu'il a aujourd'hui, renflé à l'équateur et déprimé au pôle. Et cette irrégularité subsiste comme une preuve irrécusable de la fluidité de notre globe dans les premiers âges.

Sur ce sphéroïde aplati les différentes matières s'accumulaient par ordre de densité, les plus lourdes étant près du centre, et les plus légères flottant à la surface comme une écume. Le noyau intérieur, pesant et métallique, paraît contenir du fer imprégné d'hydrocarbures analogues à ceux que le spectroscope nous montre dans la queue des comètes. Aussi, tandis que la densité moyenne de la Terre est cinq fois et demie celle de l'eau, la densité de l'écorce ne l'est que de deux à trois.

La première croûte était formée des corps les moins denses et les plus réfractaires, c'est-à-dire de silice et d'alumine combinées aux métaux les plus oxydables ; mais à peine constituée, elle intercepta la chaleur émise par le noyau central incandescent ; l'atmosphère se refroidit aussitôt, et un grand nombre d'éléments, jusque là maintenus gazeux par la température, se précipitèrent à la surface. C'est alors que se produisirent les premières cristallisations. Et la puissance de cristallisation devait être singulièrement plus grande qu'aujourd'hui, dans un milieu où la pression atmosphérique était deux cent cinquante à trois cents fois plus considérable qu'actuellement. Les silicates alcalins cristallisèrent en fixant l'alumine et une partie de la silice ; celle-ci, en excès, s'isola en traînées de quartz. Ainsi prirent naissance sans doute les gneiss, et les micaschistes, renfermant le feldspath, le quartz et le mica.

En même temps, le refroidissement continuant, les éléments volatils se déposaient successivement ; au contact de l'enveloppe solide et chaude, à cette température élevée et sous cette énorme pression, les liquides se volatilisaient partiellement, ou bien ils attaquaient la première couche solide et y produisaient des dégradations, des corrosions, que l'on constate au microscope. Grâce à la mobilité de ce liquide, les couches ainsi formées prirent une structure schisteuse : c'est-à-dire qu'elles se déposaient par larges strates, sortes de feuillets faciles à séparer, comme ceux des ardoises.

Tel est le terrain, dit *primitif*, que l'on trouve à la base de toutes les couches géologiques. On n'y a jamais rencontré de fossiles, ni traces d'animaux ou de plantes. C'est la période azoïque, celle où la vie semble n'avoir pas encore apparu.

Ces roches primitives forment en France plusieurs massifs importants ; en Bretagne principalement elles s'associent au granit et se disposent suivant deux bandes qui vont en divergeant l'une de l'autre. Elles se retrouvent encore dans le Plateau central ; aux bords de la Méditerranée, près de Cannes, dans les massifs des Maures et de l'Esterel ; dans les Pyrénées ; elles forment l'axe des Alpes ; elles constituent des régions très étendues en Scandinavie, en Chine ou en Amérique.

Au moment où se formait le terrain primitif il n'existait à la surface du globe aucune dépression, aucune saillie. L'Océan était continu et sans rivages.

Le refroidissement se produisant à l'intérieur aussi bien qu'à l'extérieur, la température de la masse interne baissait peu à peu ; son volume diminuait. L'enveloppe externe qui se moulait sur le noyau intérieur a dû le suivre dans son mouvement de retrait ; de là proviennent les premières inégalités du sol.

Ces plissements, ces rides augmentaient peu à peu et pressaient sur la masse interne ; la réaction de cette fournaise incandescente détermine des déchirures dans l'enveloppe ; les masses en fusion s'élèvent par l'ouverture ; d'abord pâteuses, elles se refroidissent en soudant les parois, et forment les premiers éléments des montagnes.

Ces masses émergées sont séparées par des dépressions où l'eau s'accumule de plus en plus par suite du refroidissement ; les grands traits de la géographie se dessinent.

Les continents et les mers apparaissent. L'action des eaux commence.

La période primitive est finie. L'activité des éléments matériels subit un partage définitif.

Jusqu'ici tout était dû à l'énergie intérieure ; les grandioses phénomènes dont la Terre était le théâtre aux premiers siècles de son existence n'avaient rien d'analogue à ce qui se passe actuellement sur notre globe. La température, la pression étaient plusieurs centaines de fois plus fortes qu'aujourd'hui. La vie n'avait pas encore apparu.

Dans les âges suivants, tout change. L'énergie intérieure est emprisonnée sous l'écorce terrestre ; elle n'influe presque plus sur les phénomènes extérieurs ; la chaleur de la surface est due aux radiations solaires et à celles des étoiles ; à peine le noyau interne élève-t-il la température d'un centième de degré, le foyer intérieur ne manifeste plus son existence que par intermittences, dans les phénomènes éruptifs ou volcaniques.

L'énergie extérieure, au contraire, ayant son principe dans le Soleil, agit d'une façon continue, et par une succession de phénomènes semblables à ceux qui se passent encore autour de nous. En même temps, la vie apparaît et se développe par une lente et progressive évolution.

CHAPITRE III

L'origine et le développement de la vie

Comment la vie a-t-elle commencé à la surface de la Terre ? Sir W. Thomson a émis l'hypothèse que les premiers germes ont été apportés sur notre globe par des étoiles filantes ou des uranolithes, débris des mondes détruits rencontrant dans l'espace les mondes à ensemencer. — On a objecté que les étoiles filantes sont échauffées par leur passage dans l'atmosphère au point qu'elles s'y enflamment et fondent en partie ; cela est vrai, mais le refroidissement des espaces stellaires dont elles ont pris la température, est tel que si l'on se brûle en touchant l'extérieur des uranolithes on se brûle aussi en touchant l'intérieur, mais à cause du froid. L'hypothèse qui fait des comètes les pourvoyeurs de la vie universelle n'est pas impossible ; mais elle est, malgré tout, peu probable, et d'ailleurs elle ne résout pas le problème, elle ne fait que reculer la difficulté.

Il faut aborder la question elle-même. Buffon avait émis l'hypothèse qu'il existe une matière organique animée, universellement répandue dans les substances végétales et animales. Il n'en est rien. Il n'existe dans les animaux ni dans les végétaux aucune matière qui ne se retrouve dans les corps bruts. Tous les êtres vivants sont composés d'éléments inorganiques : l'eau (c'est-à-dire l'oxygène et l'hydrogène), l'air (c'est-à-dire l'oxygène et l'azote), le carbone, la chaux, le soufre, etc. L'eau domine chez tous ces êtres : le corps de l'homme en contient 70 %; dans certaines méduses, la proportion monte à 99 %. De là provient cet état intermédiaire semi-solide, semi-liquide des êtres vivants. A la conception de Buffon on substitua bientôt celle d'une action propre de la force vitale, intervenant pour modifier le jeu des affinités chimiques. « C'est cette force mystérieuse, disait-on, qui détermine les phénomènes chimiques observés dans les êtres vivants; elle agit en vertu de lois essentiellement distinctes de celles qui règlent les mouvements de la matière mobile. » Telle était l'explication de Berzélius ; elle pouvait sembler justifiée au premier abord. Rien de plus étrange en apparence que les idées chimiques dans leur application aux corps vivants. A la place de ces organes si divers, la chimie conçoit un assemblage indéfini de principes immédiats : les acides et les alcalis, l'amidon, les sucres, etc. Et ces principes mêmes peuvent être ramenés à quatre corps élémentaires, dont trois sont gazeux : l'oxygène, l'azote et l'hydrogène ; et l'un solide, le carbone. La combinaison de ces quatre corps entre eux, et à quelques autres que l'on trouve en faible quantité (soufre, phosphore, etc.), donne naissance à des millions de substances. On conçoit que l'on jugeât universellement impossible de produire dans nos laboratoires les composés organiques. Wœhler avait bien reproduit artificiellement l'urée en 1829, mais cette première synthèse portait sur une substance très simple et Berzélius écrivait en 1849 : « Dans la nature vivante les éléments paraissent obéir à des lois tout autres que dans la nature inorganique... Si l'on parvenait à trouver la cause de cette différence, on aurait la clef de la chimie organique ; mais cette théorie est tellement cachée que nous n'avons aucun espoir de la découvrir. » Et Gerhardt disait : « Le chimiste fait tout l'opposé de la nature vivante ; il brûle, détruit, opère par analyse, la force vitale seule opère par synthèse. »

Ce point de vue fut complètement renversé par les expériences de M. Berthelot. En vingt ans d'études et d'expériences il réalisa tous les principes immédiats sans le concours des forces vivantes. Partant des corps simples, par des méthodes générales, il effectua la synthèse des carbures d'hydrogène, puis celle des alcools d'où résulta bientôt celles des autres corps organiques. La chimie organique était assise sur les mêmes bases que la chimie minérale. Ces recherches ont été poursuivies; les expériences de M. Schutzenberger permettent d'espérer que la synthèse de l'albumine, la matière élémentaire des êtres vivants, n'est plus qu'une question de temps.

On connaît en effet des êtres simples, composés uniquement d'albumine ; ce sont les monères, découvertes en 1861 dans la baie de Villefranche par Haeckel; formés d'une gelée transparente et contractile, qu'on nomme protoplasma, ces organismes rudimentaires vivent dans l'eau. Ils n'ont ni tête, ni membres, ni organe d'aucune sorte. Ces petits grumeaux vivants ne présentent aucune trace d'organisation. Jadis quand on voulait se représenter la génération des êtres vivants, on se heurtait aussitôt à la complexité même des organismes les plus simples que l'on connût. Cette objection a disparu depuis que l'on sait qu'il y a des êtres capables de se mouvoir, de se nourrir et de se reproduire sans organes. Pour se reproduire ils se divisent en deux parties séparées par un étranglement, qui finissent par se disjoindre : ce mode de reproduction est d'ailleurs le plus général. Au début de son existence, tout animal, toute plante est représentée par une simple cellule. Un œuf de mammifère n'est autre chose qu'une cellule dans laquelle on remarque une partie plus condensée appelée noyau. Cette cellule se divise en deux, en quatre, et finit par un amas sphérique qui ressemble jusqu'à un certain point à une framboise.

La difficulté d'admettre la génération spontanée est donc bien moins grande aujourd'hui, après tous les progrès faits dans la connaissance des organismes inférieurs.

Il n'est pas plus surprenant de voir les corps hydrocarburés donner naissance à des composés gélatineux que de voir les cristaux cristalliser suivant des formes géométriques invariables, les aiguilles d'une solution saline se réunir pour former des arborisations, ou la neige dessiner des fleurs hexagonales. Les phénomènes vitaux dépendent de la constitution chimique et des forces de la matière organisée, comme les phénomènes vitaux des cristaux, c'est-à-dire leur croissance, leur forme régulière, dépendent de leur composition chimique.

Il est impossible d'établir des barrières infranchissables entre le monde organique et le monde inorganique.

C'est qu'en effet pour la nature il n'y a ni chimie, ni physique, ni biologie : tout se lie, tout se tient. Ce sont là des divisions arbitraires créées par l'esprit humain pour lui permettre l'assimilation des faits. L'univers a existé d'abord à *l'état mécanique ;* nébuleuse en rotation, soumise à l'attraction universelle ; puis la chaleur, la lumière, l'électricité ont amené l'état *physique ;* les combinaisons des corps, l'état *chimique*, d'où enfin est dérivé l'état *organique*, issu tout naturellement du précédent. Du jour où les conditions de la vie ont été réunies, le protoplasma s'est formé aussi sûrement qu'un composé chimique quelconque dans les circonstances nécessaires à sa naissance. Et dès lors la vie s'est étendue et multipliée à la surface du globe.

A quel règne appartenaient ces primitifs habitants de nos mers?

La réponse peut sembler singulière ; ils n'appartenaient ni au règne végétal, ni au règne animal ; c'étaient des êtres ambigus.

Quand on compare un animal ou un végétal appartenant aux classes supérieures de leurs règnes, un abîme semble les séparer.

L'animal se meut ; il est sensible aux impressions extérieures ; il se nourrit d'aliments souvent solides et surtout organiques : ses tissus enfin sont formés de substances albuminoïdes quaternaires, c'est-à-dire renfermant le carbone, l'oxygène, l'hydrogène et l'azote.

Le végétal reste immobile ; il est insensible aux excitations du dehors ; il puise dans le sol ou dans l'air des aliments minéraux qu'il n'absorbe qu'à l'état liquide ou gazeux ; ses tissus enfin sont formés en majeure partie de substances ternaires renfermant seulement du carbone, de l'oxygène et de l'hydrogène.

On a longtemps vu dans cette opposition une des grandes harmonies de la nature. La plante crée, disait-on, et l'animal détruit ; la plante tire du règne minéral les principes immédiats pour en former les aliments organiques dont se nourrit l'animal; celui-ci en absorbe une partie et rejette l'autre sous forme d'eau, d'acide carbonique et de produits azotés. Ainsi la plante absorbe le minéral ; l'herbivore mange la plante ; le carnivore mange l'herbivore, et restitue enfin en mourant tous ses éléments au monde extérieur. Tel est le cycle de la vie.

La plante, disait-on encore, emmagasine la chaleur et la lumière à l'état latent; l'animal reprend ces forces cachées et les fait reparaître.

On citait volontiers, pour mettre en évidence cette antithèse, une expérience de Priestley; ayant mis sous une cloche exposée au soleil deux souris, il les vit périr en quelques heures ; il introduisit alors sous la cloche un pied de menthe aquatique et constata que d'autres souris pouvaient vivre dans cet air mortel à leurs compagnes. Le végétal avait vécu là où l'animal mourait; bien plus, il avait purifié l'air vicié par celui-ci.

Il faut renoncer aujourd'hui à ces idées d'harmonie et de finalité ; une étude plus attentive a fait disparaître l'antagonisme prétendu des animaux et des plantes : pas un caractère des uns qui ne se retrouve dans les autres. Et cela est si vrai qu'il existe tout un monde d'organismes inférieurs qu'on ne sait dans quel règne placer.

Le mouvement volontaire et la sensibilité sont certainement les caractères qui distinguent le mieux l'animal.

C'est pourtant ce critérium qui avait fait ranger au siècle dernier le corail et les polypes sédentaires parmi les végétaux.

Mais surtout comment oublier que certains végétaux sont doués de mouvement? les grosses spores de certaines algues, telles que les *Vaucheria*, se déplacent avec rapidité ; les graines de *Stipa pennata* possèdent une forte pointe au moyen de laquelle elles s'enterrent.

On dit parfois que ces mouvements ne sont pas volontaires; mais à quoi distinguer un mouvement volontaire? Les zoospores ou éléments reproducteurs mâles des algues se meuvent, de manière à éviter les obstacles, en se dirigeant vers les éléments femelles; ils cherchent l'étroite ouverture ménagée dans la paroi des cellules et s'y précipitent: Que dire de la *vallisnérie spirale?* les fleurs mâles de cette plante croissent sous l'eau sur des tiges courtes et droites ; les fleurs femelles sur de longues tiges enroulées en tire-bouchon. Au moment de la fécondation, les fleurs à étamines se détachent et viennent flotter sur l'eau ; aussitôt les tiges qui supportent les fleurs à pistil se déroulent, s'avancent à la rencontre des premières : celles-ci s'ouvrent, répandent la poussière fécondante: les pistils la recueillent, puis les spires se resserrent, les fleurs rentrent sous l'eau.

Pas plus que la locomotion, la sensibilité n'est spéciale aux animaux. On sait que les feuilles ou autres parties de beaucoup de plantes se replient sur elles-mêmes, dès qu'on les touche. Le défaut ou l'excès d'oxygène abolissent ces mouvements ; les anesthésiques les suspendent. Claude Bernard enfermant sous une cloche une souris, un oiseau, une grenouille, et une sensitive, les endormait au moyen du chloroforme : l'air libre les réveillait. Les plantes sont donc empoisonnées, asphyxiées, endormies dans les mêmes conditions que les animaux.

La nutrition peut-elle fournir un critérium plus certain? Les recherches de Darwin et de son fils ont montré l'existence de plantes carnivores. Les *drosères* se nourrissent partiellement d'insectes : le contact irrite la feuille, l'insecte est englué dans un liquide visqueux analogue au suc gastrique des animaux. De même on peut nourrir les népenthes avec du blanc d'œuf, les belles de nuit avec une pâtée d'amidon.

Inversement il existe des vers parasites : le tœnia, les échinorhynques, qui absorbent simplement par la peau une nourriture déjà préparée ; et même certains parasites des crabes, les sacculines, pompent les sucs alimentaires de leur hôte au moyen d'un véritable appareil radiculaire.

La respiration est également impuissante à séparer les deux règnes. Les plantes comme les animaux absorbent de l'oxygène et exhalent de l'acide carbonique. Ce qui avait fait illusion à Priestley, c'est que sous l'influence du soleil les parties vertes des plantes, celles qui contiennent de la chlorophylle, décomposent l'acide carbonique, emmagasinent le carbone et rendent l'oxygène ; la véritable respiration peut être dissimulée par l'action chlorophyllienne, elle n'en subsiste pas moins. Il existe d'ailleurs des animaux colorés en vert, les *stentor*, les planaires, les hydres vertes, qui contiennent de la chlorophylle et se comportent au soleil comme les végétaux. Et par contre, les champignons sont dépourvus de chlorophylle.

On a cru encore que les végétaux seuls produisaient de l'amidon et de la cellulose : mais la matière amylacée se trouve sous forme de grains dans une foule de protozoaires ; et chez les animaux supérieurs, le foie en contient une réserve. Quant à la cellulose, elle forme en général une enveloppe qui emprisonne la substance vivante, l'empêche de se mouvoir et de manifester extérieurement sa sensibilité ; on se trouve en présence d'un végétal ; mais souvent cette membrane n'est que transitoire, l'organisme reste mobile et libre, comme un animal ; et pourtant comment le séparer du précédent ?

Ainsi il n'existe souvent pas d'opposition tranchée entre l'animal et le végétal : « L'identification de l'organisme animal à un appareil dans lequel s'engendrent des forces vives, à un fourneau dans lequel vient s'engouffrer et brûler le règne végétal, peut représenter une apparence extérieure ; mais ce n'est pas l'expression d'une loi physiologique qui relierait la vie animale à la vie végétale.

« Il n'y a rien dans la loi de l'évolution de l'herbe qui implique qu'elle doive être broutée par l'herbivore ; rien dans la loi d'évolution de l'herbivore qui indique qu'il doit être dévoré par un carnassier ; rien dans la canne qui indique que son sucre devra sucrer le café de l'homme. Toutes ces finalités à notre usage n'existent point dans la nature. La loi physiologique ne condamne pas d'avance les êtres vivants à êtres mangés par d'autres. » (Claude Bernard.)

Les deux règnes ne sont pas fondamentalement distincts : ils se touchent par leur base.

Il existe un nombre très considérable d'organismes qui ne peuvent se ranger ni dans l'un, ni dans l'autre. La plupart sont invisibles à l'œil nu : aussi ont-ils été découverts durant ces cinquante dernières années et depuis cette époque on n'a pas cessé de discuter sur leur vraie place dans la classification. C'est qu'ils présentent un mélange inextricable des caractères végétaux et animaux.

« Ce sont des êtres ambigus, et cela ne veut pas dire, remarquez-le bien, que si les naturalistes ne savent actuellement où les placer, ils pourraient néanmoins se décider un jour ; cela signifie tout simplement qu'ils ne sont ni des animaux ni des végétaux ; ils sont composés des mêmes matériaux qu'eux, mais ces matériaux n'ont encore acquis ni le mode de groupement, ni les caractères qui les distinguent dans les deux règnes. » (E.Perrier.)

Aussi quelques naturalistes ont-ils admis qu'il existe entre le règne animal et le règne végétal un règne intermédiaire, participant de leur double nature. Bory de Saint-Vincent s'élevait contre les auteurs « qui attachent trop d'importance à distinguer le végétal de l'animal, distinction aussi vaine, aussi peu nécessaire à connaître que celle qu'on supposerait entre deux bandes de l'arc-en-ciel » ; il réunissait ces êtres douteux dans un règne nouveau, le règne chaotique ou règne des Psychodiaires.

Haeckel a repris cette conception, et il forme avec ces organismes rudimentaires le règne des Protistes qu'il classe immédiatement au-dessus du règne minéral : c'est comme le vestibule du règne organique.

Nous sommes en présence de la souche originelle d'où sont descendues à la fois la série animale et la série végétale. C'est par ce groupe d'êtres inférieurs que la vie a débuté sur la Terre ; c'est là qu'il faut chercher les ancêtres de toutes les formes actuelles.

Un grumeau de gelée ! voilà tout ce que nous montrent dans les moins compliqués d'entre eux, les monères, nos plus puissants microscopes, mais ce grumeau se contracte et se dilate tour à tour ; il lance des prolongements ou pseudopodes pour saisir sa nourriture ; il rejette les matériaux inutiles, il grandit, il se reproduit, il fuit ses ennemis, il capture sa proie : il agit comme pourrait le faire en pareil cas un lion ou un tigre.

Citons parmi les monères les plus curieuses : le *protogense primordialis*, la première des monères connues qui a une forme sphérique et des pseudopodes bien développés ; — la *protamœba primitiva* plus simple encore puisqu'elle n'a ni forme définie, ni prolongements ; — le *myxodictyum sociale* qui, au lieu de se séparer des nouveaux individus qu'il produit en se segmentant, reste attaché à eux par de longs filaments où circulent les matières alimentaires ; — la *protomyxa aurantiaca* qui, au moment de la reproduction, s'entoure d'une enveloppe, d'où sortent bientôt en nageant une foule de petits êtres munis chacun d'un cil vibratile, et destinés à devenir de nouvelles protomyxa.

Certaines de ces monères altèrent gravement les milieux dans lesquels elles vivent, ce sont les microbes (bactéries, vibrions, amylobacter, levures, etc...) On sait comment M. Pasteur a démontré qu'il fallait voir en eux la cause d'un grand nombre de maladies contagieuses ; et que l'on pouvait atténuer leurs propriétés virulentes par la culture au point d'en faire de véritables vaccins.

Au-dessus des monères se trouvent de nouveaux protistes qui font la transition entre les végétaux et les animaux, et, fait curieux; le passage entre les deux règnes ne se fait pas par un seul pont.

Les animaux inférieurs, les protozoaires, sont construits sur deux types différents : les rhizopodes et les infusoires. Dans les premiers le protoplasma devient de plus en plus mobile à mesure qu'on s'approche de la périphérie, de sorte que celle-ci projette tout un réseau mobile de longs filaments. Dans les seconds le protoplasma durcit au contraire à la surface, en sorte que la forme du corps est déterminée et que les filaments extérieurs occupent une place constante.

Or, d'une part, par les protogènes, les protomyxa, les vampyrella, etc., les rhizopodes passent aux myxomycètes ou champignons muqueux.

Ces myxomycètes se développent durant l'été sur les copeaux de hêtre ou de chêne : ils y forment des masses muqueuses douées de mouvements amiboïdes qui enveloppent les corps voisins et les dissolvent comme ferait un animal ; puis dans ces masses muqueuses apparaissent de petites spores, qui sont bientôt mises en liberté et reproduisent un jeune myxomycète. La sécheresse survient-elle ? Les myxomycètes s'enkystent pour attendre l'humidité. Tout cela semble indiquer des animaux, mais entre les myxomycètes et les vrais champignons, les transitions sont insensibles.

D'autre part, les infusoires à fouets vibratiles sont reliés à la fois aux champignons et aux algues par d'innombrables formes de passage. C'est dans ce groupe qu'il faut ranger *l'euglena sanguinea*, dont la couleur rouge vif suffit pour colorer parfois la pluie ou la neige ; le *monas prodigiosa* qui forme sur les matières amylacées, le pain, les hosties, ces taches sanguinolentes où l'on voyait autrefois un signe du courroux divin.

Comment ces êtres, invisibles à l'œil nu, ont-ils fini par donner naissance aux énormes animaux qui peuplent la terre et la mer ? à l'éléphant ou à la baleine ? Comment ces corpuscules informes peuvent-ils compter parmi leurs descendants la rose ou l'oiseau !

Répondre à cette question, c'est tracer l'histoire de l'évolution du règne végétal ou du règne animal ; c'est dresser le tableau généalogique des êtres vivants.

Pour reproduire ce long processus qui nous conduit des premiers habitants d'un globe à peine refroidi aux hôtes actuels de nos continents et de nos mers, un premier moyen s'offre à nous ; c'est d'interroger simplement les couches géologiques, ces archives de la création. Cette méthode est très sûre, mais elle est insuffisante, et cela pour plusieurs causes.

La première est l'imperfection de nos connaissances actuelles ; nous ne savons en effet presque rien sur le fond des mers : et pourtant les mers occupent les trois cinquièmes de la surface terrestre. Les continents eux-mêmes sont loin d'avoir été explorés. De l'Asie nous ne connaissons guère, au point de vue géologique, que l'Hindoustan et une partie de l'Indo-Chine, de l'Afrique que les côtes méditerranéennes et le cap de Bonne-Espérance ; des îles océaniennes, de l'Amérique du Sud presque rien. En Europe même, il n'y a que trois contrées qui aient été sérieusement exploitées en détail : la France, l'Allemagne et l'Angleterre. Quant à la Russie, à l'Espagne, à l'Italie, à la Turquie, leur étude est beaucoup moins complète.

Les explorations géologiques futures nous révéleront une foule de fossiles nouveaux ; la récente étude des Montagnes Rocheuses dans l'Amérique du Nord a mis au jour nombre d'oiseaux et de mammifères surprenants.

Indépendamment de notre ignorance, il est des lacunes qui proviennent de la nature même des choses. Les fossiles ne se trouvent que dans les couches sédimentaires, c'est-à-dire dans celles qui ont été déposées par les eaux; deux couches successives peuvent donc être séparées par une longue période d'émersion qui n'a pas laissé de traces, mais durant laquelle les formes animales et végétales se sont modifiées.

Une autre difficulté résulte de la nature des organismes étudiés. Les parties dures et résistantes des organismes sont seules aptes à se fossiliser : tels sont les os et les dents des vertébrés, les coquilles des mollusques, les squelettes calcaires des coraux, les parties dures des plantes. Il faudrait au contraire un concours exceptionnel de circonstances favorables pour que les parties molles pussent être fossilisées. Or il existe des classes entières d'animaux qui ne contiennent pas une partie solide, telles sont les méduses, les mollusques nus, une partie des articulés, presque tous les vers, quelques vertébrés inférieurs ; dans les plantes, les parties essentielles, comme les fleurs, sont extrêmement délicates ; enfin dans presque tous les organismes les formes de la jeunesse sont frêles et fragiles.

Ajoutons encore que les organismes terrestres, pour passer à l'état de fossiles, doivent tomber accidentellement dans l'eau et l'enfoncer dans des couches sédimentaires. Or combien de circonstances fortuites entrent ici en jeu ! On peut s'en faire une idée par le fait suivant, que cite Haeckel ; nous ne possédons que le maxillaire inférieur d'un grand nombre de mammifères fossiles ;

c'est que cet os se détache facilement des cadavres en décomposition qui flottent dans l'eau. Voilà pourquoi on ne connaît que le maxillaire de quantité de marsupiaux, sans avoir une seule pièce de leur système osseux.

Nous pouvons conclure avec Darwin que : « le récit de la création tel que nous le montre la paléontologie est une histoire de la Terre imparfaitement conservée et écrite dans des dialectes qui sans cesse se modifient. Le dernier volume de cette histoire est seul venu à nous, et il a trait à une partie seulement de la surface terrestre. Encore n'avons-nous de ce volume que de courts chapitres épars et de chaque page de ces chapitres il ne nous reste que quelques lignes. Comme chacun des mots de la langue employée change sans cesse dans la série des chapitres, on peut le comparer, lorsque cette série s'interrompt, à ces types organisés, qui semblent se modifier brusquement dans la succession de deux couches géologiques très distantes. »

Une méthode nouvelle vient heureusement à notre aide : la méthode embryologique. Tout animal, à quelque groupe zoologique qu'il appartienne, que ce soit un homme ou que ce soit un ver de terre, commence par être une simple cellule. Certains organismes ne dépassent jamais cet état, mais la plupart passent ensuite par une série de formes successives plus ou moins variées, avant d'atteindre leur forme définitive (l'état adulte). Or l'histoire de l'évolution de l'individu, l'embryologie, se relie de la façon la plus étroite à l'histoire de l'évolution des espèces, la phylogénie. La dernière est strictement parallèle à la première. L'histoire de l'évolution individuelle est une répétition abrégée, une récapitulation de l'histoire évolutive paléontologique. Et, en un sens, de ces deux séries parallèles, la plus merveilleuse est sans doute l'embryologie : il y a plus de mystères dans le développement court et rapide de l'individu que dans le développement lent et graduel de l'espèce. En définitive, la métamorphose est la même, mais dans un cas elle s'opère en des milliers d'années, dans l'autre en quelques mois.

Cette grande loi du parallélisme de l'évolution embryonnaire et de l'évolution paléontologique a été aperçue déjà par Geoffroy Saint-Hilaire et par Serres; plus tard Agassiz la mit en lumière dans son bel ouvrage sur les *Poissons fossiles*. Puis, après l'apparition du livre de Darwin, Fritz Muller en donna l'énoncé transformiste: « L'embryogénie d'un animal n'est que la répétition abrégée des phases traversées par son espèce dans la suite des temps. »

C'est donc en nous appuyant à la fois sur l'embryologie et sur la paléontologie, l'une complétant et contrôlant l'autre, que nous pouvons établir définitivement l'arbre généalogique du règne animal.

Lamarck le premier avait eu cette idée et malgré des erreurs que l'insuffisance des connaissances de son temps rendait inévitables, il a montré entre les grands types organiques une parenté toujours confirmée depuis. Haeckel reprit soixante ans plus tard cette tentative et dressa à son tour l'arbre généalogique du règne animal et du règne végétal. Il adopta l'hypothèse *monophylétique* qui fait descendre chacun des groupes organisés et l'ensemble de ces groupes d'un seul type, d'une seule espèce primitive. Il semble, au contraire, après les découvertes faites dans ces vingt dernières années, que l'on ne puisse grouper ces organismes sur un arbre unique.

Déjà nous avons reconnu qu'il serait tout à fait inexact de se figurer le règne minéral, le règne végétal, le règne animal comme superposés l'un à l'autre; nous avons vu même que le protoplasma avait eu besoin d'une différenciation moindre pour produire les premiers végétaux, en sorte que ceux-là pourraient bien être antérieurs à ceux-ci.

Il serait tout aussi erroné de supposer, comme on le fait souvent, que les mollusques ont succédé aux protozoaires, les articulés aux mollusques, les vertébrés aux articulés ; ces organismes se sont formés indépendamment les uns des autres et ont poursuivi leur évolution parallèlement ; « ils ne sont donc astreints, dit M. Perrier, à aucune règle de succession dans les couches géologiques, si ce n'est relativement aux organismes de la série à laquelle ils appartiennent. C'est ainsi que les coralliaires ont dû se développer après les hydraires et que les hydrocoralliaires tabulés et rugueux doivent être plus anciens que les coralliaires proprement dits ; c'est encore ainsi que les mollusques et les vertébrés doivent succéder aux vers annelés, mais ont pu se développer simultanément ; que les brachiopodes ont pu se montrer de bonne heure, les céphalopodes et les gastéropodes presque en temps, tandis que les acéphales ont dû venir après eux. »

Telles sont les idées d'après lesquelles M. Edmond Perrier a dressé un tableau généalogique qui résume nos connaissances actuelles (1).

« Tout d'abord ont apparu les protozoaires ou *plastides*, c'est-à-dire les êtres unicellulaires qui comprennent les monères, les rhizopodes, les infusoires et les grégarines. »

Les plastides, en s'associant en colonies, donnent naissance aux *mérides* : la plupart sont demeurées à l'état isolé, sans s'élever d'un seul degré, et n'ont aucun rapport avec les organismes supérieurs : ce sont eux qui constituent les petites classes satellites de la grande classe de vers ou de celles des articulés. — « Mais quelques mérides se sont groupés de manière à s'élever plus haut et à produire les classes élevées du règne animal. Ce sont :

« 1° Les *Protascus* dont les groupements variés ont produit les éponges ;

« 2° Les *Prohydra*, ancêtres de tous les acalèphes : polypes hydraires, méduses, cténophores, siphonophores et coralliaires,

(1) E. Perrier, *les Colonies animales*.

« 3° Les *Procystis* précurseurs des échinodermes ;

« 4° Les *Proscolex* d'où descendent les plathelminthes : turbellariés, trhématodes et cestoïdes ;

« 5° Les *Pronaupluis*, d'où sont sortis tous les animaux articulés ;

« 6° Les *Protocha* qui, après s'être transformés en trochosphères ont donné naissance aux vers annelés, type central dont les modifications en sens divers ont produit les brachiopodes, les mollusques, les tuniciers et les vertébrés. »

Les tuniciers nous offrent un exemple frappant de l'importance des phénomènes embryogéniques. A l'état adulte en effet les ascidies, qui représentent ce type, sont des animaux de structure très simple enfermés dans une carapace rugueuse, fixés aux rochers : aussi les rangeait-on jadis parmi les mollusques les moins élevés. Mais que l'on consulte le développement au sortir de l'œuf, ce sont de petits animaux agiles ayant la forme des têtards de grenouille, nageant au moyen de leur queue : ils possèdent un rudiment de cerveau, et des organes des sens : un œil et une oreille. Tout cela disparaît dans l'ascidie adulte.

Ces faits conduisent à placer les tuniciers immédiatement au-dessous des vertébrés, et à considérer ce groupe comme un rameau détaché de la source originelle des vertébrés.

Un peu plus loin, mais encore avant les poissons, s'est détaché de cette même souche un animal singulier qui forme la transition entre les invertébrés et les vertébrés : c'est l'amphioxus. Ce petit être, à demi-transparent, long de cinq à six centimètres, présente la forme d'une lancette ; il n'a ni cœur, ni os, ni vertèbres, et pourtant il présente déjà la disposition caractéristique des vertébrés : le système nerveux central est tout entier d'un même côté du tube digestif dont le sépare une corde pleine, la corde dorsale.

Quant à l'ancêtre direct des vertébrés, on ne l'a pas retrouvé, au moins jusqu'ici ; mais l'embryogénie permet de s'en faire une dée. Ce devait être un animal fusiforme, allongé, pourvu de deux orifices, d'une double gouttière ciliée, respirant par la région supérieure du tube digestif à la manière de certaines annélides, muni de vésicules le long du corps.

Cet animal a donné naissance à trois types différents, qui réalisent précisément les trois cas que peut présenter l'évolution : en premier lieu, les ascidies qui ont fortement regressé ; plus tard l'amphioxus qui est demeuré stationnaire ; enfin les vertébrés proprement dits ou craniotes qui ont progressé au point de s'élever bien au-dessus de tous les autres animaux.

On peut se figurer ce long développement des êtres au moyen d'une image due à Haeckel : le monde organique est semblable à une immense prairie presque desséchée, au-dessus de laquelle s'élèvent deux arbres touffus qui représentent le règne animal et le règne végétal ; leurs rameaux frais et verdoyants sont les animaux et les végétaux actuels; les branches flétries figurent les animaux et les végétaux disparus. L'aride gazon de la prairie correspond aux groupes de protistes éteints ; les quelques brins d'herbe encore verts aux protistes qui subsistent.

LA PÉRIODE SILURIENNE

Les animaux caractéristiques de ces terrains de transition sont les *trilobites* ; nés à l'époque paléozoïque, ils s'y sont développés et ne lui ont pas survécu. Ils sont très répandus dans ces terrains et on en retrouve un grand nombre dans les falaises ou les tranchées. Leur corps est divisé en trois parties ; un bouclier sémi-circulaire : c'est la tête ; une série d'anneaux : c'est le thorax ; et enfin une partie terminale nommée pygidium et composée d'une pièce unique. Les anneaux du thorax sont mobiles de manière à permettre au trilobite de s'enrouler en boule, à la façon d'un cloporte. Certains trilobites sont aveugles ; d'autres au contraire ont des yeux très complexes.

On retrouve aussi des polypiers hydraires, les graptolites : ce sont des tiges tantôt droites, tantôt enroulées en spirale et munies, sur le côté, d'une série de petites saillies denticulaires.

Cette époque a duré sans doute des millions d'années ; aussi le progrès, l'évolution sont-ils déjà manifestes dans les couches supérieures. Nous n'en sommes plus aux monères ni aux algues simples. Les trilobites ont une tête, un corps, une queue.

Un grand nombre de formes élevées apparaissent, la vie se manifeste avec une puissance extrême ; la faune silurienne est remarquable par l'abondance et la perfection des espèces.

Les mollusques prennent un développement considérable : on connaît plus de seize cents espèces appartenant à la classe des *nautilides*. Le nautile flambé, qui vit encore de nos jours dans les mers tropicales, se tient dans une coquille enroulée en spirale et divisée en un grand nombre de loges par une série de cloisons intérieures que traverse un canal central. — Les *orthocères* sont analogues, mais leur coquille au lieu d'être enroulée est droite ; quelques-uns ont jusqu'à deux mètres de long.

Les *crinoïdes* tapissaient les fonds de la mer d'une couche vivante ; fixés au sol par une longue tige composée d'articles mobiles, ils s'épanouissaient en une touffe ramifiée à l'infini, qui, tour à tour, s'étalait ou se resserrait comme les pétales d'une fleur. Aujourd'hui encore ces animaux singuliers subsistent dans les profondeurs de l'Océan. A plusieurs centaines de mètres de la surface, dans ces régions où la lumière pénètre à peine, où l'agitation des eaux ne se fait jamais sentir, où la température ne varie pas, ces espèces lointaines se sont perpétuées avec leur aspect primitif. Longtemps on les a ignorés ; aujourd'hui que l'on a exploré ces abîmes, on connaît leur nombre, on sait de quelle luxuriante végétation ils couvrent ces bas-fonds.

La faune silurienne est essentiellement marine ; les terres émergées alors étaient désertes ; seule une maigre végétation y fleurissait : quelques mousses sont enfouies dans les dépôts supérieurs de cet étage.

Les mêmes plantes, les mêmes animaux se retrouvent jusque dans les contrées polaires. Il régnait donc à cette époque un climat uniforme sur toute la terre.

La mer s'étendait partout. Seuls quelques rares îlots dessinent les premiers linéaments de ce qui devait être l'Europe ou l'Asie. En France, une partie de la Bretagne était soulevée, le Plateau central, les Alpes, le Jura ; mais les régions où Paris, Rouen, le Havre, Bordeaux, Marseille devaient s'élever plus tard, étaient encore recouvertes par les flots de la mer silurienne. L'Islande, la Scandinavie, la Bohême, une partie de l'Ecosse émergeaient ; mais Londres, Madrid, Lisbonne, Rome, Vienne, Berlin, Saint-Pétersbourg, Constantinople étaient sous l'océan. Et au-dessus des cités futures le trilobite, armé de son petit bouclier ovale, se déplaçait librement ; un des premiers des êtres vivants, il voyait d'abord les mollusques informes, les zoophytes, les crinoïdes ; il se roulait en boule pour échapper à ses ennemis ; peu à peu, il assistait au développement des êtres autour de lui : son regard rencontrait l'œil fixe des grands céphalopodes. Et lentement, successivement, ce premier témoin de l'univers primitif déclinait, s'éteignait et disparaissait enfin de la surface de la terre, sans y laisser d'autre trace de son passage que les empreintes révélatrices des carrières de la Bohême, des ardoisières d'Angers, etc.

L'arbre de la vie grandit et prospère. Le règne végétal se développe parallèlement au règne animal ; les premiers fossiles des régions de la Cambrie ne sont que des algues. Les cryptogames les plus simples sont aussi les plus anciens des végétaux. L'âge primaire est l'âge des algues. Les unes ont changé depuis pour s'adapter aux nouvelles conditions de leur existence, pour vivre le long de nos rivages. D'autres se sont conservées au fond de la mer, représentants d'un âge disparu, d'un aspect de planète évanoui depuis des millions d'années.

Déjà apparaît l'aurore d'un âge nouveau ; les premiers végétaux, les premiers animaux terrestres surgissent à la fin de la période silurienne.

Diverses algues abandonnent les eaux, s'établissent d'abord dans les stations humides, gagnent et s'étendent de proche en proche. La nutrition, l'absorption gazeuse exigent de nouveaux organes; les mousses, les hépatiques, les fougères prennent naissance.

On a trouvé dans le silurien de Cincinnati des sigillaires, des lycopodes, des calamites, types qui prendront par la suite un grand développement.

« L'eau constitue un milieu auquel la plupart des organismes inférieurs se trouvent nécessairement adaptés. Des classes entières d'animaux et de plantes : les algues, les zoophytes, la plupart des mollusques, tous les poissons vivent confinés dans cet élément. Ces êtres purement aquatiques meurent promptement une fois retirés de l'eau ; mais on conçoit qu'une atmosphère très humide soit presque l'équivalent d'un milieu liquide. C'est ainsi que les cloportes vivent à l'air sous les pierres et l'herbe mouillée. Les lichens et les mousses, bien que terrestres, ne végètent que sous l'influence de l'eau ; tant que l'air reste sec, ces plantes suspendent, pour ainsi dire, leur existence. Un siècle entier amène chez eux peu de changement ; et tel lichen, que nous regardons avec dédain, remonte, par son âge, au delà des temps historiques.

« L'air humide a sans doute été la voie par laquelle la vie a retiré autrefois ses productions du sein de l'eau pour les établir à la surface du sol. Les fougères, qui sont les plus anciennes plantes terrestres dont on ait connaissance, ne prospèrent que dans une atmosphère brumeuse. D'ailleurs la différence entre le milieu aquatique et le milieu atmosphérique a dû se réduire originairement à presque rien. L'air obscurci de vapeurs, se résolvant en pluies continuelles, offrait aux plantes et aux animaux des conditions d'existence sensiblement analogues à celles qu'elles rencontrent au milieu même des flots. Le mollusque pulmoné n'est parvenu à ramper à terre qu'à force de précautions. Il habite des retraites obscures et humides d'où il ne sort que la nuit ou par les jours de pluie. Retirés au fond de leur étroite retraite, les mollusques à coquilles attendent parfois des mois les occasions favorables ; ils demeurent inertes tant que l'humidité ne les tire pas de leur torpeur ; on a même pu voir quelquefois avec étonnement les animaux de certaines collections de coquilles, étiquetés et classés depuis des années, reprendre inopinément sous l'influence d'un bain, le mouvement et la vie. D'abord aquatiques, les animaux et les plantes n'ont pu s'établir à l'air qu'à l'aide de moyens détournés, c'est-à-dire en recherchant l'eau en dehors des lieux où cet élément se rassemble en masse (1). »

II

PÉRIODE DÉVONIENNE (RÈGNE DES POISSONS)

Au sein des eaux tièdes ont déjà apparu les premiers organismes ; les îlots ont commencé à se former, sur les rivages bas et marécageux les plantes marines s'aventurent, les fougères se dressent dans une atmosphère humide, les crustacés marchent sur le sol.

Le règne végétal n'a été représenté jusqu'ici que par les cryptogames ; le règne animal surtout par des invertébrés. Monde

(1) De Saporta, *le Monde des Plantes avant l'apparition de l'homme.*

inférieur encore, mais qui contient à l'état de germe tout ce qui existera plus tard.

Vers la fin de la période silurienne un progrès nouveau s'accomplit; les vertébrés apparaissent; les continents s'étendent, la végétation terrestre s'y établit de plus en plus luxuriante; les poissons se forment dans les eaux et la période dévonienne s'ouvre.

La période silurienne était l'âge des acrâniens et des algues; la période dévonienne va être celui des poissons et des fougères.

Les formes nouvelles sont moins nombreuses que les anciennes; la faune dévonienne est moins riche que celle du silurien. Ce ralentissement s'accentue d'ailleurs de plus en plus dans les terrains de transition, comme si la perfection et la complexité étaient achetées aux dépens du nombre.

Les graptolites diminuent, les trilobites tendent à disparaître; cependant plusieurs genres subsistent encore. Au milieu d'eux, on trouve des crustacés gigantesques tels que l'*eurypterus* et le *pterigotus*; la limule ou grand crabe des Moluques est un des rares spécimens de cet ordre qui subsiste encore, mais à cette époque leur taille atteignait parfois deux mètres.

A côté de ces crustacés vivaient les *brachiopodes*, qui prirent à cette époque un développement très considérable, lequel ne s'est d'ailleurs guère ralenti depuis, car aujourd'hui encore on trouve ces animaux à toutes les profondeurs dans nos mers. Enfermés dans une coquille à deux valves, ils sont munis de deux longs bras ou tentacules latéraux, recouverts de cils, et portés généralement par des appareils apophysaires, dont la forme a varié avec les genres.

Mais le devonien est par excellence le règne des poissons.

Déjà dans les dépôts siluriens les plus supérieurs, quelques poissons ont été retrouvés revêtus d'écailles osseuses, épaisses, recouvertes d'un émail brillant et constituant une cuirasse.

Les Ganoïdes ont encore aujourd'hui un représentant dans le polyptère du Nil. Leur squelette n'est pas entièrement ossifié, la nageoire, au lieu d'être symétrique comme celle des poissons actuels, se termine par deux lobes inégaux.

Sont-ce des poissons ou des crustacés ces êtres incomplètement ossifiés, à la nageoire rudimentaire, protégés par de larges écailles ? Longtemps on a hésité. En 1835, Agassiz attribua les débris du scaphaspis et du pteraspis à des poissons ; plus tard, Rudolphe Kner y vit des coquilles analogues à l'osselet de la sèche ; en 1856, M. Rœmer les prit aussi pour des os de sèche, restes des anciens calmars ; en 1858, Huxley démontra enfin que c'étaient des poissons. « On ne saurait s'étonner que d'éminents naturalistes comme Kner et Rœmer aient cru ces poissons primitifs plus près des invertébrés que des vertébrés. En effet, des vertébrés qui justifient leur nom doivent avoir des vertèbres ; le scaphaspis n'en montre pas plus de traces que l'amphioxus de nos mers actuelles. Les vertébrés ont leurs membres soutenus par des pièces solides ; les scaphaspis et leurs alliés n'ont aucun vestige de ces pièces ou d'un os interne quelconque ; ils ont seulement une ou plusieurs plaques qui forment un lambeau de cuirasse comme chez les crustacés. Ainsi se confirme la théorie du développement graduel des êtres. La physiologie est d'accord avec la paléontologie (1). »

Parmi ces espèces cuirassées citons le *cephalaspis*, la tête recouverte d'un bouclier, percé de deux trous, pour les yeux, et le *pterichtys*. « Il est impossible de rien voir de plus bizarre dans toute la création, » dit Agassiz. On a attribué les carapaces que l'on découvrait à des insectes, à des crustacés et à des tortues. Recouvert dans la partie supérieure par une carapace solide, que porte une petite tête munie de nageoires en formes d'ailes, il se termine par une queue écaillée et très effilée. « On

(1) Gaudry, *Fossiles primaires*.

peut dire, écrit M. Gaudry, que cet être bizarre est partagé en deux parties, une antérieure par laquelle il se rapproche des invertébrés et une postérieure par laquelle il appartient aux vertébrés. »

Le *coccosteus* est un peu plus perfectionné : l'arrière du corps est nu, la partie antérieure fortement cuirassée. Peut-être cachait-il dans la vase la partie postérieure de son corps laissée sans défense, comme le *pimelodus gulio*, petit poisson de l'Inde moderne, dont le corps est nu et la tête cuirassée, qui s'enfonce dans la vase, attend qu'un poisson passe au-dessus de lui, et le tue d'un coup de tête.

Tandis que les eaux se peuplaient de poissons, les insectes commençaient pour la première fois à voltiger dans les airs. L'un avait un appareil stridulent comme les grillons ; l'autre déployait des ailes de vingt centimètres ; tous étaient à la fois aquatiques et aériens.

En même temps se développent sur les rivages émergés ces fougères arborescentes, ces gigantesques lycopodiacées qui vont prendre un tel développement, à l'époque houillère. Les sigillaires, les équisétacées régnaient déjà sur les eaux et sur les îles. Dans nos terrains humides et marécageux, au bord de certains ruisseaux poussent en grand nombre les prêles, que tout le monde connaît ; ces humbles plantes qui ne dépassent pas aujourd'hui quelques décimètres, s'élevaient alors à sept ou huit mètres de hauteur. Elles formaient de vastes forêts, où l'on voyait encore les calamites, gigantesques roseaux, les antholites, les lepidodendrons. Dans ces forêts désertes aucun oiseau, aucun reptile ne passait. Seuls, quelques scorpions s'agitaient entre les pierres, quelques insectes bruissaient dans l'air orageux.

Les continents se dessinent de plus en plus pendant cette période. L'Ardenne émerge au-dessus des flots. Les sédiments dévoniens se déposent dans la vallée de la Meuse au-dessus des schistes ardoisiers siluriens. Certaines régions de la Normandie, de la Bretagne, de l'Anjou, des Vosges, le Morvan, le Languedoc se recouvrent de dépôts analogues.

Quel est donc l'artiste qui, dédaignant les fables de la mythologie classique ou religieuse, lira Lyell et Elie de Beaumont au lieu de copier la Grèce et de commenter la Bible et l'Evangile ? Quel est donc l'artiste qui fera revivre sous son pinceau ces premières heures du monde, ces premiers âges de notre Terre ?

III

PÉRIODE CARBONIFÈRE (RÈGNE DES PLANTES)

Les îles nues et stériles du silurien se sont accrues pendant la période dévonienne et transformées en vrais continents qui se sont revêtus d'une végétation terrestre ; les premières forêts y ont fait leur apparition.

A l'époque carbonifère, les terres s'étendent de plus en plus ; sous un climat favorable il se développe une végétation luxuriante, d'immenses forêts de fougères arborescentes, de lycopodiacées géantes. L'atmosphère, purifiée par cette végétation, devient habitable ; les insectes, les scorpions, les reptiles pullulent dans ces grandes forêts. On peut dire que c'est la fin de l'ère paléozoïque et l'avènement d'un nouveau règne, celui des reptiles qui vont dominer pendant les temps secondaires.

Des transformations analogues se produisent parmi les animaux marins. De véritables coraux se développent, des brachiopodes nouveaux se substituent aux anciens ; les trilobites disparaissent entièrement ; les poissons se modifient pour se rapprocher des formes actuelles.

La flore et la faune de cette époque étaient les mêmes sur toute la Terre ; un climat uniforme régnait sur l'Europe et sur l'Afrique, sur l'équateur et sur les régions polaires. La température qui subsiste aujourd'hui aux tropiques seuls, s'étendait alors au globe entier. La croissance des végétaux ne présentait pas encore des alternatives d'activité et de repos.

L'uniformité n'existait pas seulement pour les continents ; au fond des Océans, les sédiments s'accumulaient et ensevelissaient partout les mêmes fossiles sous toutes les latitudes.

C'est qu'en effet l'influence du Soleil sur la Terre était alors toute autre qu'aujourd'hui. Au lieu d'un petit globe lumineux, c'était une immense nébuleuse qui n'émettait qu'une faible lumière. Que l'on se représente cette sphère immense cent ou cent cinquante fois aussi large qu'aujourd'hui ; si la chaleur et la lumière émise étaient plus faibles, la distance moins considérable compensait et bien au delà cet effet. De nos jours, la distance du Soleil est telle que ses rayons nous arrivent parallèles ; ils forment un faisceau cylindrique qui partage notre globe en deux hémisphères, l'un éclairé, l'autre obscur ; comme l'axe de la Terre est incliné sur son orbite, il en résulte que la Terre est divisée en plusieurs régions : les régions tropicales, où le jour est toujours égal à la nuit ; les régions tempérées, où leur durée varie ; les régions polaires enfin, où le jour dure six mois pour céder la place à une nuit d'une durée égale.

Rien de tel n'existait encore dans la période houillère ; il n'y avait ni saisons, ni climats. Le disque solaire s'élevait immense au-dessus de l'horizon ; quand après son lever son bord supérieur atteignait le zénith, son bord inférieur touchait encore l'horizon. Ses rayons enveloppaient la Terre non comme un cylindre, mais comme un cône. La partie obscure n'était pas encore un hémisphère, mais seulement une petite calotte sphérique. Aucune région ne restait vingt-quatre heures dans l'ombre. Il n'y avait ni longues nuits polaires, ni zones glaciales.

La chaleur envoyée par ce Soleil géant était reçue dans une atmosphère pluvieuse, chargée de vapeur d'eau.

Un océan immense s'étendait au nord du soixante-seizième parallèle; de même l'hémisphère boréal entre le quarantième et le soixante-seizième parallèle était sous les flots. Mais les terres australes, comme aujourd'hui, étaient à la fois moins étendues et plus voisines de l'équateur que les terres boréales.

Ces continents étaient le théâtre de bouleversements fréquents; les régions qui, de tout temps, ont été le siège favori des éruptions : la Bretagne, les Vosges, le Plateau central et tant d'autres, s'entr'ouvraient pour livrer passage à de nombreuses roches ignées, parmi lesquelles il faut surtout citer les porphyres quartzifères, dont les dykes puissants témoignent de l'intensité des phénomènes éruptifs d'alors.

C'est aussi à cette époque que se sont constituées en majeure partie les mines de houille que nous exploitons aujourd'hui; sous l'influence des rayons solaires, les végétaux absorbaient l'acide carbonique de l'atmosphère ; au lieu de restituer ce carbone en se décomposant, ils s'enfonçaient sous l'eau et la vase où ils se carbonisaient lentement. En même temps les dépôts calcaires qui se formaient au fond des mers absorbaient probablement aussi une quantité considérable d'acide carbonique. L'air se purifiait et se prêtait ainsi mieux au développement des animaux à respiration aérienne.

La houille s'est donc produite peu à peu aux dépens des végétaux; les tiges, les branches et les feuilles accumulées peu à peu sous la vase s'y sont lentement décomposées. De nos jours encore nous assistons à des phénomènes analogues; dans les lieux humides et marécageux se produit un combustible nouveau, la *tourbe*. Une végétation aquatique vigoureuse s'y développe ; les plantes, continuant à croître en hauteur, périssent lentement par le pied; c'est ce qui arrive à certaines mousses dont le développement exige un terrain humide, un climat tempéré et une eau limpide. Aussi les régions argileuses, à sous-sol imperméable, ne produisent-elles pas de tourbières. La stagnation de l'eau dans les marais tourbeux n'est pas due à l'imperméabilité du sol, mais à l'avidité de certaines mousses pour l'eau ; c'est ainsi que les sphaignes se transforment en tourbe. Les touffes meurent du pied ; la décomposition se fait à l'abri de l'air sous la couche d'eau que les mousses ont aspirée. Ailleurs les sphaignes sont remplacées par des joncs ou des saxifrages. La température doit être modérée, car une forte évaporation empêche la condensation de l'eau dans les racines; aussi les tourbières n'existent pas dans les régions équatoriales. L'Irlande, au contraire, est la terre classique de la tourbe. Ces masses spongieuses, très redoutées pour leur mobilité, se gonflent parfois au printemps et s'élèvent avec les arbres et les cultures qu'elles supportent, en sorte que l'homme y cherche refuge pour échapper à l'inondation qui envahit les terres basses voisines. Mais le plus souvent les animaux y périssent et leur corps est enfoui dans ces marécages. — Parfois les tourbières sont dues à l'accumulation fortuite de débris végétaux sous l'eau. Le marais tourbeux de Lochbronn est dû à la destruction d'une forêt par un ouragan ; moins de cinquante ans après la catastrophe on y cherchait déjà de la tourbe.

La houille s'est formée d'une manière analogue à l'époque carbonifère. Elle ne semble pas due pourtant à la décomposition sur place des sigillaires ou des lepidodendrons.

Un phénomène observé de nos jours dans les marais du Missisipi peut donner une idée assez exacte de cette formation. Établie sur les alluvions du fleuve, une épaisse végétation d'herbes et de roseaux se développe; puis sur le sol consolidé, les cyprès s'établissent, et bientôt les chênes verts. De temps à autre les grandes crues noient tous ces arbres et préparent leur transformation. On a reconnu ces alternatives de roseaux, de cyprès et de chênes se répétant jusqu'à dix fois sur une profondeur de trois cents mètres.

La houille s'est formée tantôt dans de grands lacs d'eau douce, tantôt dans des lagunes périodiquement envahies par la mer. Au premier mode de formation se rattachent les bassins houillers de la France et des Vosges, puissants, mais irréguliers et peu étendus ; au second mode, les couches minces, mais vastes et régulières de l'Angleterre et de la Belgique. Sur le bord de ces lacs ou de ces lagunes houillères croissait une riche végétation. Entraînées par les eaux, ces plantes venaient se déposer sur les parties plates. Parfois des orages violents ravinaient les pentes de la lagune et charriaient des matériaux détritiques et des conglomérats ; sur le bord de la mer, il arrivait aussi que les vagues rompaient le cordon littoral et déposaient des sédiments marins au milieu des couches de houille. On retrouve dans les couches de houille des arbres entiers ; tantôt ils sont inclinés, tantôt ils sont debout : c'est ce qui arrive aussi à l'embouchure du Mississipi ; de grands sapins charriés s'enfoncent verticalement dans les alluvions ; d'autres ont la racine en l'air et la tête en bas.

Quelle a pu être la durée de ces dépôts ? Elie de Beaumont calculait que tout le charbon que pourraient fournir nos forêts actuelles ne formerait dans les mines exploitées qu'une couche de seize millimètres en cent ans. Il s'agit donc ici de centaines de milliers d'années.

Durant un aussi long espace de temps les continents se sont tour à tour élevés et abaissés ; les lits de houille correspondent aux périodes d'immersion ; les assises schisteuses qui les séparent aux invasions de la mer. Ces bouleversements du sol se traduisent encore par les formes en éventail ou en zigzag des couches de houille.

Les plages d'alors étaient basses, à peine assez élevées pour fermer aux flots de la mer l'accès des lagunes intérieures, voilées par une brume épaisse, ou par une atmosphère toujours chargée. Des myriades de ruisseaux limpides y coulaient, alimentés par des pluies incessantes. Des plantes y poussaient: celles qui de nos jours encore croissent à l'ombre des forêts sans l'intervention directe des rayons du soleil ; elles pouvaient prospérer sous ce ciel toujours couvert. Et les rares insectes qui bourdonnaient dans ces forêts, c'étaient des termites, des blattes, c'est-à-dire des insectes nocturnes. Les fougères, les sigillariées se succédaient sur les pentes couvertes d'une végétation luxuriante. Mais dans ces paysages humides, aucune fleur ne se montrait encore, aucun oiseau ne se faisait entendre ; dans l'atmosphère lourde et immobile, les tiges des plantes gigantesques s'élevaient raides et droites, dressant vers le ciel leurs feuilles pointues et rigides. Seules peut-être quelques forêts de fougères et d'araucarias de la Nouvelle-Zélande peuvent nous donner une idée de la tristesse et de la monotonie des continents de l'époque carbonifère.

On retrouve dans les mines les traces de ces anciennes plantes qui croissaient sur les îlots bas et humides, au bord des eaux tièdes : c'étaient des algues, des prêles élégantes, des mousses. Au lieu de s'élever à quelques décimètres à peine comme les fougères de nos jours, les calamites atteignaient dix à douze mètres.

Peu après apparaissent les *lepidodendrons*, les *sigillaires*, les fougères arborescentes. Seules les humbles lycopodes représentent aujourd'hui cette famille d'arbres merveilleux dont la hauteur atteignait trente mètres et dont le pourtour dépassait quatre mètres. Les *fougères* se distinguaient par la richesse et la profusion de leurs formes.

Plus bizarres encore sont ces formes perdues aujourd'hui : les *sigillaires* soutenus par de nombreuses racines qui s'étendaient parfois à vingt mètres de distance ; ils se dressaient à quarante mètres et plus, gigantesques colonnes cannelées, surmontées d'un panache de feuilles rigides. A l'intérieur de ces troncs, parfois creux à la manière des vieux saules, vivaient quelques insectes.

Ces arbres singuliers semblent intermédiaires entre les cryptogames et les phanérogames, ce n'est que plus tard que celles-ci saisiront la prépondérance.

Les *cordaïtes* atteignaient quarante mètres de haut, ramifiés au sommet seulement, avec d'énormes feuilles de un mètre de long, arrondies et couvertes de stries.

Enfin quelques conifères, les *walchia*, évitant les bas-fonds fleurissaient sur les hauteurs.

La houille, mais surtout la silice, en se substituant à la matière de ces plantes, nous en ont conservé la texture. Sur la terre de Van Diemen existe dans le vallon de Derwent une forêt d'arbres pétrifiés, transformés en opale. L'extérieur est lisse et luisant, l'intérieur composé d'une série de couches concentriques.

Tandis que les végétaux prennent un si magnifique essor, les animaux progressent moins. Les poissons sont encore très nombreux ; les ganoïdes ne sont plus recouverts que de petites écailles ; à côté d'eux errent déjà des sortes de requins.

Parmi les brachiopodes, les *productus* dominent ; ils vivent dans une coquille bombée, couverte d'épines tubuleuses.

Les animaux à respiration aérienne se multiplient : arachnides, scorpions, myriapodes. Les insectes surtout étaient nombreux, blattes, mantes, grillons, sauterelles, termites, libellules sautaient, marchaient, volaient au milieu des forêts carbonifères.

Enfin les reptiles commencent : un grand saurien, l'*Eosaurus*, pourvu de vertèbres biconcaves comme celles des poissons, nageait dans les mers ; certains amphibiens ont laissé les traces de leurs pas sur les sables de cette époque. Les dents coniques, compliquées de circonvolutions nombreuses, qui armaient leur mâchoire, leur ont fait donner le nom de *labyrinthodontes*. Ces singuliers batraciens, les plus curieux peut-être des animaux primaires, atteignaient parfois six mètres de long ; leurs membres étaient courts et robustes ; ils sautaient à la manière des batraciens actuels. Le crâne de beaucoup d'entre-eux est cuirassé : tantôt allongé (cricotus, trematosaure, archegosaure), tantôt raccourci (actinodon, mastodontosaure). Le corps était lourd et massif; comme chez les grenouilles et les crapauds, le ventre traînait à terre. Entièrement aquatiques pendant la première partie de leur existence, ils habitaient surtout les marais et les étangs. Protégés par leur armure impénétrable, c'étaient les rois de la création à une époque où il ne s'agissait ni d'intelligence ni de d'agilité et où il suffisait d'être solidement bâti pour n'avoir rien à redouter.

Tandis que les invertébrés sont nombreux dans les temps siluriens et que les poissons, plus élevés que les invertébrés, ont eu leur règne dès l'époque dévonienne, les reptiles, supérieurs aux poissons, ne se sont multipliés qu'à partir de la période carbonifère. Le développement progressif du monde animal se poursuit donc régulièrement.

IV

PÉRIODE PÉNÉENNE

La période pénéenne a mis fin à la faune et à la flore paléozoïques. Les animaux et les végétaux de cette époque ne diffèrent en rien de ceux du carbonifère; ils ne présentent pas de formes nouvelles ; ils ne nous offrent que les derniers débris d'un monde qui disparaît.

La température reste la même ; le relief du sol se modifie. Un affaissement général ramène la mer sur une grande partie du sol européen, notamment en Russie, en Allemagne, au sud-ouest de l'Angleterre, au pied des Vosges, dans le Cotentin. De puissants conglomérats s'accumulent dans les mers sur plus de 500 mètres d'épaisseur; ils se composent de galets, de blocs volumineux empruntés aux anciennes roches; des débris de granite ou de porphyre sont mélangés au gneiss et au quartzite. Les grès qui les suivent sont d'une couleur rouge due aux oxydes ferrugineux.

Au-dessus se sont déposés des schistes peu épais remplis de bitume et de cuivre argentifère ; puis un calcaire magnésien argileux, gris et compacte, stratifié en couches de vingt-cinq à trente mètres de puissance ; il renferme des amas de gypse blanc et de sel gemme qui, au milieu du bitume, exhalent une odeur fétide.

La faune marine est peu abondante, on y retrouve des spirifers et des productus épineux. Les trilobites ont disparu.

Mais les poissons se multiplient, les ganoïdes à écailles (paleoniscus) remplissent certaines couches schisteuses ; les reptiles se développent (1) ; les batraciens sont nombreux. Les labyrinthodontes, ces grenouilles plus grosses que des bœufs, continuent à errer sur les plages humides.

La flore houillère persiste sur les continents. Les fougères prennent de larges feuilles ; les sigillaires et les cordaïtes diminuent pour faire place aux cycadées ou aux conifères ; les walchia avec leurs feuilles serrées envahissent les forêts et se substituent aux cryptogames en voie de décroissance. Les formes changent, on devine les feuilles et presque les fleurs des âges futurs.

Que sont devenues durant ces longs siècles les masses fluides internes ? La température du globe diminue toujours ; sa masse se contracte, l'écorce qui suit ce mouvement se plisse, et aux endroits les plus faibles se forment des fissures par où s'échappe le porphyre. D'ailleurs, la résistance à la poussée des fluides inté-

(1) On en a notamment retrouvé un grand nombre aux environs d'Autun. M. Gaudry a décrit successivement l'Actinodon, le Protiton, le Pleuronoura, l'Euchirosaurus, le Stercorachis et l'Haptodus dont les dents adhèrent si fortement aux mâchoires qu'au premier abord elles n'en semblent pas distinctes.

rieurs est moindre dans les saillies, plus grande dans les dépressions. Lors d'une nouvelle contraction les saillies cèdent donc sous l'effort et s'élèvent ; c'est pourquoi les phénomènes éruptifs se sont produits le plus souvent dans les montagnes.

Les éruptions porphyriques ont eu lieu pour la plupart après le dépôt du terrain carbonifère.

Puis l'écorce terrestre augmente d'épaisseur, grâce au refroidissement qui fait cristalliser une portion du fluide intérieur ; ce ne sont plus de larges déchirures, mais des fractures peu étendues qui livrent passage au porphyre en fusion.

Le relief du Plateau central est modifié ; les dômes granitiques s'entr'ouvrent ; les saillies porphyriques du Morvan, du Beaujolais, du Forez, sont de véritables montagnes.

Outre les éruptions, la contraction de la terre produit des plissements sans nombre : à la fin de l'époque paléozoïque l'Ardenne et les régions voisines sont fortement plissées ; il en est de même du Morvan, du Roannais, etc.

Les formations sédimentaires qui réunissent l'Ardenne et le Plateau Central, sont séparées par deux grandes cassures ou failles et disparaissent dans les profondeurs, laissant une dépression que les mers secondaires vont bientôt occuper.

CHAPITRE IV

L'époque secondaire ou mésozoïque

L'activité interne qui s'est traduite par de nombreux phénomènes éruptifs semble s'être ralentie durant l'époque secondaire. Seules les formations sédimentaires ont continué à s'accroître régulièrement.

Sur les continents la végétation a perdu sa puissance. Sur les terrains plus élevés et plus secs s'étendent les cycadées et les conifères. Ce n'est que vers la fin qu'on voit apparaître les premières monocotylédones et les dicotylédones angiospermes qui prévaudront dans l'ère tertiaire.

Les reptiles règnent en maîtres à la surface du globe ; ils sont répandus sur les terres, sur les océans, dans les airs même où ils précèdent les oiseaux.

Dans les mers, les types paléozoïques ont en grande partie disparu ; une famille nouvelle, celle des ammonites, naît, se développe et meurt avec l'époque secondaire ; elle est donc absolument caractéristique de cette époque. Les poissons se perfectionnent ; ils prennent un squelette osseux.

L'ère secondaire est divisée en trois périodes : la période *triasique* partagée en trois étages ; la période *jurassique*, ainsi nommée à cause du développement de ces terrains dans le Jura ; la période *crétacée* pendant laquelle s'est formée la craie.

I

PÉRIODE TRIASIQUE

La période triasique a un caractère de transition très marqué ; elle offre l'association de formes paléozoïques (orthocères, cératites) avec des formes mésozoïques telles que les ammonites. Pas plus à ce moment qu'en aucun autre il n'y a donc eu de révolution brusque, de cataclysme subit ; il serait aussi difficile de fixer le moment précis où commence le nouvel âge que le moment précis où il finit.

Le trias se divise en trois parties :

L'étage *vosgien* formé de grès bigarrés ;

L'étage *conchylien* ou franconien, où domine un calcaire grisâtre rempli de fossiles marins ;

L'étage *salifèrien* ou tyrolien qui comprend les marnes irisées et où le sel gemme domine.

« Les mers intérieures où s'étaient déposés dans le nord de l'Allemagne et de l'Angleterre les sédiments marins du permien supérieur sont asséchées ; c'est dans la région méditerranéenne qu'il faut chercher le régime pélagique. — Mais bientôt, de cette Méditerranée largement ouverte, des golfes se détachent vers le nord et le mouvement d'invasion marine atteint sa plus grande amplitude à l'époque *franconienne* où la Lorraine et le bord oriental du Plateau central sont baignés par des mers en communication sans doute difficile avec l'Océan. — Bientôt les eaux marines se retirent au sud et à l'est et le régime des lagunes prévaut à l'époque *tyrolienne* sur toute la France, l'Angleterre et l'Espagne. De la Sicile aux Alpes vénitiennes, on retrouve la Méditerranée carbonifère un peu déplacée vers le Nord, moins étendue à l'ouest et reliée aux dépressions de l'Oural et de l'Asie centrale. » (De Lapparent.)

Durant ces milliers d'années où la surface se modifie lentement, la faune et la flore varient en même temps. Les grands végétaux carbonifères, les équisétacées, les lycopodes diminuent de taille, se rapprochent de nos plantes actuelles ou disparaissent complètement. Les conifères, voisins de nos cyprès, les cycadées couronnaient alors en forêts épaisses les sommets des Vosges. En même temps se déposaient des bancs de galets de quartz, parfois épais de cinq cents mètres; aplatis et allongés, ils se revêtaient peu à peu d'un enduit siliceux aux reflets chatoyants. Puis, c'étaient des grès bigarrés chargés de mica, jaunes, rouges en couches légères. Aujourd'hui portés au sommet des Vosges par les révolutions des terrains, ces grès se sont décomposés sous l'action des eaux; traversés de larges fissures, ils s'écroulent peu à peu et les parties qui subsistent affectent l'aspect de grandes ruines.

Sur ces plages unies et limoneuses erraient encore ces reptiles étranges moitié salamandres, moitié crocodiles, longs de plusieurs mètres, aux membres ramassés, aux mâchoires énormes, les gigantesques labyrinthodontes.

D'autres reptiles se tenaient debout, l'empreinte de leurs pas ne présente que trois doigts ; leurs enjambées étaient au moins quadruples de celles des autruches.

De temps à autre la mer envahissait les plages du continent; les assises déposées au-dessus des couches de grès bigarrés se composent d'un calcaire gris, rempli de débris d'animaux marins.

Parmi ces animaux, quelques-uns vivaient fixés au sol par une longue tige, c'étaient les crinoïdes. Les lis de la mer (*encrinus liliiformis*) formaient comme une végétation sous-marine.

Les spiriféridés subsistent encore à cette époque, les nautilides diminuent peu à peu, mais les ammonites se montrent et se multiplient rapidement. Enfermées dans une coquille flottante, couverte de sinuosités, cloisonnée à l'intérieur, elles vivaient à la surface des eaux ; souvent les sutures finement découpées des cloisons rappellent les feuilles du persil.

A côté d'elles nageaient des poissons étranges. Pourvus à la fois de branchies et de poumons, ils vivaient dans la vase desséchée aussi bien que dans l'eau, où leurs épaisses nageoires analogues à celles des cétacés leur permettaient de se déplacer ; leurs dents plissées en éventail pouvaient broyer les corps durs. Tels les cératodes que l'on a récemment retrouvés vivants dans les rivières de l'Australie.

Les parties centrales de l'Europe étaient alors recouvertes par des eaux peu profondes, mais si salées qu'aucun être vivant n'y pouvait subsister. La mer Morte, les grands lacs salés d'Asie et d'Afrique nous offrent aujourd'hui le même spectacle. C'est à cette époque que remontent les grands dépôts salins de l'Europe. A Cardona, sur le versant sud des Pyrénées, on voit une montagne de sel gemme surgir à plus de cent mètres de hauteur. Dans les Andes, le lac Titicaca est entouré sur une longueur de trois cents kilomètres par des montagnes de sel. Déchiquetées par les pluies, elles offrent des pyramides, des pointes, des creux singuliers. Les mines de sel atteignent des dimensions colossales. Dans celles de Wielicska en Pologne sont creusées des rues, des avenues, des galeries. Les mineurs y habitent ; beaucoup n'en sortent jamais.

Ces mers salées recouvraient alors la région des Alpes, où se déposaient les formations triasiques.

II

PÉRIODE JURASSIQUE. — RÈGNE DES REPTILES GÉANTS

Une période nouvelle s'est ouverte ; l'état de choses qui commence diffère entièrement des époques précédentes.

Les couleurs vives et bariolées des sédiments triasiques ont disparu ; les dépôts de gypse ou de sel gemme ne se forment plus ; aucune roche éruptive ne s'élève. Dans une mer très calme les grès, les calcaires, les marnes, les argiles se déposent en couches régulières. Un moment même arrive où l'Europe est convertie en un archipel de coraux. Les continents restent d'abord stationnaires. Le Plateau central, la Bretagne, les Vosges et le massif alpin constituent autant d'archipels séparés. Les reptiles nageurs atteignent des dimensions colossales ; les mammifères font leur apparition.

C'est à cette époque qu'ont vécu les plus grands animaux qui aient jamais foulé le sol ou peuplé les eaux de notre planète. La taille de ces reptiles géants, en comparaison desquels ceux d'aujourd'hui ne sont pour la plupart que des pygmées, dépassait celle des éléphants ou des cétacés. Habitants de la terre, des eaux ou des airs, carnivores, herbivores ou frugivores, ils étaient les rois de cette époque étrange. Dès le début, les ichtyosaures et les plésiosaures, aux vertèbres biconcaves comme celles des poissons, aux membres élargis en forme de rames, à la manière des baleines, aux dents pointues comme celles des crocodiles, se disputaient entre eux l'empire de la mer.

Les ichtyosaures avaient le corps lourd et ramassé des cétacés, leur tête soudée au corps était longue et pointue comme celle des lézards, leurs dents coniques étaient implantées dans de grandes rainures. Leurs yeux énormes, gros comme une tête humaine, étaient pourvus de plaques calcaires qui entouraient la pupille et soutenaient le blanc de l'œil : appareils optiques d'une singulière puissance, ils permettaient à ces animaux de poursuivre leur proie jusque dans les ténèbres des abîmes sous-marins ; ces monstres si lourds en apparence, grâce à leur queue puissante, à leurs larges nageoires, à leur corps allongé, devaient se déplacer avec rapidité.

Ces reptiles étaient vivipares. L'un d'eux, surpris par quelque cataclysme, recouvert de sable et pétrifié, porte encore un embryon fossile dans son ventre (1). Dans le corps d'autres ichtyosaures on retrouve la nourriture qu'ils venaient d'absorber, les poissons qu'ils ont dévorés il y a des milliers de siècles, on sait même qu'ils se mangeaient entre eux. Les fossiles retrouvés nous mettent presque en rapport direct avec ces époques lointaines ; il semble que les temps disparaissent et que nous nous trouvons en présence de contemporains.

Les plésiosaures, leurs redoutables ennemis, étaient plus grands encore. Ils avaient le corps ramassé, les nageoires en forme de palettes, la tête petite, le cou long comme le corps d'un serpent ; leurs dents ont trente centimètres de long; les os de leur cuisse dépassent parfois la taille de l'homme. Leur queue puissante leur tenait lieu de gouvernail, leur cou long et flexible comme celui du cygne, recourbé en arrière, s'allongeait parfois pour saisir les poissons.

Les pliosaures, les simosaures, presque aussi terribles qu'eux, voguaient à leurs côtés dans la mer jurassique.

Sur les rivages, les dinosauriens, lézards prodigieux, les plus étranges peut-être de tous les habitants de notre planète, régnaient aussi souverainement que nos mammifères actuels. Carnivores ou herbivores, se nourrissant des herbes poussées au milieu des forêts profondes ou se dévorant entre eux, terribles contemporains des ichtyosaures et des plésiosaures.

Le brontosaure avait seize mètres de longueur. Muni de cinq doigts à chacune de ses quatre pattes, plantigrade, il marchait à la façon des ours actuels. C'était une bête lente et stupide dont le poids dépassait trente mille kilogrammes.

L'atlantosaure, le plus grand des animaux qui aient jamais

(1) On peut le voir dans la nouvelle galerie de paléontologie du Muséum de Paris.

existé, atteignait trente mètres de longueur. Quelle figure ferait à côté de lui un de nos éléphants ? Il avait un cerveau minuscule, et devait être peu intelligent comme tous les dinosauriens.

Herbivore comme les précédents, le cétiosaure avait seize mètres de long ; il circulait dans les épaisses forêts de conifères ou de cycadées.

A côté des sauriens à pattes de lézards, sont les sauriens à carapace : le stégosaure était protégé par une série de plaques osseuses.

Les ornithopodes ou sauriens à pattes d'oiseaux sont représentés par les iguanodons. Munis d'une queue gigantesque sur laquelle ils s'appuyaient, ces animaux se dressaient contre les arbres dont ils mangeaient les feuilles avec leurs dents triangulaires (1).

La tête était petite, les narines spacieuses, les orbites allongées, les mâchoires munies de quatre-vingt-douze dents qui repoussaient continuellement comme chez les reptiles actuels. Le cou, de longueur moyenne, est très mobile ; le corps a dix mètresde long, dont la moitié pour la queue. Les membres antérieurs sont plus courts que les postérieurs ; massifs et puissants, ils se terminent par une main à cinq doigts ; le pouce est muni d'un énorme éperon corné. Le cinquième doigt, très long, était opposable comme notre

(1) La découverte de ces animaux est curieuse à raconter.

En 1822, le naturaliste Mantell recueillait dans le comté de Sussex des dents d'iguanodon. Ces dents étaient si singulières qu'il créa immédiatement un nouveau genre, le genre iguanodon.

Neuf ans après on découvrit quelques os. En 1868, l'animal fut complètement décrit par Huxley.

Enfin en 1878, M. Van Beneden, professeur à Louvain, annonça que l'on avait trouvé à 322 mètres de profondeur, à Bernissart, des ossements de reptiles gigantesques. L'extraction fut laborieuse. Les ossements tombaient en poussière dès qu'on les dégageait. On dut découper l'argile par blocs que l'on noyait dans du plâtre, que l'on consolidait avec des ferrures et que l'on numérotait.

Après trois ans de labeur, le poids des blocs s'élevant à 110.000 kilos, la science put compter à son actif 29 iguanodons, 5 crocodiles, 1 salamandre et des milliers de poissons et de végétaux.

pouce et permettait à l'iguanodon de saisir les branches d'arbres.

Ces animaux vivaient dans les marécages ; tantôt ils nageaient lentement avec leurs quatre membres ; tantôt, quand ils voulaient fuir leurs ennemis, ils se servaient uniquement de leur queue. A terre, ils marchaient à l'aide des membres postérieurs. Étant herbivores, ils devaient servir de proie aux grands carnassiers de leur époque. Les fougères au milieu desquelles ils vivaient les auraient empêché de voir leurs ennemis. Mais debout ils embrassaient un vaste champ, et pouvaient étouffer leur agresseur entre leurs bras puissants ou lui enfoncer dans le corps l'éperon de leur pouce.

Les mosasaures (1) vivaient à la même époque. Longs de treize mètres, ils avaient l'aspect extérieur des marsouins, mais leur corps était recouvert de plaques osseuses et leurs narines n'étaient point transformées en évents.

Voici maintenant les carnivores. Le *cératosaure*, bipède long de six mètres, portait sur le nez une corne puissante, comme le rhinocéros ; muni de dents tranchantes, il habitait les estuaires et mangeait les poissons.

L'allosaure, le mégalosaure avaient des mœurs analogues

Tandis que les ichtyosaures et les plésiosaures se combattaient à la surface de la mer, que les iguanodons ou les mégalosaures luttaient sur terre, d'énormes reptiles volants, sortes d'oiseaux munis de dents, sillonnaient les airs.

« En voici qui volaient non par le moyen des côtes, comme les dragons, ni par une aile sans doigts distincts comme celle des

(1) Recueillis en 1766 à Maestricht, au bord de la Meuse, par l'officier Drouin. En 1793, Kléber envoya la tête fossile du mosasaure au jardin des Plantes de Paris. Cuvier fixa sa structure. En 1841, Owen en rapprocha le léiodon, caractérisé par ses dents. En 1845, Goldfuss décrivit un nouveau mosasaure américain. On en découvrit un grand nombre en Amérique. M. Carpe en décrivit 21 espèces ; et M. Marsh, qui possède les restes de 1,400 individus, fixa d'une façon définitive la structure des ceintures scapulaire et pelvienne ainsi que du sternum (1872-1880). Enfin, M. Dollo a découvert (1885) des reptiles du même ordre : les hainosaures.

oiseaux, ni par une aile où le pouce seul aurait été libre, comme celle des chauves-souris, mais par une aile soutenue principalement sur un doigt très prolongé, tandis que les autres avaient conservé leur brièveté ordinaire et leurs ongles. En même temps, ces reptiles volants, dénomination presque contradictoire, ont un long cou, un bec d'oiseau, tout ce qui devait leur donner un aspect hétéroclite » (Cuvier).

On les appelle les *pterodactyles*. Avec une tête aplatie ils possèdent un long bec muni d'une soixantaine de dents longues et acérées. Leur crâne ressemble à celui des hiboux, le cervelet et les nerfs optiques se rapprochent de ceux des oiseaux. Les lézards volants se nourrissaient d'insectes et surtout de libellules.

A côté d'eux volaient les rhamphorynques ; l'aile était une membrane semblable à celle des chauves-souris ; la queue très longue jouait le rôle de gouvernail.

Que dire des pteranodons dont les ailes monstrueuses avaient six à sept mètres d'envergure ?

Tous ces caractères étranges ont singulièrement renversé les barrières que l'on se plaisait à élever entre les êtres. Nous connaissons des oiseaux ayant des dents comme les mammifères et des mammifères ayant un bec comme les oiseaux. Nous connaissons des êtres si bizarres qu'on les a regardés comme des reptiles ayant des plumes ou comme des oiseaux ayant le squelette des reptiles. C'est que nos classifications n'existent pas dans la nature ; tous les êtres se rattachent les uns aux autres et descendent d'ascendants communs ; les types de transition se multiplient à mesure que l'on pénètre mieux dans l'histoire de ces époques lointaines.

Quelle faune fantastique ! L'imagination humaine, dans ses écarts les plus grands, a-t-elle jamais enfanté rien de comparable ? Il semble que les reptiles dinosauriens, les iguanodons ou les plésiosaures pourraient rivaliser avec les dragons à gueule enflammée de Médée, les serpents volants avec les serpents de Laocoon, les plus anciens ruminants et les grands édentés avec les taureaux couronnés de Babel, les mammifères incertains, les mystérieux dinotheriums avec les sphynx gigantesques de Thèbes (Edgard Quinet).

Cette époque féconde devait aller plus loin, c'est alors qu'apparaît le premier oiseau véritable : l'archeopteryx (1)

Gros comme un pigeon, muni de mâchoires garnies de dents, sa queue est longue comme celle des reptiles, formée de vingt vertèbres dont chacune porte une plume. Son membre antérieur, imparfaitement transformé pour le vol, présente des doigts libres, armés de griffes. On pensait depuis longtemps que les oiseaux sont des reptiles transformés : l'archeopteryx est venu en donner l'irrécusable témoignage.

D'autres oiseaux se montrent : ce sont les oiseaux à dents qui peuplent en abondance l'Amérique du Nord ; l'ichtyornis, l'hesperornis aux pattes palmées, à la queue puissante allaient se développer beaucoup durant la période crétacée.

Enfin, progrès plus décisif encore, nous assistons à la naissance des premiers mammifères. Les géants formidables de l'époque jurassique ne sont pas destinés à subsister ; peu à peu ils vont disparaître. Les humbles mammifères qui s'éveillent à la lumière vont devenir bientôt les maîtres du monde.

Ce sont d'abord les plus simples de tous les mammifères, les marsupiaux, les monotrèmes. Cette famille n'est plus représentée aujourd'hui que par deux espèces, confinées dans la Nouvelle-Hollande et la terre de Van-Diémen : l'ornithorynque et l'*echidna hystrix*, seuls descendants d'un âge disparu. Jusqu'ici les animaux que nous avons vus pondaient presque tous des œufs qu'ils

(1) La première plume d'archeopteryx fut découverte à Solenhofen (Bavière) en 1860. On doutait de la découverte quand en 1861 on trouva une partie du corps de l'oiseau. En 1877, un nouveau spécimen beaucoup plus beau fut trouvé à 14 kilomètres du premier.

ne couvaient pas, qu'ils abandonnaient au hasard. Les mammifères ne pondent plus, ou plutôt il en est un, plus rudimentaire, qui nous présente le passage du premier état au second, l'ornithorynque pond encore. Tous les autres marsupiaux sont déjà vivipares ; mais leurs petits naissent dans un état d'imperfection singulier: nus, aveugles et sourds, ils se réfugient dans une poche extérieure que la femelle porte sur son ventre et y séjournent durant des mois.

Tels sont les premiers mammifères connus : le *microlestes antiquus* vivait au début de l'époque liasique ; on connaît même un marsupial, le *dromatherium sylvestre* qui vivait à la fin du trias. Leur taille ne dépassait pas celle des hérissons ou des rats; les uns ont la dentition des insectivores, d'autres celle des rongeurs, d'autres enfin celle des carnassiers.

Tandis que les espèces supérieures se développaient de plus en plus, les mollusques, les races inférieures subsistaient en se modifiant.

Les squales et les ganoïdes se transforment; leur nageoire devient symétrique comme celle des poissons actuels auxquels ils ressemblent d'autant plus qu'ils deviennent peu à peu osseux.

Les ammonites, nées avec l'âge secondaire et destinées à s'éteindre avec lui, prennent des formes de plus en plus variées ; des ornements de plus en plus délicats.

Une nouvelle famille de céphalodes, qui n'a pas duré plus longtemps que les ammonites, vivait alors dans la haute mer. Les calmars actuels ont le corps allongé comme une flèche; ils portent des nageoires sur les côtés. Leur tête présente une bouche armée d'un bec recourbé, entourée de dix bras garnis de ventouses ; deux de ces bras sont extrêmement allongés. Les calmars les projettent en avant pour saisir leur proie. Leur corps nu est soutenu par une tige cornée, interne, allongée et terminée en pointe. Telles étaient jadis les bélemnites, elles atteignaient parfois une taille de deux mètres ; elles sécrétaient comme les sèches une encre foncée, sorte de sépia, que l'on a retrouvée vieille des millions d'années et avec laquelle pourtant on a pu exécuter de dessins.

Au voisinage des côtes, certaines huîtres recourbées en forme de barques, les gryphées, se déposaient par bancs étendus.

Dans les eaux profondes, les encrines, étendant leurs rameaux nombreux au bout de leurs longues tiges, formaient de véritables forêts sous-marines. Les oursins se multiplient autour des récifs de corail.

Ces récifs ont caractérisé nettement toute la fin de la période jurassique. Les coraux se développèrent sur une vaste étendue dans la Meuse, dans le Jura, en Suisse, en Provence, en Dauphiné et en Normandie. De nos jours encore, dans les mers tropicales, les polypiers forment des îles singulières, les atolls. Ces récifs coralliens ont la forme de longues barrières parallèles aux côtes, ou bien encore d'un anneau étroit sur lequel viennent se briser sans cesse les vagues de l'Océan ; au centre est une lagune tranquille et calme.

Les atolls, comme l'a montré récemment l'étude des côtes de la Floride, des Bermudes et de Taïti, marquent la place des cônes volcaniques, qui tantôt s'élèvent jusqu'au voisinage immédiat de la surface des eaux, tantôt fournissent seulement une base aux accumulations formées par les débris calcaires des globigérines, des polypiers, des alcyonnaires et des mollusques.

Les bancs de coraux qui parsemaient la mer jurassique n'avaient pas la puissance des récifs tropicaux ; mais ils l'emportaient de beaucoup en étendue, car on les rencontre à toutes les latitudes ; au lieu de s'élever en hauteur comme les atolls, ils s'étendent sur de vastes surfaces. Autour d'eux se groupent les mollusques acéphales, les gastéropodes pourvus de coquilles épaisses, les diceras à la forme contournée, les nérinées allongées en tronc de cône. Les oursins, et en particulier le *cidaris florigemma*, pullulaient, à la base des coraux. Tantôt ces bases étaient situées sous les eaux, tantôt elles formaient des îles couvertes de cycadées dont on a retrouvé quelques-unes au mont Risoux (Jura) et près de Lyon.

Ces récifs coralliens ont modifié considérablement le relief du sol à l'époque jurassique.

Depuis le moment où, dans la mer silurienne, les massifs granitiques de la Bretagne et de l'Auvergne étaient émergés, bien des fois par suite des mouvements d'affaissement et d'exhaussement de la surface du globe, la mer s'était écartée, puis était revenue.

Au début du jurassique, la mer, retirée à l'Est, laissait à sec toute la France ; puis elle revint baigner la France, ne laissant émerger que les îles anciennes. La mer couvrait les bassins de la Seine, de la Garonne et du Rhône. Les emplacements de toutes les grandes villes étaient sous l'eau.

Vers la fin du jurassique, à l'époque oolithique, le sol se releva, le Plateau Central s'unit à la Bretagne et aux Vosges. Le nord de la France était soudé au sud de l'Angleterre et les dépressions de ce vaste continent étaient occupées par des lacs d'eau douce sur le bord desquels croissaient les cycadées, les fougères et les conifères; leur ombre abritait les petits marsupiaux et les grands reptiles, dont les restes sont enfouis ensemble. Le lac de Purbeck couvrait une partie de la Manche et le Boulonnais.

Ces coraux, que l'on retrouve dans le bassin de Paris et jusqu'en Angleterre, indiquent qu'un climat chaud et uniforme régnait encore sur le globe; la flore en témoigne également : nos plantes tropicales, cycadées et fougères, vivaient en Sibérie au 71e degré de latitude. Il n'y avait encore ni saisons, ni climats, sans doute à cause de la prédominance des mers polaires ; sur le globe entier régnait la douceur d'un climat marin.

III

PÉRIODE CRÉTACÉE

Le mouvement d'exhaussement du sol de la France, de l'Angleterre et du nord de l'Europe s'arrête ; il est remplacé par un mouvement inverse. L'Europe septentrionale s'abaisse sous les flots ; l'action sédimentaire et celle des organismes microscopiques s'exercent sans interruption ; les infiniment petits travaillent au fond des mers et déposent la craie en grande partie formée de leurs débris sur des centaines de mètres d'épaisseur. Ces sédiments forment presque partout des zones concentriques aux grandes bandes jurassiques. En quelques points elles reposent directement sur les couches schisteuses redressées, ce qui indique des mouvements considérables du sol. La France méridionale, de nouveau immergée, était recouverte par la grande mer du sud de l'Europe. Le Plateau central, relié aux Vosges et à la Vendée, empêchait les communications entre la mer du Sud et la mer du Nord ; il en résulte de grandes différences entre le crétacé du nord et celui du midi de la France.

La mer crétacée déposa durant les premiers temps des calcaires, des marnes entremêlées de sables ferrugineux ; ces sédiments sont très abondants en Suisse, près de Neufchâtel ; on y retrouve des échinides, des polypiers, des huîtres.

Au-dessus est le *gault*, composé de sables ferrugineux verdâtres recouverts d'argiles tégulines. Compris entre les couches argileuses imperméables du néocomien et du gault, ces sables servent de réservoir aux eaux d'infiltration qui alimentent les puits artésiens de Passy et de Grenelle.

Durant les derniers siècles de la période crétacée se forma la craie. Ces étages crayeux dessinent dans le bassin de Paris une sorte de fer à cheval dont les deux extrémités aboutissent sur la côte normande. Du côté de Douvres, elles constituent ces falaises blanches qui ont valu à l'Angleterre le nom d'Albion. Ces couches épaisses de plusieurs centaines, parfois de plusieurs milliers de mètres, ont pris naissance sous l'influence des organismes microscopiques qui peuplaient les mers. Les foraminifères, pour la plupart visibles seulement au microscope, pullulaient dans les océans très calmes de cette époque. Après leur mort, ils tombaient au fond ; la matière animale se décomposait et disparaissait, la matière purement minérale qui composait l'enveloppe s'accumulait en couches épaisses ; ces couches se superposant pendant des siècles ont produit les terrains crayeux.

Les foraminifères de la craie atteignent rarement deux millimètres de diamètre, et souvent un centimètre cube en renferme plusieurs millions, et pourtant ils constituent des collines élevées et des bancs d'une grande longueur. Qui pourrait évaluer le temps nécessaire à ces dépôts !

Tandis que les sauriens gigantesques, les lézards volants, les monstrueux ptérodactyles ont disparu de la terre sans y laisser d'autre trace que les débris de leurs os, les humbles, les microscopiques organismes ont survécu à toutes les révolutions du globe, indifférents aux saisons et à la température. Ainsi les diatomées vivent dans les mers glaciales comme dans les océans tropicaux, sur les côtes du Spitzberg et sur celles de la Nouvelle-Guinée. Du Groënland à la Nouvelle-Zemble, la mer en est couverte, elles adhèrent aux filets sous forme d'une boue jaunâtre. Des diatomées apparues aussitôt après le refroidissement du globe, dans les premières mers, forment des couches de quarante, de cinquante mètres d'épaisseur, comme celle sur laquelle est bâti Berlin. Leur puissance de reproduction est inouïe ; ces petites algues se multiplient par scission, et à tel point que parfois une diatomée peut produire en quarante-huit heures, un million, et en quatre jours cent cinquante billions de ses semblables. La vase qui se dépose dans le port de Pilau en Prusse, nécessite un curage incessant : en un siècle on aurait une couche de diatomées d'un million et demi de mètres cubes. Ainsi, comme dit Schleiden, « les modifications de la surface terrestre sont l'œuvre d'animaux et de végétaux, que l'on croit, d'ordinaire, destinés seulement à se faire porter et nourrir par la terre ; et ce ne sont pas les masses colossales des chênes ou des baobabs, mais des polypes gros comme des têtes d'épingle, des plantes invisibles à l'œil nu qui ont exercé l'action la plus efficace sur la structure de notre globe. »

A côté des êtres déjà cités se développaient les *rudistes*, mollusques bivalves, aujourd'hui éteints. Leur coquille épaisse, en forme de cornet, était fermée par un couvercle aplati retenu par des dents saillantes qui ne lui laissaient que peu de jeu. Ces coquilles constituent de puissantes assises calcaires, comparables à celles que produisent les polypiers. Les rudistes vivaient par groupes, fixés au fond de la mer. Rien n'est plus curieux que l'aspect de certaines montagnes de Provence où les agents atmosphériques, en détruisant les sédiments accumulés plus tard sur ces animaux, ont mis au jour cette faune bizarre, ces groupes d'hippurites entourés de colonies de polypiers ou de mollusques analogues à celles de l'Océanie actuelle.

Les ammonites continuent à vivre à profusion dans la mer crétacée. Mais elles ne sont plus toujours enroulées en spirale sur un même plan, elles se déroulent (criocéras), se projettent sous forme de crosse (ancyloceras), forment des spirales analogues aux colimaçons (turrilites) ou se redressent comme une tige (baculites).

Les poissons ganoïdes font place aux poissons osseux, aux téléostéens.

Les grands reptiles sont en décadence. Les ichtyosaures, les plésiosaures, les ptérodactyles disparaissent. Quelques grands dinosauriens, les iguanodons, les mégalosaures persistent. Les crocodiles, descendants des sauriens jurassiques apparaissent.

Les oiseaux à dents, ichtyornis, hesperornis prennent une extension de plus en plus considérable.

Les mammifères restent stationnaires ; c'est qu'en effet les conditions insulaires persistent encore. La rareté des grands continents s'oppose au libre développement de ces animaux. Il leur faut des espaces immenses pour progresser d'une manière décisive. On ne saurait concevoir l'apparition de grands mammifères qui n'auraient aucun rapport avec le monde environnant. Les conditions de la vie demeurant les mêmes, les êtres changent peu.

Il en est de même des plantes. Les fougères et les conifères dominent encore ; mais déjà apparaît le type supérieur des dicotylédones angiospermes. Les végétaux à fleurs, autrefois inconnus, s'implantent et croissent ; les cycadées et les conifères reculent devant eux. Les palmiers, les platanes, les hêtres, les chênes surgissent. Le monde avance. Ce ne sont plus les prêles de l'époque dévonienne, les fougères des temps carbonifères, les lépidodendrons ou les voltzia de la période triasique. Mais ce ne sont pas encore nos forêts de chênes ou d'ormes, nos alignements de peupliers ou de saules.

Les climats commencent à se dessiner : la faune et la flore ne sont plus les mêmes sur toute l'étendue de la terre. Au Groenland, les cycadées, les fougères, les angiospermes poussaient, mais non les palmiers (1), alors fort abondants en Provence et en Silésie. La variation des saisons est marquée par l'apparition des arbres à feuillage caduc, tombant à l'automne, renaissant au printemps : élément de variété nouveau, introduit au milieu de ces paysages jusque-là immuables et monotones.

En même temps, les mammifères inférieurs et les premiers oiseaux, précurseurs d'un âge à venir, nous annoncent la fin de l'époque secondaire.

(1) C'est ce que montre le gisement d'Atané découvert par Nordenskjœld.

CHAPITRE V

L'époque tertiaire ou cénozoïque

Les climats, la faune et la flore ont revêtu jusqu'ici un caractère frappant d'uniformité ; sur toute la surface du globe régnait la même température, poussaient les mêmes plantes, se développaient les mêmes animaux. Pourtant vers la fin du crétacé, les conditions physiques et biologiques ont commencé à se différencier. Cette variation caractérise l'âge tertiaire. Les formations géologiques revêtent dès lors un caractère épisodique.

Les formations continentales s'accroissent ; les grands bassins qui recouvraient le sud et l'ouest de la France se réduisent à quelques golfes plus ou moins profonds. Le sol émerge de plus en plus ; les hautes chaînes de montagnes se soulèvent. Les golfes d'abord transformés en lagunes, puis mis à sec, se remplissent d'eau douce ; autour de ces lacs se développe une riche végétation. Puis un mouvement en sens inverse ramène la mer sur les lieux qu'elle occupait. Ces oscillations se traduisent par les alternances des couches lacustres et des couches marines.

L'étendue toute nouvelle des continents, la variété des conditions qui en résulte amènent de grands changements dans la faune et la flore ; la complication organique y apparaît. Les espèces supérieures, les mammifères prennent possession du globe ; le monde végétal déploie une richesse de formes inconnue. La prépondérance appartient désormais aux palmiers et aux arbres à feuillage caduc.

Dans les mers, les grands types secondaires ont disparu. Il n'y a plus ni ammonites, ni bélemnites dans les océans, pas plus qu'il n'y a d'ichtyosaures ou de plésiosaures sur terre, pas plus qu'il ne reste de reptiles volants dans les airs ; mais dans les eaux marines pullulent des foraminifères de grande taille, de forme ronde et aplatie comme une pièce de monnaie, dont le corps est garni d'une série de loges cloisonnées formant spirale. Ce sont les *nummulites*. Ces fossiles sont absolument caractéristiques de l'époque tertiaire, comme les ammonites et les bélemnites le sont de l'époque secondaire, et les trilobites de l'époque paléozoïque. Dans ces mers abondent aussi les mollusques de tous genres.

C'est à cette époque que l'activité interne, assoupie pendant les temps secondaires se réveille ; de grandioses éruptions de *trachytes* et de *basaltes* ont lieu, dont les phénomènes volcaniques actuels ne sont qu'une image affaiblie. Les anciennes crevasses de l'écorce se rouvrent ; de nouvelles se forment et se remplissent de matières diverses.

La variété des climats rend bien difficile une division exacte de l'âge tertiaire. Les faunes locales se multiplient. Ce qui est vrai d'une région ne l'est plus d'une autre. On peut cependant avec Lyell reconnaître trois grandes périodes : l'éocène, le miocène et le pliocène.

A mesure que l'on s'avance, les espèces actuelles deviennent de plus en plus fréquentes. La proportion en est, selon Lyell, de 3 à 4 % dans l'éocène, de 20 % dans le miocène, de plus de 50 % dans le pliocène. C'est ce qu'indiquent les noms donnés à ces périodes : Eocène (ἕως, aurore ; καίνος, nouveau) ou aurore des espèces récentes ; miocène (μεῖον, moins ; καίνος, récent) ou moins d'espèces récentes que dans le pliocène ; pliocène (πλεῖον, plus.....) ou plus d'espèces récentes. Ces divisions sont fondées sur deux grands événements qui ont affecté le relief européen. Le soulèvement des Pyrénées a eu lieu vers la fin de la période éocène ; le soulèvement des grandes Alpes, a marqué celle de la période miocène.

I

PÉRIODE ÉOCÈNE

Les terrains et les continents tendent à prendre leur forme et leur relief actuels ; la lutte de l'océan et de la terre ferme est attestée dans le Nord par l'alternance des couches lacustres et marines. L'éocène inférieur commence par un calcaire sableux et marin ; puis vient un lac d'eau douce qui occupe tout le terrain de Paris. Ces terrains sont très développés dans les environs de Paris ; ils se poursuivent en Belgique et en Angleterre ; Paris, Bruxelles et Londres sont établis sur des dépôts de cet âge. La Manche n'existait pas encore ; la Bretagne, reliée à la presqu'île de Cornouailles, fermait de ce côté le golfe anglo-parisien qui s'ouvrait largement à l'ouest, en passant au-dessus des Ardennes, pour s'étendre sur la Belgique.

Dans les bassins de la Méditerranée dominent toujours les calcaires sécrétés par des organismes microscopiques et surtout par les nummulites.

Au début de la période éocène, le climat de l'Europe est tempéré ; l'hiver est presque nul, la végétation uniforme entre le 40e et le 60e degré de latitude. Mais une révolution amène la mer nummulitique, Méditerranée cinq fois plus vaste que la nôtre.

L'Europe revêt une physionomie africaine. Sous l'influence de cette mer chaude, les saisons sèches et brûlantes alternent avec les saisons humides et tempérées. Les palmiers abondent en France, les cocotiers en Angleterre. C'est la plus grande élévation thermique que l'Europe ait connue durant les temps tertiaires. La moyenne de la température pour les régions voisines du pôle est d'une vingtaine de degrés supérieure à celle que l'on constate aujourd'hui (1).

Au début de l'éocène, le bassin de Paris était recouvert par la mer, qui déposait un calcaire sableux, rempli de fossiles marins, cette mer s'arrêtait vers Nemours où elle a abandonné un long cordon de galets.

Un lac d'eau douce a succédé à la mer; les sédiments lacustres de Reims et de Rilly se sont alors formés. Des falaises crayeuses, des sources incrustantes entouraient ce lac. Dans ces eaux ombragées vivaient de nombreux mollusques.

La mer est venue ensuite recouvrir tout le golfe anglo-parisien et y déposer des sables remplis d'huîtres ; puis elle s'est retirée vers le Nord et le bassin de Paris exhaussé a été occupé dans sa partie orientale par de vastes marécages, autour desquels s'est établie une riche végétation tourbeuse. Dans ces marais vivaient avec des paludines de nombreuses *unios* et des *mélanies* dont les coquilles turriculées rappellent les cérithes. Ces sédiments argileux sont exploités à Vanves et à Vaugirard pour la fabrication des tuiles, des briques et des poteries grossières.

Ces argiles et ces lignites sont recouverts par de nouveaux sables marins (sables du Soissonnais) remplis d'une prodigieuse quantité de nummulites de petite taille, ne dépassant guère les dimensions d'une lentille (*nummulites planulata*).

Telles sont les formations éocènes inférieures. L'*éocène moyen* est moins compliqué : il comprend deux formations marines : 1° le *calcaire coquiller grossier*, pétri de nummulites, où l'on retrouve un cérithe géant, coquillage en forme de tour pointue long de plusieurs décimètres, et de petits foraminifères arrondis comme des grains de millet, les millioles ; 2° *les sables de Beauchamp* remplis de fossiles et recouverts par des calcaires

(1) De Saporta, *le Monde des plantes.*

lacustres, après lesquels le golfe parisien déjà rétréci à son embouchure s'est obstrué et transformé en un immense lac d'eau douce où vivaient les limnées et les planorbes.

L'éocène supérieur se compose d'une série de marnes jaunes feuilletées avec lits de gypse intercalés. Ces dépôts sont d'origine lacustre (1).

Tous ces continents étaient habités par des animaux nouveaux.

A la place des anciens reptiles : on voit maintenant des crocodiles, de grandes tortues voisines de celles qui habitent les eaux douces de l'Afrique, des lézards, des serpents.

Les poissons se rapprochent des poissons actuels : les torpilles et les raies ont encore des représentants dans les mers australes La carpe d'Aix (*lebias cephalotes*) existe encore dans les eaux douces de la Provence.

Les mammifères se développent énormément, mais les mammifères inférieurs deviennent rares : ils se transforment en placentaires. « Quels que soient le courage et la sollicitude des marsupiaux, leurs petits, êtres chétifs, venus avant terme, sont plus exposés aux attaques des bêtes de proie que ceux des placentaires et surtout des ruminants et des pachydermes qui arrivent au jour dans un état très parfait. En outre, les marsupiaux ne peuvent traverser les fleuves avec leurs petits dans leur poche sans risquer de les voir asphyxiés. Les herbivores surtout qui parcourent de vastes espaces ont dû être fort gênés par là ; c'est peut-être pourquoi ils ont disparu plus tôt que les marsupiaux carnivores. » (Gaudry.)

Parmi les mammifères supérieurs, citons comme carnassier le *machairodus cultridens* armé d'énormes canines en lame de poignard ; comme ruminant, le *sivatherium*, cerf grand comme un éléphant, orné de quatre bois sur le front dont deux naissaient

(1) L'exposé précédent est emprunté à M. Vélain, *Géologie stratigraphique.*

du sourcil entre les orbites, et deux autres de protubérances du crâne.

Mais les pachydermes sont caractéristiques de l'éocène (1).

L'anoplotherium, selon Cuvier, a des affinités à la fois avec les rhinocéros, les chevaux, les hippopotames, les cochons et les chameaux. Il avait la taille d'un âne, et ses pieds étaient terminés par deux grands doigts. Ce qui le distinguait surtout, c'était son énorme queue, longue d'un mètre, qui lui servait de gouvernail, car il se tenait dans l'eau comme les hippopotames. Il était herbivore.

Les *palæotoriums*, très répandus à cette époque, vivaient en troupes nombreuses sur les bords des lacs. Ils avaient le corps trapu, les jambes courtes et massives, la tête énorme et analogue à celle du tapir. On en connaît de la taille du cheval et d'autres de celle du lièvre.

Les *xiphodons*, aussi légers que les gazelles, munis de longues oreilles, étaient des animaux craintifs qui broutaient par troupes les grands acacias, les conifères et les palmiers des forêts éocènes.

Tous ces animaux sont les ancêtres de ceux qui vivent aujourd'hui; on découvre tous les jours de nouveaux liens de parenté entre les animaux actuels et les mammifères qui les ont précédés dans les temps géologiques.

II

PÉRIODE MIOCÈNE

Le début de la période miocène est marqué par le soulèvement des Pyrénées. A cette époque une grande mer s'étendait sur le

(1) C'est en étudiant ces pachydermes fossiles de Montmartre que Cuvier a créé la paléontologie.

nord de l'Europe; mais en se desséchant elle fit place à un système de lacs et de lagunes sur le bord desquelles prospéraient les arbres à feuilles caduques.

La mer molassique revint couvrir les terrains abandonnés ; elle pénètre en France dans la vallée de la Loire jusqu'à Blois ; la Bretagne redevient une île. L'Europe transformée en une sorte d'archipel indien jouit d'une température douce et uniforme. Le camphrier fleurissait en Suisse dès le mois de mars comme il fait aujourd'hui à Madère. L'Islande était couverte de forêts. Pour retrouver actuellement une végétation analogue, il faut descendre 25 à 30 degrés plus bas vers le Sud.

Cependant les roches éruptives, trachytes et basaltes, s'épanchaient en masses énormes dans l'Auvergne, la vallée du Rhin, les Montagnes Rocheuses. C'est alors qu'à la suite des mouvements de l'écorce terrestre, beaucoup des grandes chaînes de montagnes actuelles s'élèvent définitivement.

Aux pachydermes éocènes ont succédé les grands proboscidiens : le mastodonte, le dinotherium.

Le mastodonte est le précurseur et l'ancêtre de l'éléphant actuel; il possédait quatre défenses, dont les plus grandes étaient fixées au maxillaire supérieur. Ses dents sont mamelonnées. M. Gaudry a montré comment elles se sont modifiées jusqu'à celles de l'éléphant. On voit l'espèce se transformer graduellement et passer du type parfait de l'omnivore au type parfait de l'herbivore (1).

Le *dinotherium* est le plus grand des mammifères qui aient

(1) On a souvent essayé de faire passer ces squelettes fossiles pour ceux d'anciens géants. Sous Louis XIII, un chirurgien de Beaurepaire donna un de ces squelettes pour celui de Teutobochus, roi des Cimbres et adversaire de Marius. Il prétendit avoir trouvé les os dans un sépulcre de treize pieds de long sur lequel était écrit : *Teutobochus rex* ; il ajoutait avoir trouvé des médailles au nom de Marius. Ces os sont au Muséum de Paris; on les reconnaît au premier coup d'œil pour des os de mastodonte. Le XVIIIe siècle ne commit pas de pareilles méprises; mais on pensa qu'il s'agissait d'éléphants ensevelis par des Romains. (C. Flammarion, *le Monde avant la Création.*)

jamais vécu. Sa tête, armée de deux puissantes défenses dirigées vers le bas, atteignait deux mètres de long.

L'*hipparion* est l'ancêtre de nos chevaux : il avait la même forme, mais tandis que le cheval ne possède qu'un sabot à chaque pied, l'hipparion en possédait trois, dont deux n'atteignaient pas le sol.

Dans les forêts miocènes vivaient encore d'autres mammifères : les tapirs, les rhinocéros, les anthracoteriums aux dents tranchantes, les antilopes, les gazelles, les girafes, les sangliers, etc.

Sur les arbres grimpent les singes ; à la fin de l'éocène apparaissent déjà les prosimiens qui établissent la transition entre les pachydermes et les singes. Tel est le galeopithèque, mammifère muni comme les chauves-souris d'une grande membrane en forme d'aile ; elle ne lui permet pas de voler, mais seulement de se soutenir dans les airs ; elle fonctionne comme un parachute.

Les principaux singes sont bien constitués dès le milieu de l'époque miocène.

Le mesopithèque forme la transition entre deux genres actuellement vivants : les semnopithèques et les gibbons. Il se nourrissait de bourgeons de feuillages et marchait plutôt qu'il ne grimpait.

Les singes anthropomorphes vivaient déjà (1).

M. Gaudry a donné de ces animaux une description très vivante que nous reproduisons plus loin.

La flore était très luxuriante. Aux palmiers, aux acacias, s'adjoignaient les platanes, les figuiers, les peupliers, les chênes et les pins. Les plantes tropicales se mêlaient aux plantes tempérées.

Les insectes pullulaient dans ces bois : abeilles, bourdons, guêpes, fourmis et papillons. Les plus simples n'ont pas changé. Le grillon, la blatte des temps carbonifères subsistent aujourd'hui tels qu'autrefois, ils cherchent la chaleur et évitent la

(1) La découverte des singes fossiles anthropomorphes est due à M. Gaudry.

lumière; blottis près de nos fourneaux, ils mangent notre farine comme jadis la farine des cycadées houillères.

Les eaux étaient peuplées de phoques, de cétacés précurseurs de nos baleines. De grands poissons y vivaient. Un énorme requin se signalait par l'extraordinaire dimension de ses dents : c'était le *Carcharias megalodon.*

III

PÉRIODE PLIOCÈNE

La période pliocène inaugure un état de choses peu différent de l'époque actuelle. Les continents et les mers ont à peu près la configuration moderne. Pourtant la faune de cette époque, antérieure au grand refroidissement quaternaire, a ses caractères propres. Au début, les mers s'enfoncent encore assez profondément dans l'intérieur des continents : elles s'étendaient en France jusqu'aux portes de Lyon; en Italie elles couvraient la campagne romaine. La température s'abaisse peu à peu : la flore qui avait atteint son apogée à l'époque miocène s'appauvrit, un grand nombre d'espèces reculent vers le Sud. De temps à autre les continents sont drainés par de grandes masses d'eau ; ces invasions torrentielles, sortes d'inondations colossales, commencent le creusement des vallées en entraînant tout sur leur passage.

L'Europe se composait donc de continents étendus, déjà dominés par de hautes montagnes, et parsemés d'innombrables lacs et de marécages. D'immenses troupeaux d'herbivores, plus nombreux que les troupes de zèbres, d'antilopes ou d'éléphants de l'Afrique centrale, parcouraient ces savanes à demi inondées.

Les pachydermes ont eu leur règne dans la première moitié des temps tertiaires : il n'en subsiste plus que de rares spécimens.

Les ruminants leur succèdent. Le xiphodon est intermédiaire

entre ces deux groupes; en sorte qu'il semble que les ruminants ne sont que des pachydermes transformés.

Les mastodontes diminuent; les dinotheriums sont éteints : mais les éléphants se perpétuent par de nouvelles espèces. L'époque pliocène est le règne de ces grands proboscidiens : l'*elephas meridionalis* étend ses incursions jusqu'en Angleterre.

Le *mylodon*, muni de sabots et de griffes à chaque pied, fournit une transition entre les mammifères ongulés et les mammifères onguiculés; il se nourrissait d'herbes ou de feuilles d'arbres.

Les singes quittent l'Europe devenue trop froide et émigrent en Afrique.

Les hippopotames et les rhinocéros se multiplient; les tapirs, les antilopes, les bœufs paissent dans ces prairies humides et recouvertes d'une végétation abondante. De grands carnassiers déciment toute cette population. Des oiseaux coureurs, sorte d'autruches antédiluviennes, traversent ces plaines. Les lacs et les marécages, au bord desquels se cachent les crocodiles, nourrissent des poissons. Sur les rivages se traînent les phoques et les lamantins; les océans remplis de dauphins et de baleines sont dévastés par des squales gigantesques.

CHAPITRE VI

L'époque quaternaire

Depuis le pliocène, la distribution des continents et des mers a peu changé; les espèces n'ont guère varié ; quelques-unes ont seulement disparu ; les grands mammifères herbivores, déjà sur leur déclin vers le pliocène, se sont lentement éteints. Nous entrons dans l'ère actuelle.

I

Les dépôts quaternaires ne semblent pas s'être formés, comme ceux des époques précédentes, au sein de grandes étendues d'eau tranquille. Ils ont bien plutôt le caractère de sédiments irréguliers et résultent le plus souvent d'un transport violent par les eaux courantes ; on les a appelés terrains diluviens en les attribuant à un déluge primitif, d'ailleurs imaginaire. Ces dépôts formés de gros galets recouverts de couches de sables de plus en plus fins, ressemblent exactement aux alluvions actuelles. On les rencontre dans les plaines et sur les pentes des collines, comme c'est le cas, par exemple, pour les plateaux de Vincennes et de Levallois-Perret. Les fleuves de cette période, et en particulier la Seine, formaient donc d'énormes cours d'eau de plusieurs kilomètres de largeur.

L'origine de ces cours d'eau est bien connue aujourd'hui; ils résultent de la fusion des anciens glaciers continentaux. Le début de l'ère quaternaire est en effet marqué par un phénomène très important : un changement momentané de climat qui imprima une grande activité aux précipitations atmosphériques, augmenta dans des proportions extraordinaires les érosions et les alluvions, et donna naissance à des glaciers immenses, si étendus que l'on a donné le nom d'*époque glaciaire* à cette période.

On sait comment se forment de nos jours ces immenses masses de glace, encaissées dans les hautes vallées. Les neiges qui s'accumulent dans les dépressions sur les cimes élevées, constituent d'abord une poussière floconneuse, puis s'agglutinent en grains très durs, que l'on nomme névé. Le névé se transforme ensuite en une glace remplie de bulles, et enfin dans les parties inférieures, en une glace compacte. Les glaciers sont sillonnés d'un grand nombre de crevasses profondes. Malgré leur immobilité apparente, ils se déplacent et descendent les vallées; ils changent de forme, s'étalent quand la vallée s'élargit, se resserrent quand elle se rétrécit. La mer de glace de Chamonix (mont Blanc) avance ainsi de 30 centimètres par 24 heures. Les torrents parcourent 14 mètres par seconde. La différence est grande, mais le phénomène est le même. Cette plasticité est due à la propriété qu'a la glace de fondre sous l'influence de la pression et de regeler aussitôt; de sorte que la masse peut changer de forme sans se briser. Les glaciers entraînent des fragments rocheux arrachés aux montagnes; ces masses s'accumulent à droite et à gauche en remparts énormes et forment les *moraines latérales*. A l'extrémité du glacier tombent aussi un grand nombre de pierres charriées qui forment la *moraine terminale*.

Le frottement du glacier contre le fond de la vallée émousse les aspérités et arrondit tous les rochers; la surface est polie, mais en même temps elle est sillonnée de stries; les rochers enchâssés dans la glace agissent comme autant de burins. D'ailleurs, ces galets eux-mêmes sont striés en même temps et ce caractère les distingue des galets marins.

Ces traces que laissent les glaciers sur leur passage permettent de reconnaître qu'ils étaient bien plus étendus autrefois qu'aujourd'hui. Les blocs erratiques charriés par les glaces flottantes permettent de même de fixer les limites de l'envahissement des eaux dans la Scandinavie aux périodes géologiques (1).

Ces blocs erratiques, aux formes singulières, la plupart du temps formés de roches différentes de celles que constituent le sol où ils sont placés, dispersés à toutes les hauteurs, ont été longtemps entourés de légendes merveilleuses; on les appelle pierre du diable, pierre des sorciers, pierre des fées, etc. On expliquait leur présence par des forces surnaturelles : c'était Samson ou Goliath qui les avait jetés du haut des montagnes. Puis on a supposé que le déluge les avait transportés : mais quels courants, si violents qu'ils fussent, eussent pu charrier ces blocs énormes de 40,000 mètres cubes et les hisser au sommet des plateaux en équilibre les uns sur les autres ! Il fallut le bon sens du chasseur de chamois Perrautin pour trouver la solution de ce problème; en 1815, il montra que c'étaient les glaciers, autrefois bien plus grands, qui avaient transporté ces énormes blocs.

C'est ainsi que l'on est arrivé à reconnaître que le glacier du Rhône, qui n'occupe aujourd'hui qu'une simple gorge du Saint-Gothard, s'étendait du Valais jusqu'à Lyon (2); c'est-à-dire sur 495 kilomètres. Il se développait dans les plaines de la Suisse jusqu'au Jura, et sa moraine frontale était située sur le confluent actuel du Rhône et de la Saône. On retrouve sur les collines de Fourvières des blocs détachés des Alpes Centrales.

(1) La presqu'île du Cotentin offrait un aspect tout à fait analogue; elle était sillonnée de vallées profondes et de fiords étroits qui servaient de lits à des glaciers. Les glaces flottantes dues à la rupture du front des glaciers à leur débouché dans la mer ont semé ces blocs erratiques sur la côte normande. (Vélain, *Académie des Sciences*, juin 1886.)

(2) Ce glacier, très bien étudié par MM. Falsan et Chantre dans leur *Monographie des anciens glaciers du Rhône*, Lyon, 1880, est aujourd'hui l'un des mieux connus.

Enfin une dernière théorie, qui d'ailleurs peut se concilier avec la précédente, semble plus probable encore. C'est celle qui attribue les grands hivers circompolaires à un phénomène dû à l'attraction de Jupiter et de Vénus, le déplacement du grand axe de l'orbite terrestre ; on voit que cet axe se déplace de l'ouest à l'est et parcourt en vingt et un mille ans une circonférence complète. Lorsque le périhélie passe au solstice d'hiver, la durée de l'été surpasse de plusieurs jours celle de l'hiver pour l'hémisphère boréal. Le contraire a lieu pour l'hémisphère austral. Si l'on joint à cela que la durée des nuits, c'est-à-dire du refroidissement, surpasse de beaucoup celle de l'évolution diurne, on comprend qu'il en résulte une extension considérable des précipitations neigeuses et des glaciers. Peu à peu l'écart entre la saison froide et la saison chaude disparaît ; quand le périhélie arrive au solstice d'été, dix mille cinq cents ans plus tard, les rôles sont intervertis ; l'hémisphère boréal est envahi à son tour par le froid et les glaciers. Ceux-ci ne reprennent leur ancienne extension dans l'hémisphère austral qu'après un nouvel intervalle de dix mille cinq cents ans.

L'action glaciaire, d'après cette théorie, devrait se manifester tous les vingt et un mille ans ; il semble en effet que l'on constate dans la plaine bavaroise, les Alpes et les Pyrénées, trois périodes glaciaires distinctes. La dernière époque glaciaire aurait commencé pour nous depuis l'an 1250 de notre ère.

Indépendamment de ces causes astronomiques, il est deux facteurs très importants du phénomène glaciaire, qui relèvent de la météorologie ; ce sont l'humidité et l'altitude.

Les Vosges, les Pyrénées, le Plateau Central, étaient également recouverts par les glaciers. Il en était de même en Amérique : on observe ces roches polies et striées en Pensylvanie, dans l'Illinois, dans l'Iowa, etc. On les a même signalées récemment dans l'Afrique équatoriale, en Abyssinie, à 5° de l'Équateur.

L'étendue des glaciers a subi d'ailleurs des oscillations remarquables : souvent ils se sont retirés fort loin pour revenir ensuite occuper les mêmes régions. Aujourd'hui encore ils occupent les sommets de nos monts et il suffirait d'une légère variation de température pour leur faire reconquérir leurs anciennes proportions. Il est peu probable que nous en soyons témoins, vu la lenteur d'un courant de glace et la rapidité de la vie humaine.

On s'est demandé quelle est la cause de ce refroidissement général et de cette immense extension des glaciers ?

Les uns ont supposé qu'elle résidait dans le Soleil : semblable à ces soleils variables qui peuplent l'infini et s'affaiblissent parfois jusqu'à devenir invisibles, il se serait recouvert de taches immenses et aurait laissé durant des années la Terre et les planètes rouler dans l'espace, en leur envoyant une chaleur insuffisante et stérile. D'où, développement des neiges et des glaces; puis, le Soleil ayant repris son éclat, les neiges ont fondu, les grands fleuves se sont formés.

D'autres ont attribué avec plus de vraisemblance ces grands froids à un phénomène astronomique : le maximum d'excentricité de l'orbite. On sait, en effet, que l'ellipse décrite par la Terre autour du Soleil s'allonge ou se rétrécit avec le cours des siècles. Cette hypothèse conduit à penser que la plus grande extension de la période glaciaire a eu lieu il y a 225,000 à 350,000 ans et qu'elle a duré près de 2,000 siècles.

L'époque quaternaire, dit M. de Lapparent, a été marquée dans les montagnes par l'extension des glaciers, en dehors des montagnes par l'extrême activité des agents d'érosion et d'alluvionnement. Or ces deux phénomènes ne sont que deux manifestations d'une même cause, l'exagération momentanée des précipitations atmosphériques. Mais ce qui tombe en pluie dans les basses régions prend dans les montagnes la forme neigeuse : d'où la formation des champs de névé et des grands glaciers. à lui seul, le froid ne peut produire les glaciers, comme en témoignent à 5,000 ou 6,000 mètres les plateaux dénudés du Thibet; il a fallu une grande humidité succédant à l'apparition de hautes montagnes comme les Alpes qui jouaient le rôle de condenseurs.

La durée de cette époque a été considérable; pour résister aux rigueurs du climat, les animaux se sont recouverts d'une épaisse fourrure. Le mammouth (*elephas primigenius*) portait une longue crinière qui lui descendait jusqu'aux genoux. Cet éléphant gigantesque était muni de deux énormes défenses. Le grand rhinocéros à deux cornes avait aussi la peau couverte de poils fauves de 20 centimètres de long. Ces deux animaux étaient répandus dans tout l'hémisphère boréal: ils étaient très nombreux en Sibérie, steppe immense couverte alors d'une végétation favorable. Puis, le froid survint inopinément et chassa les mammouths vers l'Europe; un grand nombre d'entre eux, tombés dans les toundras, y périrent, et peu après leur chute la gelée les entoura et prit possession du sol pour toujours. On a retrouvé des mammouths entiers, avec la chair et le poil, conservés dans la glace. Le musée de Saint-Pétersbourg en possède un, découvert dans les glaçons de la Léna; il a six mètres de haut, et ses défenses recourbées atteignent quatre mètres de long.

Le *rhinocéros tichorinus* dont les cornes ont donné lieu à la légende de « l'oiseau Rock » du moyen âge que l'on trouvait au sein de la Terre, a de même été découvert en entier dans les glaces sibériennes.

Le cerf à bois gigantesques (*cervus megaceros*) est le plus célèbre des ruminants fossiles, ses bois avaient trois mètres d'envergure. On en a retrouvé des troupeaux entiers ensevelis dans les tourbières d'Islande.

Parmi les carnassiers, existaient alors les tigres, les hyènes et surtout un grand ours, l'ours des cavernes, qui atteignait la taille d'un bœuf.

Ces espèces sont aujourd'hui éteintes; elles marquent la première phase de l'époque quaternaire.

II

Dans la seconde pnase s etablit le régime actuel. Le climat n'a plus subi, dès lors, que d'insignifiantes variations. La température a peu changé. La faune et la flore sont restées les mêmes. A mesure que l'on approche des temps actuels, le nombre des espèces éteintes s'affaiblit de plus en plus. Mais on en trouve un certain nombre qui ont émigré depuis. Certains animaux ont suivi les glaces dans leur mouvement de retraite; le renne et l'élan se sont retirés vers le nord; d'autres ont émigré dans les contrées chaudes, tels l'éléphant, le lion, le tigre. Il est certaines espèces en voie de disparition, comme l'éléphant, le bison ou le castor; d'autres se sont éteintes dans ces dernières années : tel ce singulier oiseau que l'on nomme le dronte; l'urus existait dans les forêts de Gaule et de Germanie; l'aurochs subsiste encore dans la Lithuanie et le Caucase, mais il est destiné à s'éteindre prochainement.

La faune américaine offre des caractères particuliers; on n'y retrouve ni le mammouth, ni le rhinocéros, ni l'hippopotame, ni l'ours des cavernes. En revanche, on y remarque d'énormes édentés, tels que le megatherium, et des tatous géants (*glyptodon*) à côté des castors, des chevaux, des tapirs.

Le squelette du megatherium est au moins cent fois plus grand que celui des édentés actuels. Il atteint quatre mètres de long sur trois mètres de haut. Il participe aux caractères des tatous et des paresseux. Comme les premiers, il mangeait seulement des feuilles d'arbres; comme les seconds, il fouillait le sol pour s'y creuser un abri. C'est la plus puissante machine à creuser la terre, à broyer et à digérer les racines qui ait jamais existé. Les pattes antérieures avaient deux mètres de long et trente trois centimètres de large.

Trois doigts étaient armés d'ongles énormes. Sa queue, très développée, lui servait à se tenir debout sur ses pattes. Avec ces membres massifs, il ne pouvait ni grimper ni courir; mais, comme le dit Cuvier, il n'avait pas besoin de fuir. Sa grande taille, ses griffes formidables, sa queue longue et pesante, manœuvrée comme une massue, étaient d'efficaces moyens de défense.

Le *glyptodon* était un tatou géant protégé, comme la tortue, par une solide carapace osseuse, dont les plaques étaient munies par des sutures dentées. Le Muséum possède un squelette de cet animal, long de trois mètres vingt centimètres.

En Australie, il n'y avait pas d'autres mammifères que les marsupiaux. Il en est de même aujourd'hui; mais les animaux actuels sont bien plus petits que leurs prédécesseurs.

Dans la Nouvelle-Zélande, les mammifères manquaient comme aujourd'hui, mais on y trouve des oiseaux géants. Le dinornis avait plus de quatre mètres de hauteur, l'autruche aurait l'air d'un poulet à côté. Le palaptère et l'épiornis sont des oiseaux compatriotes du précédent; ce dernier est célèbre par ses énormes œufs.

De tous ces faits, il résulte que la variété biologique et physique qui règne aujourd'hui sur le globe, les distinctions entre les diverses faunes si nettement accusées à l'époque actuelle, étaient déjà très marquées.

III

L'époque quaternaire a vu s'accomplir d'assez grands mouvements du sol; la vaste faille qui a présidé à la formation de la vallée du Rhin est de cet âge; il en est de même de l'ouverture de la Manche. C'est alors aussi que se sont ouverts les nombreux volcans éteints de l'Auvergne, si bien conservés que leur éruption semble dater d'hier. Les volcans encore en activité, de l'Italie, de la Sicile, etc., datent aussi de cette époque. Les phénomènes éruptifs présentent un caractère nouveau. Il n'y a plus de ces longues fentes par où étaient sortis, à l'âge tertiaire, les basaltes de l'Auvergne, mais seulement des orifices restreints, facilement obstrués par les parois des cheminées. La masse fluide comprimée par la contraction de l'enveloppe presse sur ces obturateurs. Les infiltrations amènent l'eau au contact du fluide incandescent : il y a bientôt explosion; les roches et la vapeur d'eau sont projetées en l'air, la lave se déverse par le cratère. Une preuve curieuse de l'existence du fluide interne est donnée par les volcans des îles Sandwich. Le cratère de l'un d'eux a deux ou trois kilomètres de diamètre et reste constamment rempli d'un lac de lave incandescente dont le niveau monte ou s'abaisse suivant les oscillations de l'enveloppe terrestre. La Terre semble donc formée actuellement de deux parties très inégales : une partie interne fluide ou tout au moins visqueuse; et une écorce extérieure solide, dont l'épaisseur n'est pas la centième partie du rayon terrestre. Nous vivons au-dessus d'un lac de feu, dont nous sépare seulement une couche mince, discontinue, fracturée, sorte de mosaïque dont les compartiments dessinent toutes les phases de notre histoire.

IV

L'homme a donc été le témoin de tous les phénomènes volcaniques qui ont ainsi bouleversé le sol terrestre; il a contemplé l'éruption des volcans de l'Auvergne; il a assisté aux inondations diluviennes et à l'extension des glaciers ; il a fui devant les megatheriums ou les mammouths. Mais, peu developpé encore, trop rapproché des animaux dont il descend, il lui a fallu des milliers de siècles avant de se perfectionner jusqu'à l'état actuel.

A ce moment du développement géologique les vestiges enfouis dans les couches terrestres nous apportent la preuve de l'existence d'un être nouveau et qui marque son passage dans l'univers, non seulement par les traces laissées sur la roche, ou dans 'e sable, non seulement par les débris de son squelette, mais encore par des objets sortis de ses mains, fabriqués par lui et destinés à l'aider dans la lutte pour l'existence.

A l'origine, dans la première ardeur des découvertes de cet ordre, on a cru en découvrir beaucoup de preuves.

On retrouve souvent dans les ruines des habitations romaines ou mérovingiennes des os d'animaux sciés, coupés ou incisés. Toutes ces entailles faites, soit en dépeçant l'animal, soit en utilisant les os comme objets d'industrie, ont été produites par des instruments d'acier et sont profondes et facilement reconnaissables.

Dans les villages lacustres ou dans les grottes, on a retrouvé fréquemment aussi des débris de repas ou de l'industrie d'un être de l'âge de pierre ; mais les empreintes produites par les silex sont moins nettes et moins profondes. Ces traces, imprimées sur les os d'animaux aujourd'hui disparus, ont été regardées par Edouard Lartet « comme pouvant nous fournir les preuves les plus directes et les moins contestables de l'ancienneté de l'homme et de sa contemporanéité avec des espèces depuis longtemps éteintes ».

La difficulté est de distinguer les traces dues à l'intervention de l'homme et celles qui sont produites soit par les animaux, soit par des causes naturelles, telles que les frottements. Certains rongeurs, sans être carnivores, se plaisent à ronger les os pour en manger le résidu, ou pour s'aiguiser les dents. La grotte de Télamone en Toscane a fourni des os de cheval entamés par les campagnols. Le lac de Saint-Andéol renferme des restes d'habitations lacustres, on ne savait s'il fallait les attribuer au castor ou à l'homme ; des empreintes laissées sur le bois ont permis de reconnaître que l'on avait affaire à des castors. A côté des rongeurs, certains carnassiers, tels que les hyènes munies de dents très fortes, se plaisent à attaquer les os et y laissent des empreintes caractéristiques. Enfin les grands carnassiers marins, requins ou squales, armés de dents pointues, font de profondes incisions sur les os des animaux qu'ils dévorent.

Le premier savant qui crut retrouver des traces de l'homme tertiaire fut M. Desnoyers, bibliothécaire au Muséum de Paris. En 1863 il signala sur des os d'éléphant des sablières de Saint-Prest, près de Chartres, des empreintes qu'il attribua à des instruments de silex. Bien des débats eurent lieu à ce sujet. Aujourd'hui, pour M. de Mortillet, ces stries sont dues au silex, mais au silex mis en mouvement par suite de glissements dus à des forces naturelles. En 1866 l'abbé Bourgeois recueillit à Saint-Prest des silex qu'il donna comme taillés; mais cela semble fort douteux : car les prétendues retouches sont irrégulières et distribuées dans tous les sens. En 1869 un géologue américain, M. Withney, annonça la découverte d'un crâne humain dans le pliocène de la Californie, mais il est à peu près prouvé qu'il a été victime de la supercherie intéressée des mineurs. On a donné encore quelques autres preuves de l'existence de l'homme à l'époque *pliocène*, car tous les faits précédents se rapportent à cette période ; aucune de ces preuves n'a résisté à la critique. Il semble donc que l'homme n'a existé ni en Europe, ni en Amérique à cette époque ; comme d'ailleurs il est plus que probable qu'il existait déjà quelque part, puisqu'au début de l'époque quaternaire il était répandu partout, une conclusion s'impose : c'est que l'Europe n'a pas été le centre primitif de l'apparition de l'homme. Cette conclusion, d'ailleurs confirmée par une série d'autres arguments, permet de penser qu'on ne réussira pas mieux qu'on n'a fait jusqu'ici à retrouver des traces de l'homme en Europe à l'époque pliocène.

Est-il possible dès lors d'en retrouver dans les couches plus anciennes encore ? Il ne le semble pas. Et pourtant M. l'abbé Bourgeois en 1867, M. Ribeiro en 1871, M. Rames en 1878 ont découvert des silex qu'ils donnent comme taillés. Que faut-il en penser ?

Résumons d'abord les faits eux-mêmes: c'est en 1867 que l'abbé Bourgeois annonça, au Congrès d'anthropologie, qu'il avait trouvé à Thenay, près Pontlevoy (Loir-et-Cher), une série de silex travaillés. Ces silex étaient empâtés dans une couche d'argile verdâtre qui date du miocène inférieur ou même de l'éocène supérieur. Elle résulte d'un dépôt littoral et formait le bord du grand lac qui recouvrait la Beauce à cette époque. Ces silex semblent avoir été craquelés par le feu ; mais ce feu ne peut-il pas avoir été produit par une cause naturelle? On sait que de nos jours, les mines prennent parfois feu spontanément par suite de l'oxydation des pyrites, et on a la preuve que cet accident s'est produit aux époques géologiques. La disposition des silex de Thenay ne permet pas de recourir à cette explication. Peut-on trouver d'autres causes naturelles produisant les mêmes effets ? On les a cherchées longtemps ; et au Congrès de Blois (1885), qui s'était transporté sur les lieux pour étudier la question, tout l'effort de la discussion a porté sur ce point. Mais il a été impossible de trouver une seule explication satisfaisante. On a objecté, il est vrai, que sur une quantité innombrable de silex disséminés sur un vaste espace, quelques-uns à peine étaient taillés. Cette objection n'est nullement fondée. M. de Quatrefages (1) a rapproché de ces faits ceux qu'il a constatés chez les Mincopies ou habitants des îles Andaman. Les Mincopies, qui connaissent pourtant le fer, emploient encore la pierre. Quand ils ont besoin de pierres à aiguiser, ils choisissent des blocs de grès qu'ils placent sur le feu jusqu'à ce qu'ils se brisent. Pour scier ou couper les bois ou les os, ils emploient des lamelles et des éclats ; deux morceaux de quartz sont employés ; l'un est chauffé puis exposé au froid, puis le tenant à la main on le frappe à angle droit avec l'autre pierre Lamelles et éclats ne servent qu'une fois et sont aussitôt aban-

(1) *Matériaux pour l'Histoire primitive de l'homme*, mars 1885.

donnés. Les Mincopies disséminent ainsi sur tous les points de leur île, au milieu de pierres n'ayant jamais servi, les pierres de cuisine altérées par le feu, les pierres à aiguiser, les lamelles, etc. Il résulte de tous ces faits que les silex de Thenay ont dû être taillés par un être intelligent ; la plupart des anthropologistes se sont aujourd'hui rangés à cette conclusion. MM. de Quatrefages, Hamy, Cartailhac, de Mortillet, etc., admettent la taille intentionnelle.

Si les silex de Thenay sont taillés, en retrouve-t-on ailleurs de semblables ? Les découvertes de M. Ribeiro en Portugal, de M. Rames dans le Cantal, ont répondu affirmativement à cette question.

C'est dans un plateau raviné, connu sous le nom de désert d'Otta et datant du miocène supérieur, que M. Ribeiro trouva, en 1861, des silex taillés. Ses recherches postérieures lui fournirent des échantillons de plus en plus décisifs. Il les montra à l'Exposition universelle de 1878 à Paris et au Congrès d'anthropologie et d'archéologie préhistoriques de Lisbonne (1881) où son opinion gagna de nouveaux adhérents, d'autres membres se tenant toujours sur la réserve.

Enfin M. Rames a trouvé des silex encore plus incontestablement taillés, dans le Cantal, près d'Aurillac. Les conditions de la vie à cette époque étaient tellement voisines de celles de nos jours que l'homme aurait parfaitement pu exister. L'Europe était divisée par la mer molassique en un vaste labyrinthe d'îles et de péninsules. La température, remarquablement égale, était voisine de 18° centigrades. « Toute la région sud du Plateau central s'élevait à peine à cent mètres au-dessus du niveau de la mer. Les hauteurs de micaschiste, de gneiss et de granit, digues des anciens lacs aquitaniens, et quelques petits cônes basaltiques miocènes rompaient seuls la monotonie de ce pays plat. Le grand cours d'eau qui déposait les alluvions quartzeuses se déroulait au milieu des savanes. Sur l'emplacement occupé aujourd'hui par les ruines si pittoresques du vieux volcan du Cantal, s'étendaient, à perte de vue, des steppes fertiles, sillonnées par des bandes innombrables d'hipparions, de tragocènes et de gazelles. « On y « voyait un rassemblement de puissants mammifères, tels qu'on le « chercherait vainement aujourd'hui dans les contrées où le monde « animal est le plus largement représenté. » (Gaudry.) Les mastodontes, les dinotheriums, les rhinocéros traçaient dans la jungle de larges sentiers pour se rendre au fleuve. Par intervalles, le calme était troublé par les rugissements du machœrodus, idéal du type carnassier, devenu nécessaire au milieu de l'exubérance des herbivores. Ceux-ci ne devaient leur développement extraordinaire qu'à la richesse de la flore qui offrait un mélange harmonieux de formes maintenant dispersées dans des régions très diverses (1). » On conçoit que dans un milieu si semblable au nôtre, au sein de cette nature luxuriante, l'animalité puisse avoir revêtu quelque forme supérieure. Quoi qu'il en soit, c'est dans les dépôts fluviatiles miocènes voisins d'Aurillac que M. Rames a découvert ses silex taillés. L'origine intentionnelle des éclats paraît extrêmement probable. Suivant MM. de Mortillet, Cartailhac, Chantre, Capellini, nul n'hésiterait, si les pièces avaient été recueillies dans les dépôts quaternaires ; elles ne sont plus éclatées par le feu, comme celles de Thenay, elles le sont par percussion. Il y a donc eu progrès du miocène inférieur au miocène supérieur. Fait très remarquable, tous ces silex appartiennent aux deux plus belles variétés de silex, corné et pyromaque, tandis que les terrains aquitaniens offrent d'autres variétés (corné, pyromaque, résinite, jaspoïde, ménilite). Enfin, ils ont été transportés sans roulis, à un niveau un peu supérieur. Il est aussi impossible d'expliquer le transport que la taille par des actions naturelles. Il existait donc des êtres intelligents capables de faire du feu et de tailler des silex.

(1) Rames, *Matériaux pour l'Histoire primitive de l'homme*, année 1884.

Quels étaient ces êtres ?

On a d'abord pensé que c'étaient des hommes, mais il est impossible d'admettre cette conclusion ; car on n'en retrouve aucune trace dans le pliocène européen ; à plus forte raison ne pouvaient-ils exister à l'époque du miocène. D'ailleurs depuis les marnes de Thenay, la faune a complètement changé : ce serait un fait unique en paléontologie si l'homme, c'est-à-dire l'organisme le plus compliqué de tous, était seul resté invariable, tandis que tous les autres mammifères se modifiaient ou disparaissaient. Nous savons d'ailleurs que l'homme a varié dans les temps géologiques : l'homme actuel n'est pas le même que l'homme quaternaire, comme le prouvent les crânes du Neanderthal, de Denise et la mâchoire de la Naulette, etc. L'homme ne peut apparaître que comme le couronnement du monde organique : or à l'époque miocène le développement du règne animal et du règne végétal est si incomplet que la présence de l'homme sur la Terre serait un véritable anachronisme.

Les animaux intelligents qui vivaient en Europe à cette époque n'étaient donc pas des hommes, mais de véritables précurseurs de l'homme, êtres intermédiaires entre l'homme et le singe.

Haeckel et Darwin en ont tracé le portrait : Les premiers ancêtres de l'homme étaient sans doute couverts de poils, les deux sexes portant la barbe ; leurs oreilles étaient pointues et mobiles. Ils avaient une queue desservie par des muscles propres. Leurs membres et leur corps étaient soumis à l'action de muscles nombreux, qui ne reparaissent aujourd'hui qu'accidentellement chez l'homme, mais existent encore à l'état normal chez les quadrumanes. L'artère et le nerf de l'humérus passaient par l'ouverture supracondyloïde. A cette époque ou à une époque antérieure, l'intestin possédait un diverticulum ou cæcum plus grand que celui existant actuellement. Le pied, à en juger par la conformation du gros orteil dans le fœtus, devait être préhensile, et nos ancêtres vivaient sans doute habituellement sur les arbres dans quelques pays chauds, couverts de forêts. Les mâles avaient de grandes dents canines qui leur servaient de défenses.

La paléontologie a confirmé ces prévisions. On a retrouvé à l'époque tertiaire des êtres intelligents plus rapprochés de l'homme primitif qu'aucun de ceux qui existent actuellement. Ces espèces, supérieures aux singes et aux anthropoïdes modernes, bien qu'inférieures à l'homme, se rapprochent par nombre de points de la forme ancestrale des primates annoncée par Haeckel.

Le *Dryopithecus* recueilli à Saint-Gaudens a été décrit par M. Gaudry. « C'était un singe d'un caractère très élevé, et qui se rapprochait de l'homme par plusieurs particularités. La taille devait être à peu près la même ; les incisives étaient petites ; les arrière-molaires avaient des mamelons moins arrondis que dans les races européennes, mais assez semblables aux mamelons des molaires d'Australiens ; on a supposé que la dernière molaire poussait après la canine, comme la dent de sagesse chez l'homme. » Et M. Gaudry ajoute que si les silex de Thenay étaient bien taillés, il n'hésiterait pas à les attribuer au dryopithèque.

En Amérique, a été découvert un lémurien d'une supériorité remarquable. Il avait la taille des ouistitis ; muni de deux prémolaires à la mâchoire supérieure, d'une canine petite, de deux incisives droites et non proclives, il avait un large palais et des hémisphères cérébraux très étendus. M. Cope lui a donné le nom significatif d'*Anaptomorphus homunculus*, et n'hésite pas à le regarder comme se rapprochant de l'ancêtre lémuroïde de l'homme plus qu'aucun de ceux connus jusqu'ici. Etant donnée la supériorité de ces êtres, ils pouvaient, tout comme nos singes actuels, se servir d'outils naturels. Est-il besoin de rappeler le singe, observé par Darwin, qui, pour casser des noisettes se servait toujours d'une même pierre qu'il avait soin de cacher sous la paille ? La paléontologie a sans doute beaucoup à faire dans cette voie ; mais dès maintenant nous connaissons un lémurien, qui se distinguait « par une intelligence et des affinités organiques telles que nous ne pouvons le comprendre que comme un être en voie d'évolution vers une forme supérieure » (Zaborowski), et un anthropomorphe si développé qu'on doit le regarder comme un des précurseurs de l'homme.

LIVRE TROISIÈME

L'HOMME

CHAPITRE PREMIER

Les Origines de l'homme

I

L'homme est sorti des vertébrés inférieurs, et plus particulièrement des mammifères simiens, comme nous l'avons vu dans le chapitre précédent. L'anatomie, la physiologie, la psychologie comparée, l'embryologie, la paléontologie, tout confirme cette conclusion et la doctrine de l'évolution trouve dans les résultats de ces sciences une éclatante et décisive confirmation. Cette vérité est une des plus importantes conquêtes scientifiques de notre siècle. On s'est imaginé longtemps que tout l'univers gravitait respectueusement autour de notre petit globe : Copernic, en proclamant que c'était la Terre qui tournait autour du Soleil, détruisit l'erreur *géocentrique*. Mais longtemps encore on crut que l'homme était le centre de la nature terrestre où tout était créé à son usage. Lamarck renversa la conception *anthropocentrique*, en appliquant à l'homme la théorie de la descendance. Il n'est plus possible désormais de se représenter l'homme comme le but final de l'univers ; de même qu'il a été précédé par une longue série de formes organiques, de même il sera remplacé par des êtres plus perfectionnés. « A l'époque secondaire, dit Edgard Quinet, si les reptiles avaient parlé, ils auraient dit : Nous sommes les rois du monde. Nul être ne s'élève au dessus de nous ; nul autre que nous ne sait ramper. En vain une plèbe infinie de créatures inférieures, rayonnés, mollusques, poissons s'épuisent à monter jusqu'aux reptiles. Le reptile est la créature préférée, la forme suprême divine ; le monde s'arrête à lui. Que sont toutes les organisations inférieures au prix de la sienne ? En lui s'achève et se couronne le monde.

« Dans l'époque tertiaire, si les grands mammifères avaient parlé, ils auraient dit : L'univers a fait un pas, nous en sommes le faîte. Comment les reptiles ont-ils pu croire un instant que le monde s'arrêterait à eux ? Ils sont bons pour marcher sur le ventre, mais nous avons relevé la tête. Nous sommes les dominateurs légitimes. C'est vers nous que gravitaient aveuglément toutes ces vies ébauchées qui s'essayaient à vivre. Mais nous avons touché le but, sans craindre qu'aucun être nous dépossède jamais ; nous pouvons de siècle en siècle tranquillement brouter la terre ou nous dévorer les uns les autres.

« Vient enfin la période quaternaire ; l'homme paraît, il dit à son tour : Tout le monde s'est trompé ici-bas excepté moi. Les reptiles ont cru au règne divin des reptiles, les mammifères à celui des mammifères. Erreur, extravagance ! Il n'y a de roi légitime que moi. C'est pour me faire place que tous ces monarques d'un jour sont tombés, depuis les trilobites cuirassés, depuis les royales ammonites jusqu'aux grands vertébrés. Moi seul je suis le dominateur suprême en qui s'achève toute vie, ou plutôt il n'y a aucun lien entre les vies antérieures et la mienne. L'Univers est fini, les temps sont consommés.

« Ce point de vue sera chaque jour plus difficile à soutenir ; tant de dynasties organiques qui ont passé pourraient bien finir par persuader l'homme qu'il est lui-même un monarque éphémère et que le moment viendra où il sera détrôné.

« Lorsque je vois cette lente progression depuis le trilobite, premier témoin effaré du monde naissant jusqu'à la race humaine, tous les degrés de l'universelle vie s'étager les uns sur les autres, tous ces êtres qui rampent, nagent, marchent, courent, bondissent, volent, comment puis-je croire que cette ascension soit arrêtée à moi, que ce travail infini ne s'étende pas au delà de l'horizon que j'embrasse ? Moi aussi je demande des ailes, je conçois des séries futures et inconnues de formes et d'êtres qui me dépasseront autant que je dépasse le premier né des anciens océans. »

Voyons maintenant sur quels arguments est fondée cette opinion. Pour s'abstraire de tous les préjugés courants sur l'origine de l'homme, Huxley suppose un habitant d'une autre planète, venu sur la Terre à l'occasion d'un voyage scientifique dans l'univers ; il y a rencontré un bipède très répandu ; désireux de l'étudier il l'emporte en même temps que divers spécimens de la faune terrestre dans un baril d'esprit de vin. De retour sur sa planète, il entreprend d'étudier l'anatomie comparée de tous les animaux ainsi recueillis. A quoi conduirait une telle analyse ?

Un premier fait est évident : c'est que l'homme appartient à l'embranchement des vertébrés. Il est également certain qu'il se range dans la classe des mammifères. Parmi tous les mammifères, ceux dont il se rapproche le plus, ce sont les singes ; mais doit-il être inscrit dans l'ordre des vrais singes, ou faut-il le placer à côté et au-dessus d'eux comme constituant un ordre spécial ?

Linné, dans sa célèbre classification, réunissait l'homme, les singes, les prosimiens et les cheiroptères dans un même ordre qu'il appela ordre des primates, c'est-à-dire des hauts dignitaires du règne animal. L'anatomiste de Gœttingue, Blumenbach, au contraire, fit de l'homme un ordre à part, l'ordre des bimanes qu'il opposait à l'ordre des quadrumanes. Cuvier accepta cette division, et grâce à sa haute autorité tous ses successeurs l'admirent sans conteste. Darwin dans son livre sur l'*Origine des Espèces*, glissa sur ce point, prévoyant bien que la descendance animale de l'homme, la plus importante des conséquences de la doctrine généalogique, serait aussi la plus vivement combattue. Ce fut seulement en 1863 que dans son ouvrage *Sur la place de l'homme dans la nature*, Huxley prouva la fausseté de la distinction admise depuis Cuvier et montra que les prétendus quadrumanes étaient aussi bimanes que l'homme lui-même ; on ne saurait distinguer le pied de la main en alléguant que le pouce est opposable aux quatre autres doigts et que le gros orteil ne l'est pas. Il existe en effet des tribus sauvages chez lesquelles le gros orteil est opposable, et qui utilisent leur pied comme une main postérieure à la manière des singes. Les bateliers chinois rament, les ouvriers bengalais tissent de la sorte. Les Nigritiens, les Malais, les Polynésiens se servent de leur gros orteil largement écarté pour grimper sur les palmiers exactement comme les singes. Même quand ils se tiennent immobiles ils écartent le gros orteil des autres doigts, comme le montrent les photographies des peuples de l'Afrique centrale. Du reste chez les races supérieures elles-mêmes un exercice prolongé peut développer l'usage du gros orteil ; on a vu des artistes sans bras dessiner et des violonistes jouer de leur instrument au moyen du pied. Les nouveau-nés européens, durant les premiers mois de leur existence, saisissent une cuiller aussi fortement avec le gros orteil qu'avec le pouce.

On n'a donc aucunement le droit de séparer l'homme des singes sous prétexte que la différence entre le pied et la main est plus accusée chez lui.

On a relevé quelquefois à propos de la main des caractères secondaires ; on a parlé de la membrane très développée qui relie la base des doigts chez les singes ; mais ce caractère leur est commun avec les Nigritiens qui se rapprochent ainsi des caractères pithécoïdes.

On a voulu trouver des différences dans la forme générale du tronc ; celui des singes est loin d'offrir en effet la forme harmonieuse du tronc humain ; la saillie coccygienne y est très développée. Certes il ne faut pas songer à comparer le torse de l'Apollon du Belvédère à celui du chimpanzé ; mais si l'on met en parallèle un gorille robuste avec un de ces hommes débiles à gros ventre et à hanches effacées que l'on rencontre souvent, vivantes caricatures de leur race, peut-être la comparaison sera-t-elle favorable au gorille.

Le cou des singes anthropoïdes est en général court et épais ; mais sous ce rapport les nègres se rapprochent des singes.

La structure du crâne est également impuissante à nous fournir les éléments d'une distinction décisive. Pour comparer méthodiquement le crâne des anthropoïdes avec celui de l'homme il faut, pour le gorille, le chimpanzé et l'orang-outang, considérer des animaux jeunes et non entièrement développés. C'est en effet un fait très-remarquable que ces anthropoïdes, très voisins de l'homme à une certaine époque de leur développement, s'en écartent dans leur vieillesse. Le développement colossal des crêtes osseuses de la voûte crânienne, la saillie du cadre des orbites, l'aplatissement de l'occipital engendrent des différences profondes. Cela dit, tous les caractères essentiels sont les mêmes dans les espèces que nous comparons. Les nègres et surtout les Australiens sont très voisins des singes sous ce rapport. Le développement des arcades susorbitaires, le front fuyant, la compression du crâne dans la région faciale temporale, la faible hauteur de la région faciale leur donnent un caractère anthropoïde très prononcé. Certains crânes des nègres du Congo offrent le même aspect à un haut degré.

Le cerveau humain est en général plus développé que celui des anthropoïdes, mais il n'en diffère par aucun trait essentiel. D'ailleurs chez un grand nombre d'hommes, les microcéphales, il n'est guère plus développé. Quelques cerveaux rappellent le gorille ou le chimpanzé par un nombre de détails tel que si l'on ignorait leur origine, on les rapporterait à ces derniers plutôt qu'à l'homme.

Aussi, après une minutieuse comparaison anatomique, Huxley a pu formuler la conclusion suivante : « Quel que soit le système d'organes que l'on considère, l'étude comparative de ses modifications dans la série simienne conduit au résultat suivant : savoir que les différences anatomiques séparant l'homme du gorille et du chimpanzé sont plus faibles que les mêmes différences entre le gorille et les singes inférieurs. » C'est pourquoi Huxley a réuni dans un même ordre, celui des primates, l'homme et les singes.

Les caractères physiques ne pouvant établir de distinction suffisante entre l'homme et les singes, on s'est rabattu sur les caractères psychologiques et moraux.

On a prétendu qu'ils étaient dépourvus d'intelligence, de moralité et incapables d'éducation. Il suffira de citer les observations classiques faites par Buffon et quelques autres naturalistes pour répondre à cette objection.

Buffon possédait, en 1740, un jeune chimpanzé âgé d'environ deux ans. Il marchait toujours debout, même lorsqu'il portait des objets assez lourds. Il avait l'air triste et sérieux; doux et obéissant, il donnait le bras aux gens, s'asseyait à table comme un homme, dépliait sa serviette, s'essuyait les lèvres, faisait usage de la cuiller et de la fourchette, se versait lui-même du vin dans son verre, trinquait avec les convives, etc. Il éprouvait une telle inclination pour une dame, qu'il frappait avec un bâton tous ceux qui s'en approchaient.

Le cas est loin d'être isolé. Le capitaine Grandpré avait sur son navire un chimpanzé qui remplissait toutes les fonctions d'un matelot, tournait le cabestan, attachait les voiles, etc. Mais, maltraité par le pilote, il se laissa mourir de faim.

Ces exemples pourraient être multipliés indéfiniment. Ceux-ci suffisent pour montrer que sous le rapport de l'intelligence il y a entre l'homme et les singes différence de degré, non de nature. Aussi Agassiz, qui pourtant n'était pas favorable à la doctrine de l'évolution, a-t-il pu dire « qu'il ne voyait pas de distinction essentielle entre l'intelligence d'un enfant et celle d'un jeune chimpanzé ».

Le rapprochement deviendra plus évident encore si nous nous souvenons des mœurs barbares de certaines races inférieures.

Les races humaines inférieures établissent en effet une transition à la fois physique et intellectuelle entre les singes et les hommes complètement dignes de ce nom.

« Les Australiens, les Lapons, les Boschimans, les Hottentots sont restés au degré le plus inférieur du développement intellectuel. Le principal caractère de l'homme véritable, le langage, est encore chez eux à l'état rudimentaire. Beaucoup de ces tribus n'ont pas de mot pour dire animal, plante, couleur, tandis qu'elles ont des expressions spéciales pour dire chaque animal, chaque plante, chaque couleur. Elles sont incapables de la plus simple abstraction : aucune numération australienne ne dépasse le nombre quatre; la plupart de ces peuplades ne savent compter que jusqu'à dix ou vingt, tandis que des chiens intelligents ont pu apprendre à compter jusqu'à quarante et même soixante. Quelques-unes des plus sauvages tribus de l'Asie méridionale et de l'Afrique orientale n'ont pas même l'idée des premiers rudiments de toute civilisation humaine, de la vie en famille, du mariage; elles errent en troupes et par leur genre de vie ressemblent plus à des bandes de singes qu'à des sociétés humaines civilisées (1). »

(1) Haeckel, *la Création naturelle.*

« L'Esquimau, dit John Ross, est un animal de proie sans autre jouissance que celle de manger ; dépourvu de tout principe, sans aucune raison, il dévore aussi longtemps qu'il peut, et tout ce qu'il peut se procurer. Il ne mange que pour dormir et ne dort que pour remanger aussitôt. »

Que l'on considère maintenant à quel haut degré sont parvenus les vertébrés supérieurs et surtout les mammifères. Sous le triple rapport de la sensibilité, de la volonté ou de l'intelligence ils égalent les types humains inférieurs, quand ils ne les dépassent pas. La fidélité et le dévouement du chien, l'amour maternel de la lionne, l'amour conjugal des pigeons sont passés en proverbe. Brehm raconte qu'il vit un jour en Abyssinie une troupe de babouins attaquée par des chiens prendre la fuite. Mais un jeune babouin de six mois était resté en arrière, refugié sur un rocher. Alors un des grands mâles, obéissant au sentiment du devoir, revint sur ses pas en bravant l'ennemi pour sauver le jeune. Au Brésil, Spix a vu une femelle de *Stentor Niger*, qui, blessée d'un coup de feu, rassembla ses dernières forces pour lancer son petit sur un rameau voisin ; puis, ce devoir accompli, tomba de l'arbre et expira. « Un tel acte, dit M. Letourneau, qui n'est pas exceptionnel chez les singes, serait à coup sûr vanté comme héroïque s'il avait été accompli par une femme. » Mais c'est surtout dans les sociétés animales (abeilles, fourmis) que sont développés l'abnégation, le souci de l'intérêt public, etc.

Il y a donc une morale humaine chez les animaux ; mais il y a aussi une morale animale chez les hommes primitifs. La vie des enfants, des femmes, des vieillards et des êtres faibles est comptée pour rien. Stuart raconte qu'un Australien brisa contre une pierre la tête de son enfant malade, qu'il fit ensuite rôtir pour le manger. Byron a vu un Fuégien broyer son enfant sur des rochers, pour le punir d'avoir renversé un panier plein d'œufs d'oiseaux de mer. Dans certaines tribus de l'Afrique australe, les enfants servent à amorcer les pièges à lions. A la Terre de Feu, on mange les vieilles femmes en temps de disette après les avoir asphyxiées en leur maintenant la tête dans la fumée d'un feu de bois vert. Fitz-Roy demandant aux indigènes pourquoi ils ne sacrifiaient pas plutôt leurs chiens, ils lui répondirent avec candeur : « Le chien prend la loutre. »

Faites maintenant une double comparaison. Mettez, comme le dit Hæckel, en regard d'une part, les plus belles intelligences humaines, Aristote, Descartes, Newton, Laplace, Spinoza, Kant, Gœthe ; de l'autre les hommes les plus pithécoïdes, les Australiens, les Boschimans, les Andamans, etc., comparez ensuite ces hommes inférieurs aux mammifères les plus intelligents, aux singes, aux chiens, aux éléphants, et vous trouverez alors que les différences intellectuelles entre les premiers des animaux et les derniers des hommes sont plus faibles que les mêmes différences entre les premiers et les derniers des hommes. Si l'on voulait établir une limite, il faudrait réunir aux animaux les types humains les plus bas. « A mes yeux, le nègre est une espèce humaine inférieure, dit un Anglais qui a longtemps observé ces races dégradées ; je ne puis me décider à le regarder comme un homme et comme un frère, car alors il faudrait admettre aussi le gorille dans la famille humaine. » Les Nigritiens semblent comprendre cette parenté, car ils regardent les grands singes comme des maudits de leur propre race, des hommes poilus et muets.

Cette parenté physique et morale de l'homme avec les animaux supérieurs a laissé des traces irrécusables dans les organes atrophiés. Rien autrefois n'embarrassait plus les naturalistes que les organes rudimentaires, ces parties du corps qui chez les animaux et les plantes sont dépourvus de toute signification physiologique. Il n'est pas d'organisme peut-être qui, à côté d'appareils évidemment destinés à s'acquitter d'une fonction, n'en possède d'autres dont il est impossible dedécouvrir l'objet. C'est ainsi que dans les embryons des bêtes à corne domestiques on trouve à la mâchoire supérieure des dents incisives dont l'éruption ne se fait jamais et qui sont par conséquent sans la moindre utilité : chez beaucoup de baleines, les embryons, qui plus tard seront munis de fanons au lieu de dents, ont avant de naître des mâchoires garnies de dents. Certains animaux qui vivent dans les grottes obscures ont des yeux bien développés, mais recouverts d'une membrane, de sorte qu'aucun rayon n'y saurait pénétrer.

Les organes atrophiés se rencontrent aussi chez l'homme. — La plupart des hommes ne peuvent mouvoir volontairement le pavillon de l'oreille, et pourtant il est des muscles préposés à ce mouvement ; du reste quelques personnes, par un long exercice, parviennent à imprimer des mouvements à l'oreille; chez nos ancêtres à longues oreilles de l'époque tertiaire, singes, makis, ou marsupiaux, les muscles étaient beaucoup plus développés. Beaucoup de chiens dont les ancêtres sauvages déplacent facilement leurs oreilles pointues, ont perdu, par l'influence de la vie domestique, ces particularités et possèdent maintenant des muscles auriculaires atrophiés et des oreilles flasques et pendantes. L'homme possède encore d'autres organes qui ne fonctionnent jamais : tel est le petit repli semi-lunaire situé à l'angle interne de l'œil; ce repli cutané insignifiant est le reste d'une troisième paupière interne qui, chez les oiseaux et les reptiles, est très développée. Nos ancêtres de l'époque silurienne semblent l'avoir possédée, car leurs représentants actuels, les requins, ont cette membrane clignotante si développée qu'elle peut recouvrir tout le globe oculaire. — D'autres organes rudimentaires sont particuliers au sexe masculin, telles sont les glandes mammaires pectorales qui ne fonctionnent que chez la femme. Pourtant on a observé chez quelques hommes des cas de développement complet : ces glandes pouvaient alors servir à l'allaitement.

Ces organes rudimentaires sont un legs transmis par nos ancêtres; jadis actifs et utiles, ils ont cessé de servir par suite du travail d'adaptation aux conditions extérieures de la vie; du défaut d'usage il résulte qu'ils s'atrophient peu à peu, et l'hérédité les lègue d'une génération à la suivante jusqu'à ce qu'ils disparaissent en partie ou en totalité.

Ils ont été très fréquemment observés chez l'homme. On a observé des hommes pithécoïdes qui par la structure du crâne ou celle de la cervelle rappellent souvent, dans les moindres détails, nos ancêtres simiens. On remarque souvent ces sortes de ressemblances à la fois physiques et morales chez les microcéphales et chez les idiots

II

Nous arrivons enfin à la dernière preuve de la descendance animale de l'homme, celle que nous fournit l'embryogénie.

L'homme, comme tous les organismes, est représenté d'abord par une simple cellule : celle-ci, après la fécondation, se divise en deux, quatre, seize parties et ainsi de suite; puis cette petite masse sphérique se déprime de manière à laisser un vide central qui se remplit de liquide. La membrane extérieure ou vésicule blastodermique s'épaissit en un point en forme de disque; ce disque sera dorénavant la base du corps de l'embryon : il prend une forme elliptique, s'échancre à droite et à gauche, et acquiert la forme d'un violon composé de deux, puis de quatre feuillets. A ce stade de l'évolution, tous les vertébrés, mammifères, oiseaux, reptiles, batraciens ou poissons se ressemblent. Le feuillet externe donne naissance à l'épiderme et au système nerveux; le feuillet interne à l'épithélium ou tégument interne et aux glandes voisines du canal intestinal (poumon, foie, etc.); la membrane intermédiaire à tous les autres organes. Comment s'effectue ce progrès graduel? Au milieu du disque se dessine un canal étroit : c'est le début du canal médullaire qui renferme la moelle épinière; le canal se termine d'abord en pointe à ses extrémités et il reste toujours à cet état chez les vertébrés inférieurs, privés comme l'amphioxus, de crâne et de cerveau. Chez les vertébrés crâniotes l'extrémité antérieure se renfle en une vésicule arrondie qui est l'origine du cerveau ; cette ampoule se divise bientôt en cinq parties. Il n'importe en rien encore que l'on ait affaire à un embryon de chien, de poule, de tortue ou d'un vertébré supérieur quelconque ; mais peu à peu les différences se manifestent ; le cerveau des mammifères s'écarte de celui des oiseaux et des reptiles ; pourtant, à ce moment encore, le cerveau de l'oiseau se distingue à peine de celui de la tortue, et le cerveau du chien est presque identique à celui de l'homme. Si l'on compare au contraire les cerveaux de ces quatre animaux à l'âge adulte, ils se distinguent facilement.

Cette parenté originelle, cette différenciation graduelle pourraient être montrées aussi bien sur le cœur, le foie, etc., que sur le cerveau. Nous nous bornerons à remarquer que dans le premier mois de son évolution intra-utérine l'homme est muni d'une queue, tout comme les singes ses voisins et comme les vertébrés en général. Mais tandis que chez ceux-ci la queue grandit de plus en plus, chez l'homme et les mammifères sans queue, elle diminue à un certain moment de l'évolution, puis s'atrophie. Pourtant même chez l'homme adulte on retrouve les traces de la queue : ce sont les trois ou cinq vertèbres caudales qui terminent la colonne vertébrale. Cette queue atrophiée, cet organe rudimentaire atteste d'une façon certaine que l'homme descend d'ancêtres pourvus d'une queue.

D'ailleurs, conformément à la théorie du parallélisme entre l'évolution individuelle et l'évolution spécifique, on constate que l'enfant simien est sous tous les rapports plus voisin de l'enfant humain que le singe adulte ne l'est de l'homme adulte. « Plus l'être avance en âge, dit Carl Vogt, plus aussi s'accumulent les différences caractéristiques dans la conformation des mâchoires, des crêtes crâniennes, etc. L'homme et le singe se développent à partir de la phase embryonnaire et du premier âge dans une direction divergente, pour arriver au type définitif de leur genre ; néanmoins les singes adultes conservent, dans toute leur organisation, des traits qui correspondent à ceux de l'enfant humain. »

Ceci nous amène à une observation essentielle, c'est que l'homme ne descend d'aucun des singes, d'aucun même des anthrophoïdes actuels. Cela ressort encore de l'anatomie comparée, qui nous montre qu'aucun des grands singes actuels ne se rapproche plus sensiblement de l'homme que les autres et que, parmi les races humaines inférieures, aucune n'a un caractère pithécoïde beaucoup plus marqué que les voisines. Cela résulte aussi de l'impossibilité où nous sommes de développer au delà d'un certain degré les facultés intellectuelles de nos singes anthropoïdes. Il faut donc admettre, non pas que l'homme descend du singe, mais que « les deux types descendent d'une forme fondamentale commune qui, dans la constitution enfantine, est plus fortement exprimée, parce que le premier âge est moins éloigné de cette forme. » (C. Vogt.)

La géologie et la comparaison des espèces animales ont démontré la haute antiquité de l'homme. Cuvier se refusait encore à admettre que l'homme fût contemporain des grands mammifères quaternaires ; une succession ininterrompue de découvertes a renversé son opinion. Aujourd'hui même, il faut remonter plus loin peut-être ; on peut se demander si l'homme n'existait pas à l'époque tertiaire. Tout porte à le croire : « Personne en effet ne conteste qu'au début de l'époque quaternaire l'homme était répandu déjà dans les principales régions du globe, en Asie, en Afrique, en Amérique, en Europe.

Or qui voudrait soutenir qu'il est apparu en même temps sur tous ces continents? Qui voudrait soutenir qu'il ne lui a pas fallu un certain temps pour se multiplier à ce point et se disséminer par migrations successives en dehors de son aire géographique primitive? La première époque quaternaire se présente donc à nos yeux non comme celle où l'homme a apparu, mais comme celle où il est devenu une espèce cosmopolite. L'époque d'apparition de l'homme est sans aucun doute l'époque pliocène. » (Zaborowski.)

A quelle époque précise remonte l'apparition de l'humanité sur la terre? La question ainsi posée est presque impossible à résoudre, car l'homme n'a pas apparu tout à coup; il n'a pas été créé de toutes pièces; mais il s'est fait lentement, peu à peu. Si par humanité on entend l'esprit humain, l'humanité date d'hier seulement, du commencement de l'histoire. « Mais l'histoire est la plus jeune des sciences. Elle ne nous renseigne que sur la dernière période du monde ou pour mieux dire sur la dernière phase de cette période, elle ne commence à être mise par écrit qu'à une époque où l'humanité est déjà parvenue à un degré très avancé de réflexion. L'Egypte et la Chine sont déjà vieilles quand elles arrivent à notre connaissance. Que dire du long sommeil que traversèrent les Celtes, les Germains, les Slaves avant d'avoir l'écriture qui nous force à nous occuper d'eux? Mais la philologie, la mythologie comparées nous font atteindre des époques bien antérieures à tout document écrit. Le langage et la mythologie se conservent intacts durant des milliers d'années. Grâce aux recherches de Kuhn, Muller, Pictet, Bréal, nous pouvons arriver jusqu'à nos ancêtres, les Aryens primitifs et vivre de leur vie avant leur dispersion. Une science nouvelle a été ainsi fondée, n'apprenant ni successions de rois, ni batailles, ni prises de villes, mais des choses en réalité bien autrement importantes : la filiation des races, les lois primitives, la diversité des langues. La philologie et la mythologie comparées nous font ainsi remonter bien au delà des textes historiques. Dans l'ordre chronologique des sciences, ces deux études prennent rang entre l'histoire et la géologie (1). »

(1) Renan, *les Sciences de la nature et les Sciences historiques.*

CHAPITRE II

Les premiers âges de l'humanité

I

L'humanité proprement dite remonte, suivant toutes les probabilités, à l'époque pliocène ; mais elle était cantonnée en Asie seulement, et c'est à l'époque quaternaire qu'elle s'est répandue sur tout le globe. La linguistique et l'anthropologie conduisent à penser que le centre d'apparition de l'homme n'est autre que le grand massif compris entre l'Himalaya et l'Altaï ; c'est de ce centre que l'espèce s'est dispersée sur tout le globe et l'a peuplé par migrations. Ces migrations ont eu lieu tantôt par terre, tantôt par mer. L'histoire elle-même nous en offre de fréquents exemples : il suffit de rappeler les invasions du monde romain, les conquérants arabes, les migrations des Peaux-Rouges dans l'Amérique. Plus récemment encore, en 1771, une peuplade de Kalmoucks qui s'était établie sur les bords du Volga en 1616 résolut de quitter la Russie à la suite de discordes intestines. Les femmes, les enfants, les vieillards montèrent sur des chariots ; des corps de cavaliers les escortaient ; une arrière-garde de 80,000 hommes couvrait leurs derrières. En sept jours, cette horde qui comptait plus de 600,000 âmes, avait franchi 100 lieues. Alors commencèrent les difficultés : l'impératrice Catherine, pour empêcher ce départ qui transformait en désert une partie de son empire, envoya une armée ; le froid et la neige vinrent encore redoubler les embarras ; les émigrants perdirent plus de 250,000 âmes en sept mois. Ils parvinrent enfin sur les frontières de la Chine où ils s'établirent. Ainsi, malgré les rigueurs extrêmes du froid et du chaud, malgré les attaques incessantes d'ennemis implacables, malgré la famine et la soif, cette population a franchi un espace égal en ligne droite au huitième de la circonférence terrestre. « Un fait pareil, dit avec raison M. de Quatrefages, répond à tout ce que l'on pourrait avancer au sujet de l'impossibilité primitive des migrations par terre. Comment mettre en doute la possibilité de voyages plus longs encore pour une tribu marchant tranquillement par étapes? » Les migrations par mer sont tout aussi compréhensibles : la Polynésie (1) a dû être peuplée par des navigateurs partis de l'Archipel indien ; venus de la Malaisie, ils se sont établis et constitués d'abord dans les archipels de Samoa et de Tonga ; de là ils ont successivement envahi le monde maritime ouvert devant eux ; leurs chants sacrés nous apprennent qu'ils ont trouvé désertes à peu près toutes les terres auxquelles ils ont abordé et n'ont rencontré que sur trois ou quatre points quelques tribus peu nombreuses, de sang plus ou moins noir.

L'Amérique septentrionale a été peuplée par un rameau mongol qui passa par l'isthme fort large qui reliait alors l'Asie et l'Amérique. Peu à peu les émigrants se répandirent du nord au sud dans tout ce nouveau continent. L'Europe envoya aussi des habitants à l'Amérique. On sait d'ailleurs que, sans parler de l'existence de l'Atlantide qui aurait relié les deux continents, sans faire allusion aux traditions phéniciennes, basques, irlandaises, ou galloises, les Scandinaves ont débarqué fréquemment aux VIIIe, IXe, X^e et XIe siècles sur les côtes du Groënland et de l'Amérique du Nord. Cette histoire, connue dans ses traits essentiels, suffit pour expliquer l'apparition du type blanc au milieu des populations américaines.

(1) Voir de Quatrefages, *les Polynésiens et leurs migrations*.

On voit combien tout ce que nous savons justifie ces paroles de Lyell : « En supposant que le genre humain disparût en entier, à l'exception d'une seule famille, fût-elle placée sur l'Océan ou sur le Nouveau Continent, en Australie ou sur quelque ilot madréporique du Pacifique, nous pouvons être certains que ses descendants finiraient dans le cours des âges par envahir la terre entière, alors même qu'ils seraient aussi peu civilisés que les Esquimaux ou les insulaires de la mer du Sud. »

A elle seule, la race aryenne nous enseigne l'histoire de l'espèce humaine tout entière. Sortie des régions du Bolor et de l'Hindou-Koush, elle descend en Bokharie, parcourt la Perse et le Kaboul, parvient enfin dans le bassin de l'Indus. On la voit alors s'avancer lentement et conquérir la péninsule. Ainsi, d'étapes en étapes, elle est arrivée, d'un côté jusqu'à l'extrémité de la presqu'île du Gange et à Ceylan, de l'autre en Islande et au Groënland ; puis l'ère des grandes découvertes est venue ; elle a semé ses colonies dans l'univers entier ; la race s'étend depuis les Tropiques de l'Inde jusqu'aux cercles polaires du Groënland.

L'espèce humaine a procédé à ses débuts comme les Aryas. Les ancêtres des races actuelles ont marché lentement à la conquête du monde. Ils s'habituaient peu à peu aux différents climats qu'ils rencontraient ; l'influence du milieu et de l'hérédité a eu pour résultat la naissance des races nouvelles.

Une fois établies dans leur nouvelle patrie, ces races s'y sont lentement développées. L'homme quaternaire, d'abord fort misérable, à peine supérieur aux singes par ses caractères physiques ou intellectuels, mit plusieurs centaines de siècles pour atteindre le degré de développement que nous révèlent les grandes civilisations égyptienne et assyrienne. Durant les premiers âges, il se servit d'abord uniquement de la pierre pour confectionner ses armes et ses outils. Ce n'est que beaucoup plus tard, à l'aurore des temps historiques, qu'il connut les métaux : d'abord le bronze, puis le fer. Aussi divise-t-on ces époques primitives en quatre âges successifs : l'âge de la pierre taillée, l'âge de la pierre polie, l'âge du bronze, l'âge du fer.

II

AGE DE LA PIERRE TAILLÉE

L'homme se répandit en Europe au début de l'époque quaternaire ; mais il était encore très inférieur, au physique comme au moral, à l'homme actuel.

De taille moyenne, il avait les muscles très développés et les os fort épais ; le crâne fortement allongé, les arcades sourcilières extrêmement développées ; le front étroit et fuyant ; les sutures des os étaient à peine marquées. Tous ces caractères, dont plusieurs sont propres aux singes, sont ceux d'un homme encore très inférieur, moins élevé que les Australiens ou les Boschimans de nos jours. Parfois, il arrive que ce type disparu reparaît, par suite d'atavisme, chez des hommes actuels, principalement chez les idiots ou les criminels (1).

L'homme primitif mérite donc à peine ce nom ; peut-être même, comme l'a soutenu M. Abel Hovelacque, ne possédait-il pas l'usage de la parole, s'il faut s'en rapporter à certains caractères anatomiques de sa mâchoire.

(1) Tous ces caractères sont parfaitement établis par l'étude des différents ossements fossiles de l'époque, notamment par celle du crâne du Neanderthal, et des mâchoires de la Naulette, d'Aurignac et d'Arcy. Boucher de Perthes, durant plus de trente ans, s'attacha à établir l'existence de l'homme quaternaire et sa contemporanéité avec les grands mammifères disparus, et réussit enfin à convaincre tout le monde. Il trouva en 1863 une mâchoire humaine au Moulin-Quignon. Cette découverte fit grand bruit ; malheureusement il est probable que Boucher fut victime d'une supercherie intéressée, car il avait promis deux cents francs à qui retrouverait des ossements humains. L'étude attentive de la mâchoire conduit à lui assigner une antiquité bien moins reculée. Mais cette découverte eut du moins pour résultat de faire taire les derniers adversaires de l'homme fossile.

Il marchait complètement nu comme les Botocudos des forêts vierges du Brésil ; ses outils de silex ne lui permettaient pas de préparer des vêtements, même en peau. A la fin de l'époque quaternaire, le graveur de Laugerie-Basse nous a laissé l'image d'un chasseur d'aurochs entièrement nu.

Le climat était encore très doux : la faune et la flore des pays tropicaux se développaient en France, luxurieusement, au milieu des éruptions volcaniques du Plateau Central.

L'homme primitif était nomade, il se nourrissait de fruits et surtout d'animaux, car les forêts étaient très giboyeuses, elles étaient parcourues par de grandes bandes de chevreuils et d'herbivores. Mais les grands carnassiers leur faisaient une existence difficile : c'étaient le grand ours des cavernes, au crâne bombé, aux dents puissantes ; le machairodus avec ses canines tranchantes, véritables poignards capables de couper le cuir même des pachydermes ; les grands félins, le lion, le tigre. Les éléphants énormes (*elephas meridionalis, elephas antiquus, elephas primigenius* ou mammouth), les hippopotames, les rhinocéros attaquaient sans doute aussi nos premiers ancêtres, en sorte qu'il étaient plus souvent gibier que chasseurs.

Déjà ils connaissaient le feu ; c'est même la principale découverte qui eût été faite : il leur avait été légué par leurs prédécesseurs tertiaires. Ce progrès capital dans l'histoire est entouré, chez tous les peuples, de légendes et de coutumes religieuses. (Prométhée, prêtres de Baal, guêbres, brahmines, vestales, etc.) Pour se le procurer, l'homme d'alors employait les mêmes procédés que les sauvages actuels ; il frottait l'un contre l'autre deux morceaux de bois, ou choquait les pyrites contre le silex.

Il n'avait encore qu'un seul instrument à sa disposition (1) :

(1) Découvert par Boucher de Perthes à Saint-Acheul, près d'Amiens. Citons encore parmi les gisements de cette époque celui de Chelles (vallée de la Marne) si caractéristique que M. de Mortillet donne à toute la période le nom de *période chelléenne* ; ceux du bois du Rocher (Bretagne), de Molinet

c'était une hache de silex : on désigne sous ce nom une pierre assez lourde, en forme d'amande, taillée grossièrement sur les deux faces, au moyen d'éclats enlevés par le choc ; à la partie inférieure est ménagée un *talon* ou bord non taillé pour saisir l'instrument. Quelquefois même il existe une sorte de saillie qui fait l'office de manche.

C'est alors que survint la grande invasion des glaciers. L'homme eut besoin, pour se vêtir, d'utiliser les peaux des bêtes ; et la nécessité l'amena à varier la forme de ses silex : il fallait débarrasser les peaux des parties graisseuses et les assouplir en raclant la face inférieure ; il fallait aussi y ménager des ouvertures pour le passage des membres. Les râcloirs, les pointes, les scies, les lames de silex apparurent successivement (1) ; tous ces instruments sont plus légers, plus élégamment taillés que ceux de l'époque précédente.

En même temps, pour fuir les rigueurs du climat, l'homme se réfugia dans les grottes et les cavernes naturelles. Mais souvent il les trouva occupées par des animaux féroces, principalement par les grands ours. Des luttes eurent lieu entre les adversaires ; parfois on ne retrouve dans ces repaires que quelques pierres taillées, preuves d'un combat malheureux, dans lequel l'homme succomba en laissant ses instruments pour témoins. On y reconnaît souvent des os de cervidés brisés au moyen des silex, afin d'en extraire la moelle.

Le climat se radoucit ensuite ; les glaciers reculent ; la pluie et la neige sont moins fréquentes. L'influence des variations de température stimule l'industrie qui prend un élan tout nouveau ;

(Allier), de Tilly (Allier) ; de Hoxne, de Bedfort (Angleterre) ; d'Imola, de la Vibrata (Italie), de Madras (Inde), de Trenton (Amérique).

(1) Les principales stations de cette période sont le Moustier (Dordogne), Estiveaux (Mayenne), Charroux (Charente), Cardenal (Lot-et-Garonne), Buoux (Vaucluse), Mesvin (Belgique), High-Lodge, Highbury-New-Park (Angleterre), etc.

les formes sont de plus en plus dégagées, minces, élégantes. La taille de la pierre atteint son apogée. Les grattoirs apparaissent et se multiplient rapidement : ce sont des lames dont le sommet décrit un arc de cercle bien tranchant. Les perçoirs sont des lames pointues, tantôt droites, tantôt obliques. Ces pointes affectent souvent la forme des feuilles de laurier ; elles servaient de poignards ou de pointes de lance. Le plus souvent elles sont en silex ; parfois en agate, en jaspe ou même en cristal de roche. Il existait déjà des centres de fabrication importants et des ouvriers fort habiles dans la taille de la pierre : ils savaient donner du premier coup à leurs instruments la forme voulue, et il en est un grand nombre qui n'ont pas de retouches ; les fabricants cachaient leurs pièces dans des trous naturels ou artificiels, nous avons retrouvé quelques-unes de ces cachettes.

A ce moment, un nouveau progrès a lieu : jusqu'à présent la matière première qui servait à la confection des armes et des outils, était la pierre ; aussi son travail était-il arrivé à une grande perfection. A l'époque suivante (1), de nouvelles matières sont employées : les os, les cornes, l'ivoire qui se prêtent à un travail plus varié et plus délicat. Le silex n'est plus employé que pour un petit nombre d'usages, aussi sa taille est-elle moins soignée et moins parfaite. Les objets en os sont des aiguilles, des flèches, etc. Les aiguilles, bien supérieures à celles des époques suivantes jusqu'à la Renaissance, par exemple à celles des Romains, sont en os ou en corne de renne. Les sagaies et les harpons sont faits de la même matière ; ils revêtent d'ailleurs des formes variées ; la base est tantôt fendue, tantôt arrondie, parfois pointue. Ce

(1) Cette période est caractérisée par les stations de la Madeleine (Dordogne), la grotte des Fées à Arcy (Yonne), Laugerie-Basse (Dordogne). La première et la dernière de ces trois stations sont les plus belles et les plus caractéristiques de l'époque. L'Allemagne, l'Italie, la Suisse fournissent quelques dépôts. On a retrouvé de ces instruments près de Bethléem (Palestine) ; quelques académiciens virent là le tombeau de Josué et pensèrent que les silex avaient servi à circoncire le peuple juif.

sont déjà des armes savantes, et les sillons que l'on y remarque étaient destinés à recevoir du poison. Les harpons sont toujours barbelés de manière à rester dans la blessure.

On a retrouvé aussi un grand nombre de cornes de renne, percées d'un ou plusieurs larges trous : M. Lartet a supposé que c'étaient des insignes de chef, et les a appelés bâtons de commandement (1).

Enfin, l'homme quaternaire se servait aussi de poignards-poinçons en os, souvent très artistement sculptés.

C'est en effet à ce moment que, moins désarmé dans sa lutte contre les animaux féroces, l'homme eut le loisir de songer à autre chose qu'à sa défense; il fit un grand pas en avant : il devint artiste.

Les produits de l'art primitif sont fort naïfs ; mais ils attestent déjà une observation exacte et une main exercée. Tantôt ce sont des gravures en creux, tantôt des bas-reliefs, tantôt enfin de véritables sculptures.

Les matières employées sont la pierre, l'ivoire, les dents, les os. On a retrouvé comme gravures sur pierre : un ours, un cheval, un combat de rennes. Sur un morceau d'ivoire de la grotte de la Madeleine, en Périgord, est un dessin bien reconnaissable de l'éléphant velu. Les défenses recourbées, les petites oreilles qui distinguent le mammouth de l'éléphant actuel, les longs poils dont il était couvert, sont fort bien rendus. Sur d'autres os sont gravés une vache, une loutre, un poisson, etc.

A côté de dessins géométriques (lignes droites ou ondulées. hachures, etc.), on trouve donc des dessins d'imitation : branche

(1) Cette ingénieuse conjecture de l'illustre et modeste Edouard Lartet, « le véritable créateur de la paléontologie humaine », a été confirmée depuis par ce fait curieux : que le bâton d'un chef peau-rouge contemporain ressemble identiquement à celui de la Vézère. Ce n'est d'ailleurs qu'un cas entre mille, du parallélisme entre l'industrie et les mœurs des sauvages contemporains et des sauvages préhistoriques, mis en lumière en France par Hamy, en Angleterre par Lubbock.

garnie de feuilles ; représentations très nombreuses d'animaux, parmi lesquels les rennes dominent de beaucoup, puis les chevaux ; ensuite viennent les aurochs, les urus, les bouquetins, les mammouths, etc.

Le caractère artistique de tous ces dessins est frappant ; on y remarque un sentiment si vrai des formes et des mouvements qu'il est presque toujours possible de reconnaître l'animal. Parfois, des scènes entières sont représentées : on y rencontre de curieuses naïvetés ; dans un combat de rennes l'un est étendu sur le dos, l'autre enjambe le premier, les pattes qui devraient être cachées par le corps de l'autre animal sont gravées quand même. Enfin, on a retrouvé des représentations humaines : un chasseur d'aurochs à Laugerie-Basse, un petit bonhomme à la Madeleine, au même endroit, une femme enceinte, enfin une statuette de femme aux parties génitales si développées qu'on la désigne sous le nom de Vénus impudique.

Ce même goût esthétique a donné naissance à la parure : dans de petits godets de pierre, on raclait de la sanguine qui fournissait une belle couleur rouge employée dans le tatouage et dans la peinture du corps. En outre, les dents de renne, de chamois servaient à faire des colliers; des coquilles perforées, des vertèbres de poissons percées, des cristaux violets de fluorine avaient le même usage.

D'ailleurs, comme le fait remarquer M. de Mortillet, les hommes de cette époque avaient une imprévoyance d'enfant; car il leur arrivait souvent de graver des pièces avant de les avoir terminées, ce qui obligeait à gâter le dessin.

Ces hommes étaient encore étrangers à tout rite funéraire ; ils abandonnaient leurs morts comme font les autres animaux ; ils n'avaient encore aucune idée religieuse, et ne possédaient ni amulettes, ni objets religieux.

Une telle existence atteste un état social peu compliqué ; l'homme fossile errait en bandes peu nombreuses, à la manière des singes anthropomorphes d'aujourd'hui. Il était obligé de suivre le gibier et surtout le renne dans ses migrations, comme les Peaux-Rouges qui font des trajets de plus de quatre mille kilomètres à la suite des troupeaux de buffles.

III

AGE DE LA PIERRE POLIE

Jusqu'ici nous avons pu suivre pas à pas les progrès de l'homme européen ; nous avons pu voir combien son évolution a été lente et continue. Cette continuité cesse entre l'homme quaternaire et l'homme actuel, entre l'homme de la pierre taillée et celui de la pierre polie. De grands changements climatériques ont lieu : à la place d'un temps sec et froid avec de grandes vicissitudes de température, il s'établit un climat tempéré, uniforme. La conséquence immédiate est la disparition ou l'émigration d'un grand nombre d'espèces. Le mammouth s'éteint; le chamois, la marmotte, le bouquetin qui vivaient dans les plaines se retirent sur le sommet des montagnes; l'hyène et les grands félins quittent l'Europe ; le renne, le glouton, l'ours gris émigrent d'une manière permanente vers le nord. Or le renne était l'animal le plus recherché par les populations primitives, comme le prouvent les énormes accumulations de ses débris que nous retrouvons dans les stations de la Madeleine, de la grotte des Fées, d'Aurignac, etc. La population nomade a suivi son gibier favori : les régions centrales de l'Europe se sont trouvées désertes. Après un laps de temps considérable, une race nouvelle, venue probablement de l'Asie Mineure (1) et du Caucase a envahi l'Eu-

(1) C'est de cette région, en effet, que semblaient venir l'agriculture et les animaux domestiques. Le caractère religieux et superstitieux de la nouvelle race confirme son origine orientale ; son absence de sentiments artistiques

rope, et y a apporté des mœurs et une civilisation nouvelles. Superstitieuse, comme tous les peuples orientaux, elle avait des idées religieuses très développées; les amulettes apparaissent ainsi que le culte des morts. Mais l'homme nouveau n'est doué à aucun degré du sentiment artistique de son devancier. L'absence d'art et l'introduction de la religiosité caractérisent donc l'époque nouvelle. Le genre de vie change entièrement : de nomade la population devient agricole, elle fabrique des poteries, élève des animaux domestiques.

Les industries et les mœurs de cette époque et de la précédente diffèrent donc complètement; c'est qu'il y a eu substitution des unes aux autres, il s'est produit un phénomène analogue à celui qui a suivi l'apparition des Européens en Amérique ou dans les îles océaniennes. La civilisation nouvelle s'est implantée brusquement et a remplacé purement et simplement la civilisation ancienne. Il n'y a pas eu développement progressif, mais substitution : la civilisation nouvelle s'installe en maîtresse par droit de conquête, parce qu'elle est celle des envahisseurs, des maîtres. Le type autochtone quaternaire était franchement dolichocéphale ; le type nouveau est au contraire brachycéphale. On voit d'ailleurs en beaucoup d'endroits le dolichocéphale primitif vivre à côté du brachycéphale envahisseur, et le mélange de ces deux types a donné naissance à la population française actuelle.

Ce mélange des deux races se constate d'ailleurs aussi dans l'industrie. L'homme néolithique continue à se servir des pierres taillées; il possédait des couteaux de silex, lames étroites et très allongées, des marteaux, des scies, des grattoirs, des perçoirs,

vient aussi à l'appui de cette opinion : l'art, comme représentation d'objets naturels, est peu répandu chez les peuples orientaux. Avant Alexandre, l'Inde n'avait pas de statues; aujourd'hui même, il est défendu en Perse de figurer aucun être vivant. Il faut enfin remarquer que la population la plus brachycéphale qui soit connue jusqu'ici est celle des Syriens de Gebel-Cheikh dont l'indice céphalique moyen est 85,95.

des tranchets, etc. Les pointes des flèches (en silex), étaient d'un fréquent usage : elles sont pour la plupart allongées et triangulaires, souvent dentelées. Les pointes de lance sont généralement de grands éclats d'un seul jet à face lisse d'un côté, en dos d'âne retouché de l'autre. Elles s'appuyaient sur une langue de bois plate et progressivement amincie, à laquelle elles étaient fixées par des ligaments avec interposition de matières résineuses.

A côté des pierres taillées, les pierres polies font leur apparition ; et comme on n'en a jamais retrouvé auparavant, elles servent à caractériser le nouvel âge. Les pierres polies sont toujours l'exception ; on n'applique le polissage qu'aux instruments de luxe. On commençait par dégrossir la matière première en enlevant de grands éclats à coups de marteau ; puis on frottait l'ébauche contre le polissoir de grès ou de jaspe, en interposant du sable mouillé entre deux. Les haches polies affectent des formes et des dimensions très diverses ; les plus anciennes ont la forme d'un coin très aplati ; la plus grande que l'on connaisse a presque un demi-mètre de longueur ; les plus petites ne dépassent pas vingt-cinq millimètres. Les unes étaient maniées à la main ; les autres au moyen de manches en bois.

Les instruments en os ou en bois se généralisent de plus en plus : ce sont des couteaux, des poinçons, des poignards, des pointes de lance, des ciseaux, des lissoirs, des harpons, des pics, des pioches, des manches de hache, etc.

Le progrès de la civilisation s'accuse encore par l'emploi des poteries (1). Les vases ont été façonnés à la main sans le secours du tour ; aussi sont-ils très grossiers, ils affectent la forme de calebasses, de pots à beurre, etc.

Ces objets et ces instruments étaient fabriqués dans de véri-

(1) Certains peuples de nos jours ne connaissent pas la céramique. D'autres suppléent à la poterie par les cornes, les sabots, les crânes de mammifères, celui de l'homme y compris. Les Malgaches actuels emploient en guise de marmites les œufs de l'æpyornis.

tables ateliers établis au voisinage des carrières. Certains ateliers étaient réservés à la taille des haches destinées à être polies (1), d'autres aux grattoirs (2), aux perçoirs (3) ou aux pointes de flèches (4). L'exploitation des roches se faisait d'habitude à ciel ouvert, mais au besoin on creusait de véritables carrières avec puits et galeries.

Les ateliers sont le plus souvent voisins des habitations. L'homme néolithique en effet ne se réfugie plus que rarement dans les grottes ; il édifie de véritables maisons en bois, souvent établies sur pilotis au-dessus des lacs ; elles communiquaient avec le rivage au moyen de passerelles mobiles qu'on enlevait pour se mettre à l'abri des fauves ou des ennemis. Aujourd'hui encore les indigènes de la Nouvelle-Guinée habitent dans des palafittes exactement semblables, et Hérodote nous apprend qu'il en était de même des Péoniens de Thrace.

L'homme des palafittes est notre devancier immédiat. Il possède des animaux domestiques, notamment le chien dont on a constaté la présence dans les Kjœkkenmoeddings. On désigne sous ce nom les débris de cuisine préhistoriques : coquilles d'huîtres, de moules, de bigorneaux ; os de cerfs, de sangliers, chevreuils ; harengs, anguilles, limandes, mêlés à des poteries grossières, à des cendres, à des pièces de silex : le tout formant sur les bords de la Baltique des tas de deux à trois mètres de haut, de quarante-cinq à soixante mètres de large, et de cent à trois cents mètres de long. Le chien est le seul animal domestique que l'on y rencontre ; aujourd'hui encore certains peuples sauvages n'en connaissent pas d'autre. Plus tard le cheval fut domestiqué ; puis le bœuf et le mouton. L'idée de la domesti-

(1) A Londinières (Seine-Inférieure), Olendon (Calvados), Spienens (Belgique).

(2) A La Roche-au-Diable, près Potigny (Calvados), Charenton (Seine).

(3) A Nemours (Seine-et-Marne).

(4) Au Camp de Chassey (Saône-et-Loire).

cation fut une découverte capitale dans l'histoire de l'humanité.

Le blé, l'orge et le seigle étaient déjà cultivés et servaient à fabriquer un pain grossier ; peut-être l'homme néolithique connaissait-il les boissons fermentées. Il avait en outre une plante textile, le lin, dont il faisait des étoffes parfois très fines et ornées de franges ou de broderies.

La civilisation était donc déjà très développée à cette époque ; un fait bien curieux le prouve encore mieux. Dans les batailles que se livraient les tribus ennemies, il y avait des morts et des blessés ; on a recueilli dans les dolmens et les grottes spéciales des ossements humains pénétrés par des pointes en silex. M. Broca y a reconnu des cas pathologiques très curieux. L'un d'eux consiste en une fracture de l'extrémité inférieure des os de la jambe droite, avec plaie, suppuration et expulsion de plusieurs esquilles. Ces fractures sont très graves ; elles ne guérissent aujourd'hui qu'à la faveur d'un traitement bien dirigé et d'un appareil de contention maintenu durant plusieurs mois, et il est rare qu'elles guérissent sans difformité. C'est pourtant ce qui a eu lieu ici. Il n'est guère de chirurgien moderne qui ne fût, en pareil cas, satisfait d'obtenir un aussi bon résultat. Cet exemple d'ailleurs est loin d'être isolé ; ces faits montrent à la fois : que l'assistance était déjà organisée, car pendant plusieurs mois les malades ne pouvaient se suffire ; et que les connaissances chirurgicales étaient développées. La femme de Cro-Magnon, qui avait eu le crâne fendu au-dessus de l'orbite sur une longueur de trente-trois millimètres et une largeur de douze millimètres, par un violent coup de hache en pierre polie, vécut pourtant une vingtaine de jours encore, comme le prouve l'examen de la blessure. Quelques-unes des maladies actuelles existaient déjà : la syphilis était assez rare, l'arthrite très fréquente.

A côté de ces soins donnés aux blessés, à côté de ces habitudes humanitaires, on trouve des coutumes barbares, inspirées par la religion. L'invasion des pratiques religieuses est en effet un trait absolument caractéristique de l'époque néolithique. C'est à ces nouvelles pratiques qu'il faut attribuer l'anthropophagie dont on a retrouvé des traces nombreuses, et la trépanation : on découpait, au moyen des instruments de silex, le crâne, de manière à en détacher des rondelles qui servaient d'amulettes. On employait aussi dans le même but des objets naturels. Les pierres percées étaient recueillies avec soin, quelque laides qu'elles fussent. De petites haches, des croissants, des triangles étaient aussi l'objet d'un culte ; la hache surtout était vénérée et cela se conçoit, car c'était l'instrument par excellence de cette époque.

A côté de ce premier effet de la religiosité, il en est un autre non moins caractéristique. Pendant les temps quaternaires on abandonnait les morts. A partir des temps actuels au contraire on les inhume avec soin ; on leur élève des demeures souvent plus belles, plus grandioses que celles des vivants. A côté d'eux on place tout un mobilier funéraire : des instruments en pierre, des parures, des coquilles, grossiers si le mort était pauvre, luxueux s'il était riche. Parfois on ne craignait pas de frauder le mort et de placer à côté de lui des objets détériorés et en mauvais état. Quoi qu'il en soit, on pensait qu'il partait pour une autre existence dans laquelle il avait encore besoin de ses armes et de ses parures.

En guise de caveaux funéraires, on se servait fréquemment des grottes et des cavernes. Outre les grottes naturelles, on creusait dans les roches tendres, principalement dans la craie, des cavités artificielles. Parfois même l'on construisait, pour y pénétrer, un vestibule que l'on garnissait de grosses pierres ; mais ici nous n'avons déjà plus affaire aux grottes proprement dites, mais à des caveaux se rapprochant beaucoup des dolmens.

Le dolmen est un monument composé d'une ou de plusieurs chambres, dont les parois sont formées par des grandes dalles dressées verticalement, et le toit par d'autres dalles horizontale posées à plat sur les premières. Le plus souvent la chambre est précédée d'un couloir ou vestibule.

Tous les dolmens étaient primitivement sous terre : ils étaient recouverts de grands amas de terre et de pierres dont on en connaît plusieurs : ce sont les tumulus.

Les dolmens servaient de sépultures : c'est là que l'on a retrouvé le plus grand nombre d'os humains. Le mobilier funéraire est identique à celui des grottes sépulcrales naturelles ou artificielles : ce sont les mêmes haches polies, les mêmes pointes de silex, les mêmes grains de collier, les mêmes poteries.

Les dolmens existent dans la Bretagne, dans le Sud de la France, dans le pays de Galles, dans le Hanovre, dans les Pays-Bas, en Asie, en Afrique. Comme ils semblent disséminés par traînées, on a imaginé un moment qu'ils avaient été édifiés par un peuple en migration qui les aurait semés partout sur son passage. Mais cette opinion est aujourd'hui abandonnée; il faut sans doute voir dans les dolmens la manifestation sensible de sentiments communs à tous les peuples. Arrivés à un certain degré de développement, ils passent fatalement par les mêmes phases intellectuelles ; le besoin de donner à ces idées une expression visible les amène à construire ces monuments funéraires; les nuances locales dérivent de la variété des mœurs et des matériaux mis en œuvre; on sait qu'aujourd'hui encore les Thasias du Bengale élèvent des dolmens, et que les Mundas bengalais dressent de grandes pierres ou les disposent en alignements : ce sont pour eux des monuments commémoratifs. Il en était de même des menhirs ou pierres brutes isolées, et des cromlechs ou pierres disposées en cercle, si nombreuses en Bretagne.

Tous ces faits témoignent d'un développement mental assez avancé. Aussi les hommes de cette époque se multiplient rapidement, forment des populations plus denses, plus avancées, ayant des chefs et des rudiments d'organisation sociale.

CHAPITRE III

La parole et la pensée

Dans cette rapide esquisse que nous avons tracée de l'évolution de la matière et de la vie, telle que la science nous permet de la concevoir, au dernier terme du perfectionnement des espèces, l'homme apparaît. Il est né, l'homme primitif, l'ancêtre de nos races civilisées ; nous pouvons nous l'imaginer avec son crâne déprimé, ses mâchoires proéminentes, ses bras longs et maigres, son ventre ballonné, ses jambes grêles, tout son corps noir et velu ; à le voir, on le prendrait pour quelqu'un des grands singes anthropoïdes qui rôdent autour de lui et contre lesquels il a souvent à combattre; ils ont même aspect extérieur, même structure anatomique, et cependant un abîme déjà semble les séparer : le premier, parmi tous les organismes engagés dans la voie de ce progrès et tendant à la condition humaine, le premier il a parlé : et du même coup son humanité a été fondée ; il a trouvé avec le langage la source de sa dignité, la condition de sa pensée et l'instrument de sa civilisation.

I

On comprend ainsi comment l'étude du langage nous fait remonter, aussi loin qu'il est possible, dans l'histoire de nos origines. Par elle nous dépassons de beaucoup les légendes et les traditions les plus lointaines : nous pénétrons même au delà des temps que nous révèlent les antiques sépultures des peuples restés sans nom, leurs armes de silex grossièrement taillées, leurs ornements d'or, leurs légères habitations lacustres, toutes ces épaves d'une civilisation rudimentaire que l'archéologie remet au jour. Bien antérieurement déjà l'homme parlait, depuis longtemps il traduisait dans ce fidèle miroir de son âme, ses premières émotions et ses premiers sentiments à la vue de la nature; depuis longtemps son cerveau créait cette monnaie, cet instrument d'échange de la pensée sans lequel à présent nous ne pouvons plus la concevoir et lui confiait la conservation de ses naissantes idées ; et maintenant encore jusque dans nos langues vieillies, nous retrouvons ces conceptions premières comme pétrifiées dans certains mots, termes figurés, métaphores hardies que nous employons tous les jours sans les comprendre et qui nous viennent du passé le plus lointain. Bien plus encore, nous pouvons arriver à entrevoir et à nous représenter en jugeant des causes par leurs effets encore sensibles, la naissance et le développement de l'esprit humain.

Cette science du langage, si préhistorique dans ses résultats, est fort récente ; c'est de notre temps, grâce aux progrès inespérés que fit faire la découverte du sanscrit à la philologie comparée, que l'esprit se tourna vers l'étude des langues prises en elles-mêmes et que la linguistique se fonda. Ainsi se justifiait une fois de plus la grande loi du développement des sciences posée jadis par le fondateur du positivisme, A. Comte : étude d'un fait à la fois biologique et social, la linguistique avait sa place au sommet de la biologie et au début de la sociologie et devait servir de trait d'union entre ces deux grandes sciences ; c'est donc une science naturelle ; mais c'est aussi, pour ainsi dire, l'avenue des sciences sociologiques par laquelle nos études doivent passer d'abord.

La linguistique a fait de rapides progrès, elle a vite appris à considérer les langues comme des organismes vivants dont la vie est comparable à celle des organismes du règne végétal ou du règne animal. Bien mieux encore, la plupart des linguistes sont arrivés à cette conclusion que le transformisme est la loi de l'évolution du langage : « Le langage, écrivait récemment (1887) M. A. Darmesteter, est une matière sonore que la pensée humaine transforme insensiblement et sans fin sous l'action inconsciente de la concurrence vitale et de la sélection naturelle. » Tels sont les principes, aujourd'hui devenus d'une vérité banale, que la linguistique s'est chargée d'appliquer selon la méthode des sciences naturelles.

D'un côté, elle a pris chaque langue dans l'état d'équilibre instable et sans cesse déplacé où la tiennent suspendue ces deux forces contradictoires, l'une tendant à la conserver, l'autre à la transformer ; puis examinant sa structure intérieure et pour ainsi dire anatomique, elle y a distingué et étudié trois sortes d'éléments : les mots, les formes grammaticales et les formes syntactiques. D'un autre côté elle a poursuivi sur toutes les langues comme une grande enquête ; tous les idiomes — et non plus seulement comme pour les philologues, les idiomes littéraires — ont été pour les linguistes un objet d'étude et d'intérêt ; ils ont même préféré comme plus instructifs, aux langues raffinées et cultivées les dialectes des Papous ou des Peaux Rouges; de même pour le botaniste un chardon sauvage a plus de prix que la rose ou la tulipe, objet des soins et des soucis du jardinier. Ils ont ainsi catalogué plus d'un millier de langues, ils ont fait mieux encore : ils en ont classé un grand nombre, découvert des parentés, établi des filiations ; quelques groupes, comme celui des langues indo-européennes, ou celui des langues sémitiques, sont définitivement constitués, et l'on peut entrevoir des essais de classification générale.

II

Mais la question primordiale est celle de l'origine du langage ; il semble que la science ne soit pas encore mûre sur ce point. On ne peut d'ailleurs regarder comme primitives les langues dont on a les monuments les plus reculés et qui dans le sein d'une famille donnée méritent le premier rang d'ancienneté. Le langage humain à lui seul et considéré en lui-même ne peut donner la clef de son origine ; et c'est pour cela que tous les auteurs qui ont pris ainsi la question à un point de vue métaphysique ou philologique ont échoué dans leurs tentatives et n'ont ébauché que des théories insuffisantes et incomplètes. Mais faut-il pour cela renoncer à ce problème, ainsi que le voudraient quelques évolutionnistes, est-il vraiment impossible de créer une sorte d'embryogénie de l'esprit humain ? S'il est vrai que l'homme n'est pas un être isolé exceptionnel, mais fait partie de la série animale, s'il est vrai que chaque individu parcourt à son tour la ligne qu'a suivie pendant son développement l'humanité tout entière ; s'il est vrai enfin que cette caravane que Hugo imagine vers le progrès, Mecque du genre humain, laisse traîner après elle une longue queue encore attardée dans la barbarie, comment ne serait-il pas possible, à force d'observations sur les animaux, les enfants et les sauvages, d'éclairer un jour, par des inductions sûres, jusque dans les limbes des premières origines, le mystère de l'apparition de la pensée et de son expression, le langage? Essayons-le en indiquant tout au moins les points qui nous semblent déjà acquis.

Nous entreprenons de donner de l'origine du langage, une explication vraiment scientifique et naturelle. C'est dire que nous laissons de côté les plus anciennes hypothèses qui ont été émises à ce sujet, nous rejetons également l'origine divine et révélée du langage soutenue par les Bonald et les de Maistre, et la théorie si chère à toute la philosophie du XVIIIe siècle, de son invention raisonnée et conventionnelle. Les systèmes, déjà plus scientifiques, de MM. Max Müller et Renan, ne nous satisfont pas cependant entièrement ; les cinq ou six cents racines auxquelles le premier ramène le langage ne sont que des abstractions grammaticales ; le second a été surtout touché de la classification des langues en familles d'après des moules grammaticaux, qui lui ont semblé créés tout d'une pièce et spontanément ; tous deux, d'ailleurs, parlent de la faculté du langage, de son innéité chez l'homme ; ni l'un ni l'autre n'ont osé imaginer un état de l'humanité où le langage n'aurait pas existé encore. Max Müller nous ramène volontiers au premier couple de la Genèse. Pour M. Renan, d'après certains passages, il semblerait imaginer une société primitive de patriarches en qui leur langue aurait jailli spontanément.

Ainsi donc, l'homme aurait toujours parlé ; mais c'est là une hypothèse gratuite. De ce que nous pensons aujourd'hui notre parole, autant que nous parlons notre pensée, il ne s'ensuit pas que pensée et parole aient toujours coexisté chez l'homme en plein développement et en plein exercice, créées ensemble et d'un seul coup par le mystère d'une révélation divine ou naturelle.

Pour nous, nous devons écarter ces derniers fantômes, vestiges des idées métaphysiques et théologiques, pour aller jusqu'au bout de notre induction scientifique ; elle nous conduit, comme nous le savons, à l'idée d'une humanité à peine dégagée de l'animalité, ne parlant ni ne pensant à vrai dire encore : puis graduellement se sont développées en elle, d'une part la pensée logique, de l'autre sa notation, le langage articulé, se dégageant peu à peu, l'une des images individuelles, l'autre des moyens purement mimiques et inarticulés d'expression.

Ainsi donc, un minimum de pensée logique exprimé mimiquement, tel a dû être l'état primitif du langage. C'est ici le lieu de rappeler la distinction que l'on fait d'ordinaire entre le langage émotionnel et le langage articulé ; entre les gestes, les jeux de physionomie, les cris même ou gestes vocaux, et les larmes, d'un côté, et de l'autre, la parole. Que si nous avons attribué de prime abord le langage mimique et expressif à l'homme primitif, personne ne peut s'en étonner, ni le lui contester ; car l'animal même le possède. Non seulement il témoigne par ses gestes et ses cris de ses émotions et de ses sentiments, mais il reproduit même parfois ces états expressifs avec l'intention de signifier quelque chose, et c'est là le propre du langage. Qui ne connaît, au moins par ouï-dire, la mimique qu'emploie parfois le chien pour « faire signe » à son maître de le suivre là où il « veut » le mener ? Ces regards de côté qu'il lui jette et qu'il veut rendre expressifs, cette agitation de tout son corps, afin d'attirer l'attention et d'éveiller la curiosité de son maître, ces allées et venues pour lui montrer le chemin, tout cet air particulier qu'il se donne dans un but particulier, n'est-ce pas déjà, à proprement parler, du langage ? D'ailleurs le langage des signes est susceptible d'un usage bien plus grand qu'on ne le croit communément : les peuples civilisés en ont gardé un souvenir dans le divertissement de la pantomime ; quant aux peuplades sauvages, elles s'en servent beaucoup dans la vie ordinaire, moins, à ce que pense Lubbock, à cause de l'absence de mots pour exprimer leurs idées, que de l'extrême variété des dialectes de tribu à tribu : elles arrivent, paraît-il, à converser ainsi avec une rapidité et une aisance vraiment surprenantes ; telle est même la force de cette habitude héréditaire, reste des plus anciennes coutumes humaines, que lorsque les sauvages causent ensemble, entre gens de la même tribu et parlant la même langue, ils n'en accompagnent pas moins leurs paroles de signes manuels, simple répétition de ce qu'ils disent ; mais qui de nous n'a conscience d'une tendance héréditaire qui nous porte à mimer toutes nos paroles, tendance que corrige l'éducation, mais qui est très apparente chez l'enfant et les personnes d'un tempérament exalté et méridional.

Nous arriverions donc à cette conclusion que non seulement l'état primitif de l'humanité a été un état de mutisme, ou du moins ignorant du langage articulé, mais encore que cet état a pu se prolonger fort longtemps, avant que les besoins grandissants de la pensée aient amené l'usage de la parole, et après même que la parole eût commencé d'être employée. Un état de pensée logique assez développé peut, en effet, fort bien s'accommoder de la seule expression mimique. Nous saisissons d'ailleurs dans le signe, le passage, le moyen terme entre l'intuition sensible, l'image individuelle d'un objet et son idée générale dégagée par l'abstraction et exprimée par le mot ; le signe, en effet, est déjà analytique, déjà abstrait ; le premier homme qui, pour signifier un homme à cheval, par exemple, fit ce que font encore les guerriers Peaux-Rouges, c'est-à-dire leva un doigt, puis plaçant l'index de la main gauche entre l'index et le médius de la main droite, imprima à ses mains un rapide mouvement de galop, cet homme était déjà près des idées générales d'homme, de cheval, de vitesse.

III

Mais si haut que la parole nous doive mener, il ne faut pas que nous oubliions pour cela ses humbles commencements et ses conditions physiologiques. S'il faut penser pour parler, il faut aussi avoir un larynx, mieux encore, il faut avoir une ouïe, car, dans l'espèce humaine, le langage ne s'apprend que par imitation et qui dit sourd, dit muet ; il faut enfin qu'aucune lésion n'affecte la fameuse circonvolution frontale gauche, dite de Broca.

Ces premiers points posés, il nous sera encore permis de remarquer qu'il n'y a, entre l'appareil vocal des hommes et celui des animaux, aucune différence ni anatomique, ni physiologique : ce sont les mêmes cordes vocales, les mêmes muscles, les mêmes nerfs, doubles d'ailleurs, comme les fonctions du larynx et venant, les uns, du centre respiratoire, les autres, du centre phonateur. Ainsi s'explique l'expression uniforme, par exemple, d'un cri de douleur chez tout animal, et la sympathie qu'il éveille, qu'il provienne d'un quadrupède ou d'un oiseau en détresse. C'est aussi pour cela que quelques oiseaux parlent fort bien notre langue articulée : quelques perroquets ont été l'objet d'observations célèbres. Ils apprennent leurs phrases exactement comme un enfant apprend sa leçon, en la répétant à plusieurs reprises, et en ajoutant à chaque fois un mot nouveau à ceux qu'ils savaient déjà, jusqu'à ce que la phrase soit complète. On dira à cela qu'ils ne répètent que le vain bruit des paroles, et que ce n'est que pour nous que ce bruit prend un sens, une valeur intellectuelle et mérite le nom de mot. Voilà qui va bien, et nous ne demandons pas mieux ; nous ne tenons nullement à accorder au perroquet une intelligence extraordinaire ; nous sommes persuadés qu'il répéterait l'énoncé d'un théorème, si on se donnait la peine de le lui apprendre, avec autant de conviction que l'insipide question qu'il s'adresse sans cesse au sujet de son déjeuner, et sans y entendre plus de malice. Mais voici mieux : un mot n'est pas seulement le signe sonore d'une idée abstraite ; il peut être employé à évoquer par une association non moins régulière d'idées, l'image d'un objet matériel ; or le perroquet du docteur S. Wilks ne prononce certains mots que lorsqu'ils lui sont suggérés par la vue d'une certaine personne ou d'un certain objet ; il y a un son qu'il ne prononce que quand il y a des noix sur la table ; pour demander de l'eau, il imite le glouglou de la carafe : enfin il sait demander à propos, du fromage, au dessert, et sachant fort bien ce qu'il veut.

Regardez maintenant cet enfant : il a un peu plus de douze

mois ; son développement a été normal, sans retard, ni précocité ; à quatre mois, il émettait des cris et des exclamations variés, mais où l'on ne pouvait distinguer aucune consonne ; à douze mois, il possédait tout le matériel du langage, voyelles et consonnes, et parlait ce ramage, ce gazouillis qu'ont les enfants à cet âge, et qui est, comme on le sait, la langue des anges qu'ils ont rapportée du paradis. Tout ce parler est d'ailleurs déjà d'une richesse, d'une flexibilité dont rien n'approche dans la nature animale. Mais enfin il a parlé, que dit-il ? Il dit : oua-oua, ce qui désigne d'ailleurs pour lui, aussi bien un chien qu'un cheval ; mais le perroquet du Dr Wilks en disait autant, sauf qu'il ne se trompait pas, ayant la généralisation moins prompte et moins téméraire. Il dit encore : ham ! c'est-à-dire : je veux manger ; c'est un geste vocal tout pur ; mais le perroquet sait dire aussi : « Coco a faim » et le chien, quand vient l'heure de sa soupe, sait la réclamer d'une manière non équivoque par un aboi particulier et significatif qu'il réitère au besoin. Il répète encore des mots qu'il a entendus et qu'il a retenus, mais sans y attacher aucun sens, comme un geste vocal intéressant. Il comprend déjà un peu ce qu'on lui dit ; mais un chien sait fort bien ce que veut dire le mot : Pille ! ou le mot : Derrière !... Il est inutile de continuer ; en résumé jusqu'à quinze mois et plus, alors que l'enfant a déjà commencé à parler, on ne découvre encore rien chez lui qui dépasse la portée de l'intelligence animale.

Bientôt il fera de grands et rapides progrès, mais la langue lui sera transmise toute faite et les idées générales toutes préparées ; après avoir commencé par généraliser trop vite et étendre sans mesure le sens des premiers mots qu'il possédait, à mesure qu'il en acquerra de nouveaux, il restreindra ses premières généralisations trop vastes ; mais cette partie de son évolution se fait artificiellement, elle est en dehors des conditions et des limites du point particulier que nous voulons éclaircir.

Mais de cette comparaison entre le langage des animaux et celui des enfants nous pouvons tirer deux inductions de la plus haute importance. L'énigme du langage, le mystère de cette substitution qui fait d'un son le signe d'une idée commence à devenir plus compréhensible pour nous. Le perroquet et l'enfant, nous l'avons vu quand ils créent des mots au lieu de les recevoir tout faits, créent des *onomatopées* ou des *interjections*. Telle dut être aussi la méthode de la primitive humanité : « La voix humaine étant à la fois signe et son, dit fort bien M. Renan, il était naturel qu'on prît le son de la voix pour signe des sons de la nature. » C'est ce que confirme l'étude des langues même les plus vieilles, indo-européennes on sémitiques, où l'on sent encore percer à chaque instant sous le mot l'onomatopée primitive ; en vain ont-ils été usés comme les galets que roule la mer : leur caractère imitatif ne s'est pas encore perdu et des radicaux comme *fren*, comme *strep*, comme *strid* entraînent avec eux leur signification primitive.

L'autre conclusion que nous pouvons encore tirer, c'est que les mots ont commencé par être pris dans leur sens particulier, étroit, matériel. De même les objets eux-mêmes furent d'abord définis par un caractère extérieur, le plus frappant selon les circonstances où ils se trouvaient et les sentiments qui agitaient à ce moment leur spectateur. Ce ne fut que bien plus tard, peu à peu, que l'on parvint à définir l'objet dans son essence générale, par un seul mot qui lui fût toujours et partout applicable. D'autre part on ne dut passer que lentement du sens matériel au sens symbolique et de là à l'idée métaphysique ; au début, tous les mots étaient matériels et concrets. Il y aurait eu ainsi une merveilleuse coïncidence entre le développement du langage et celui parfaitement historique de l'écriture ; on commença en effet par peindre, dessiner, portraicturer les choses particulières, individuelles sous leur face saisissante ; puis, de cette écriture imitative et figurative, par extension analogique on tira une signification symbolique, et l'image du Soleil, par exemple, finit par signifier l'Esprit : ce ne fut que bien plus tard qu'on inventa l'écriture phonétique qui écrit les choses à travers leurs noms.

IV

Nous pouvons saisir désormais dans ses lignes générales le développement du langage. La pensée humaine encore rudimentaire s'exprimait par des gestes, des onomatopées, des interjections ; mais la fonction intellectuelle et logique de l'homme prenait de plus en plus d'importance ; il savait plus qu'imiter les bruits de la nature et associer à ce bruit l'image de l'objet qui le produisait ; il savait encore les comparer, il savait les isoler et même isoler les divers éléments que lui apportaient ensemble l'image indivise ; il n'était pas seulement un écho fidèle de l'univers, son esprit réagissait sur les intuitions de ses sens ou de sa conscience, il les mettait en ordre, les classait déjà, les ordonnait ; c'étaient ces premières tentatives d'obstacles qu'il essayait de fixer dans ses premiers essais de langage articulé ; l'expérience lui apprit la justesse de cette opinion connue « que les mots sont la forteresse de la pensée ». Pour ne pas perdre le fruit de ses premiers labeurs intellectuels, il sut enfin rattacher à un signe tout ce travail abstrait qu'il avait édifié dans sa tête et qui, dans un moment se serait écroulé ; il se servit pour cela de signes vocaux dont l'usage était déjà chez lui prépondérant, car ils pouvaient lui servir à distance et de nuit comme de jour. Aux onomatopées qui exprimaient un caractère particulier, le sens d'un objet également particulier, aux interjections qui exprimaient un état passager de son âme, il finit (après combien d'années d'ignorance et d'inconscientes aspirations, qui le saura jamais ?) par attacher une valeur sinon encore vraiment générale, au moins plus étendue. Pourquoi attacha-t-il tel sens à tel son ?

Qui pourra retrouver la délicatesse de ses impressions, la finesse de ses sens et les capricieux sentiers que suivirent son imagination et ses associations d'idées. Remarquons seulement, qu'autant que nous en pouvons juger d'après les mots qui se créent encore autour de nous, la liaison du sens au mot, si elle n'est jamais nécessaire, n'est jamais non plus arbitraire ; tou-elle est motivée. Pourra-t-on jamais pénétrer le mystère de ces consciences primitives et retrouver leur secret ? Quoi qu'il en soit, nous saisissons le procédé général par lequel l'homme arriva, sans doute à force de tâtonnements et d'agencements, sondant, modifiant, fléchissant ses syllabes, à traduire en sons articulés et modulés sa pensée intérieure, de plus en plus analysée et idéalisée ; le tout évidemment, sans préméditation aucune, selon les lois naturelles, comme les différentes espèces d'oiseaux ont appris à faire leurs nids. Désormais il pourra se mouvoir plus à l'aise au milieu de ses sensations et de ses faits de conscience dont il avait vaguement classé la multitude : il pourra prendre conscience de lui-même et poursuivre de plus en plus aisément cette œuvre de la réduction des choses à l'unité qui est l'œuvre même de la science.

Si nous consultons d'ailleurs, parmi les langues qui se parlent encore sur la terre, celles qui ont gardé leur caractère primitif, nous y retrouvons bien des vestiges de témoignages de cette naissance et de ce développement du mot. Nous avons dit qu'à l'origine chaque objet avait été défini, non dans son essence générale, mais par un caractère objectif quelconque, qui variait selon les circonstances ; nous comprenons dès lors pourquoi les Arabes du désert ont cinq cents vocables pour signifier l'animal que notre langue abstraite désigne d'un seul mot : « lion », et cinq mille sept cent quarante-quatre pour « chameau » ; de même les

Lapons ont trente mots pour signifier « renne », et la « mer » avait quinze noms en vieux saxon. De même on trouve rarement dans les langues de l'Amérique du Nord un terme assez général pour indiquer un « chêne » ; mais il y a un mot pour chêne noir, un autre pour chêne blanc, un autre pour chêne rouge, etc.

Nous disions encore tout à l'heure que l'abstraction partie de son minimum était allée croissant, jusqu'à la haute portée générale qu'ont les termes dans nos langues longuement analysées : aussi est-il fort naturel de trouver des sauvages qui sont à moitié route attardés dans la voie de la pensée ; ces Indiens dont nous parlions tout à l'heure qui ont pas de mot pour « chêne » à plus forte raison n'en n'ont pas pour arbre : il en est de même des Tasmaniens, de même encore de plusieurs tribus brésiliennes. Ces mêmes peuplades ne savent pas davantage ce que c'est que « couleur, sexe, ton, genre, espèce, esprit, » et il ne faut pas nous en étonner : le langage après tout n'a été primitivement inventé que pour servir aux besoins ordinaires de la vie ; ce n'est qu'à un haut degré de la civilisation, que les spéculations désintéressées de la science et de la pensée sont venues le perfectionner et l'idéaliser en le pénétrant d'esprit.

Nous pourrions rassembler bien d'autres exemples du faible degré d'abstraction qu'a atteint l'esprit de certains sauvages ; nous pourrions citer comme exemple de l'origine sensible et concrète du langage, la fameuse métaphore de ces sauvages qui appellent penser « parler dans son ventre » ; mais c'est surtout dans la numération que leur retard apparaît et qu'il éclaire pour nous le développement préhistorique de notre race. Beaucoup ne peuvent compter au delà de dix, très peu au delà de cinq. Dans le monde entier d'ailleurs on se sert des doigts pour compter ; quelquefois après avoir épuisé les doigts des mains on a recours à ceux des pieds, encore la plupart considèrent-ils leurs doigts comme des machines à calculer formidables

Ils s'aperçoivent cependant quand ils perdent une tête de bétail ; mais ce n'est pas parce que le nombre du troupeau a diminué, c'est parce qu'il leur manque une figure de connaissance. Mais voici peut-être le plus curieux: « Quand un Dammaras (peuplade africaine) songe aux nombres, écrit un voyageur anglais, son esprit est trop occupé pour qu'il puisse songer en même temps à la quantité. » Et pourvu qu'on lui mette un rouleau de tabac sur chacun de ses doigts, il ne s'aperçoit pas, paraît-il, si ce sont des rouleaux entiers ou des demi-rouleaux. Aucun exemple ne montre d'une manière plus saisissante l'influence du degré d'abstraction sur le développement du langage et ne fait mieux comprendre leur développement concomitant.

V

Rien ne serait plus intéressant encore que d'étudier la vie même des mots, mais c'est un soin à laisser aux philologues. (V. A Darmesteter, *la Vie des Mots*, 1887.) On verrait comment, semblables en cela aux organismes inférieurs, ils se développent par gemmation et bourgeonnement : comment chaque mot est de plus en plus analysé et porte comme une tige une véritable frondaison de sens, comment ils vivent entre eux, luttant selon les lois de la concurrence vitale, enfin comment ils meurent.

Mais les mots ne suffisent pas pour former une langue : ils n'en sont que les éléments ; il faut qu'au vocabulaire vienne s'ajouter une grammaire ; c'est celle-ci qui forme le fond de la langue, qui est le moule où les mots viennent prendre corps ; elle crée les phrases exprimant les rapports et les jugements avec des mots exprimant des idées. C'est à elle que les langues diverses doivent leur individualité. Les mots s'empruntent, s'oublient, se renouvellent, s'altèrent, se transforment, le moule de la langue ne change pas ; si les formes grammaticales sont conservées, la langue elle-même n'aura pas changé. C'est ainsi que l'anglais est resté au fond une langue germanique, malgré les vingt-cinq ou trente mille mots français qui ont envahi son vocabulaire, et cela parce que sa grammaire est restée germanique.

C'est à la grammaire comparée et à la syntaxe historique, sciences de formation récente, qu'incombe le soin d'étudier les divers systèmes de grammaire et de syntaxe, de les analyser et d'en examiner les rapports avec les formes logiques de l'entendement ; et enfin d'en donner, s'il se peut faire, une classification générale. Mais ces sciences sont encore loin de cet idéal ; les philologues sont plutôt tentés de voir dans les divers systèmes des formes irréductibles les unes aux autres, manquant encore du point de vue supérieur d'où l'on en pourra faire la synthèse.

Ce n'est pas cependant qu'on n'ait déjà tenté de distribuer et de classer toutes les langues connues sur la surface du globe d'après leurs systèmes grammaticaux. On connaît la célèbre théorie de Max Müller et sa classification morphologique des langues en monosyllabiques (en chinois), agglutinantes (en turc), et flexionnelles (en grec, sanscrit, latin, etc.) ; bien plus, selon lui, toutes les langues auraient passé de l'état monosyllabique, par la période agglutinante, pour arriver enfin à leur système de flexion. Enfin le philologue anglo-germain couronne sa théorie par une vue sur l'unité primitive du langage, qui nous ramène, comme nous le disions plus haut, au premier couple humain des traditions bibliques ; il est curieux de voir que le darwinisme entendu par certaines personnes, bien loin de répugner à l'idée d'un couple primitif, y conduit. Mais ce sont là des hypothèses indémontrées et indémontrables, critiquables d'ailleurs à plus d'un chef, nous dirons même réfutables. Notre ambition serait de trouver une loi de l'évolution des langues appuyée sur des faits certains et vérifiables.

VI

Or s'il existe une tendance ou une marche des langues qui soit aujourd'hui démontrée, c'est celle qui les fait passer sans cesse d'un état plus synthétique à un état plus analysé. Cette loi se rattache naturellement à ce progrès concomitant de l'abstraction et du langage que nous avons signalé plus haut ; elle a pour elle tous les faits les mieux constatés de la linguistique. Que ce soit en France, en Italie, en Espagne ou en Grèce, sur les bords du Danube ou sur ceux du Gange, partout la langue ancienne a été traitée selon cette même loi ; comme les langues romanes plus analytiques sont sorties du latin plus synthétique, de même les idiomes hindoui-bengali, etc., sont sortis par une croïssante analyse du prâcrit et du pali, langues déjà moins synthétiques que l'antique sanscrit. M. Renan a démontré que la même évolution s'était produite dans les langues sémitiques ; pour lui cette loi est même la meilleure preuve de ce qu'il y a de nécessaire dans la marche des langues. Partout la langue ancienne, synthétique et complexe dans ses formes, a été brisée, fractionnée, analysée ; les flexions se sont perdues ou se sont détachées, les déclinaisons ont presque disparu, les conjugaisons se sont simplifiées par l'adjonction d'un grand nombre d'auxiliaires : là où le latin disait *amabor*, le français dit : *je serai aimé*; l'anglais, *I shall* ou *I will be loved* ; l'allemand lui-même, si synthétique encore, *ich werde geliebt werden.* Un exemple aussi simple est assez concluant.

Mais ce n'est pas tout ; nous n'étions pas sortis jusqu'ici des langues flexionnelles ; or, si nous consultons les langues environnantes, nous verrons s'appliquer la même loi, et les langues devenir plus synthétiques à mesure qu'elles seront moins perfectionnées ; ainsi le mogol décline un firman tout entier ; le basque a conservé onze modes pour les verbes et une prodigieuse variété de formes grammaticales et de flexions ; le lapon, le groënlandais ne font qu'un seul mot de toute une phrase ; dans l'écriture dévanagarie, l'hindou en fait autant. Enfin, citons un dernier fait qui cadre non moins à souhait avec ce que nous avons dit de l'origine du langage : le verbe *être* est, de l'aveu de tous, le plus abstrait et le plus métaphysique de tous les verbes ; aussi n'existe-t-il pas dans toutes les langues : c'est même son absence qui fait l'extrême complexité des langues de l'Amérique septentrionale. En effet, le verbe *être*, qui a tant simplifié la conjugaison passive et même active des verbes, manque à presque tous les idiomes des Américains ; aussi ceux-ci sont-ils obligés de suppléer à son absence en faisant des verbes de presque tous les adjectifs et de presque tous les substantifs, et en les conjuguant avec toutes les inflexions de mode, de temps et de personnes.

VII

Ceci suffit, je pense, pour que la preuve soit faite; nous aurions aimé à reconnaître le peu de fondement de l'hypothèse de Max Müller; comme l'avait déjà dit M. Renan, il est faux que la simplicité soit par nature antérieure à la complexité. Nous trouvons au contraire à l'origine, dans les langues comme dans les époques antédiluviennes de la nature, l'exubérance et le riche et confus mélange de formes. Jamais les racines de M. Max Müller n'ont existé à l'état isolé : « Ce ne sont encore une fois que des abstractions grammaticales ; et si l'on voulait absolument fondre toutes les langues dans une classification morphologique, les faits qui précèdent donneraient plutôt à penser que le monosyllabisme chinois serait le dernier état auquel tendent les langues (ce qui est surtout visible dans l'anglais), et où la vieille et ininterrompue civilisation de l'Empire du Milieu l'aurait fait arriver avant nous.

Cette théorie en entraîne une autre sur l'origine même des langues : il nous est impossible de croire avec M. Müller ou M. Ferrière, dans son petit livre sur le Darwinisme, que toutes les langues soient des dialectes dérivés d'une langue première parlée par un couple humain primitif. Nous pensons avec M. Hovelacque que ce sont là des idées aventureuses, auxquelles personne n'aurait jamais pensé, si dès la jeunesse on ne nous avait entretenu l'esprit de la fable hébraïque monogéniste. Nous croirions plutôt à l'apparition sur plusieurs points des représentants de l'espèce humaine ; et quant à ce qui regarde les langues, non seulement les langues primitives auraient été chacune on ne peut plus exubérante et synthétique, comme le ramage modulé de l'enfant, mais encore elles auraient été d'une indétermination et d'une variété extrêmes, individuelles ou tout au plus familiales et morcelées à l'infini. Tels sont encore les dialectes de l'Amérique du Nord.

Ainsi, il aurait existé primitivement un nombre prodigieux de langues dont le plus grand nombre a péri. A cette existence confuse et simultanée d'innombrables variétés dialectiques, aurait succédé la période de l'existence indépendante des divers dialectes, constitués aux dépens de leurs voisins et seuls subsistants de tous les idiomes antérieurs, qu'ils auraient étouffés dans le combat pour la vie. Qu'un de ces dialectes (chez nous celui de l'Ile-de-France), vienne à prédominer, vous avez une langue nationale qui tend à détruire les dialectes provinciaux et les patois locaux. De la mort des langues intermédiaires proviendrait la différenciation profonde que l'on remarque entre les organismes de chaque langue.

Telle serait notre manière d'entendre le darwinisme en fait de langage. On voit d'ailleurs qu'au fond, cette loi que nous venons d'exposer de l'évolution des langues, n'est que l'interprétation et l'adaptation à un cas particulier de la grande loi même de l'évolution que Spencer a posée, en disant que tout va de l'homogène à l'hétérogène, par une différenciation continue ; nous entendons que tout va du synthétique à l'analytique et par l'analytique à l'uniformité ; déjà en effet, quelques évolutionnistes font prévoir le temps où les diverses langues d'Europe, si diverses et irréductibles qu'elles semblent, finiront, grâce à la force des relations journalières, en dépit de leur énergie conservatrice, par se fondre et s'unifier.

LIVRE QUATRIÈME

L'EVOLUTION SOCIALE

CHAPITRE PREMIER

Introduction et Méthode

La science moderne atteint des phénomènes qui se passent à des millions de lieues, qui se sont accomplis depuis des milliers d'années ; elle avance toujours. Grâce à elle, nous avons pu assister à la genèse des mondes : nous avons vu au sein de la primitive nébuleuse se former notre système solaire ; entraîné dans ce système, notre globe, petit soleil à moitié refroidi, se couvre bientôt, comme un fruit mûr, d'une légère efflorescence de vie. Celle-ci apparaît tardivement, au moment où la rend possible la chaleur centrale diminuée par son rayonnement dans les espaces froids. Désormais, en dépit des cataclysmes géologiques, cette vie ne doit plus périr, jusqu'au jour où de nouvelles conditions de température la rendront de nouveau impossible. Nous la voyons se développer par une évolution lente, mais sûre, formant des organismes de plus en plus complexes, c'est-à-dire de plus en plus parfaits ; on peut suivre ses étapes, depuis le lichen des premiers âges qui rampait sur les roches ignées et nues, jusqu'au chêne tordant ses racines puissantes dans la profonde couche d'humus formée par les débris de générations de plantes disparues ; depuis le polypier qui poussa le premier ses rameaux vaguement animés au sein des mers encore tièdes, jusqu'aux mammifères supérieurs qui peuplent la terre refroidie. On voit le système nerveux d'abord formé chez l'insecte de plusieurs centres reliés entre eux, se partager chez les vertébrés en système cérébral et en système sympathique, puis ce système cérébral lui-même devenir prépondérant et soulever enfin de terre les membres antérieurs ; en même temps, on assiste à la naissance et au progrès de l'instinct, de la sensibilité, de la conscience, de la personnalité, de la pensée. Comme couronnement de cette longue série de transformations successives, continuées à travers les âges géologiques, l'homme nous est enfin apparu ; nous l'avons retrouvé à sa trace au fond d'un passé dont aucune tradition n'avait gardé le souvenir, brut, ignorant de tout, à peine différent des animaux dont il venait de sortir, mais il ne s'est pas trouvé vainement en tête de la série indéfiniment perfectible des mammifères. C'est en lui que la pensée a pris jusqu'à ce jour son plus grand essor. C'est par lui que cette production rare et tardive de la terre, représentée à peine par environ quinze cents millions (1,434 millions) d'êtres pensants, a renouvelé la face du monde.

Il semble donc qu'il n'y ait plus maintenant qu'à retracer les progrès successifs par lesquels l'Européen actuel est descendu de l'homme néolithique. Mais si nous nous arrêtions là, notre étude serait incomplète et il manquerait quelque chose à notre démonstration.

Il ne nous suffit pas d'avoir indiqué la place de l'homme dans l'univers, d'avoir montré comment il a pris la prépondérance sur les autres animaux, de l'avoir conduit jusqu'au seuil de l'histoire, il faut aussi que nous expliquions l'origine des idées et des croyances qui sont le fond même de notre esprit. Trop souvent, en effet, on s'imagine que la famille, la propriété, la religion sont des institutions tout d'une pièce, sans lesquelles il serait impossible de concevoir une humanité. Nous allons montrer, au contraire, que ces idées, que ces forces sociales ont apparu successivement. La grande loi du monde physique : rien ne se crée ni dans le domaine de la matière, ni dans celui de la force, est vraie encore du monde moral. On ne saurait pas plus créer une idée qu'un atome. Rien n'est plus intéressant, en effet, que d'étudier les humbles origines de ces idées, de ces institutions qui règlent les rapports des hommes entre eux et leur assurent une si incontestable supériorité sur tout le reste du monde organisé.

Or, si l'on veut trouver la raison principale de cette supériorité définitive de l'homme, et de cette avance rapide qu'il a su prendre sur toutes les autres espèces, c'est dans son aptitude spéciale à s'organiser en société qu'il faudra la chercher. On sait la définition que donnait de lui celui qu'Auguste Comte appelait l'incomparable Aristote : « C'est, disait-il, un animal sociable, πολιτικὸν ζῶον. » Ce n'est pas à dire que ce soit là un fait absolument nouveau et qui attende, pour se manifester, l'apparition de l'homme. Outre que tout individu vivant est formé par une société de cellules vivantes, on trouve des traces d'association dans la nature, depuis l'infusoire jusqu'aux bandes de mammifères : ici encore, le progrès est marqué par de nombreuses étapes. On a pu distinguer des sociétés accidentelles et passagères, des sociétés normales, c'est-à-dire « telles que leurs membres ne peuvent à la rigueur exister sans l'aide les uns des autres ». Ce sont des sociétés de nutrition ou de reproduction.

Parmi ces dernières même, on distingue facilement les familles où le sentiment maternel prédomine (fourmis et abeilles), et celles où le rôle du mâle a de même son importance particulière (Poissons, Reptiles, Oiseaux, Mammifères). Nous arrivons ainsi jusqu'à de véritables peuplades ; les groupements d'êtres vivants n'obéissent plus à l'impulsion des forces physico-chimiques ou des excitations physiologiques, mais à l'invitation des penchants sympathiques. Bientôt nous arrivons dans l'homme à un nouvel ordre de choses : nous voulons parler d'intelligence et d'amour. Ainsi tout prend une face nouvelle. Du sein de l'organisme matériel surgit un monde nouveau : celui de la société.

Nous voyons donc que, vouloir découvrir les lois de la vie sociale dans l'homme, sans les rapprocher des autres manifestations de la vie sociale dans la nature, est une tentative aussi vaine qu'elle est fréquente. Cette étude nous mènera à une science que Platon, Aristote, Machiavel, Montesquieu, Vico, Condorcet, Saint-Simon avaient pressentie, qu'Auguste Comte a fondée et à laquelle il a donné le nom de *Sociologie*. Cette science, ébauchée par la sagesse antique, a dû attendre jusqu'au milieu du XIXe siècle la main qui devait lui tracer ses limites et la constituer définitivement ; il lui fallait, en effet, une longue préparation : il fallait, comme le dit éloquemment M. Espinas, que l'homme eût étudié les idées abstraites de nombre, mesuré les mouvements concrets des astres, déterminé la loi des changements extérieurs des corps, pénétré les changements intérieurs des molécules ; et après tout ce travail mathématique, astronomique, physique, chimique, il fallait encore que la biologie observât ce qu'il y a de constant dans les phénomènes de la vie, démêlât les lois générales de l'organisation et pût transmettre à la sociologie sa méthode élaborée et les principes essentiels qui devaient lui servir de base. D'autre part, il était nécessaire que la société humaine, objet même de son étude, atteignît une pleine conscience de son unité, pût être conçue comme une individualité. A ce moment, la sociologie apparaît dans son indépendance et sa supériorité. Elle se distingue des sciences qui envisagent la société sous un point de vue plus restreint, l'Histoire, l'Économie politique, la Statistique, la Physique et l'Arithmétique sociale, comme de l'Ethnographie et de l'Anthropologie ; ces sciences ne sont que ses servantes. Mais elle a pour objet, dit Comte, « cet immense organisme », le plus vivant des êtres connus, qui se compose des hommes actuellement vivants et de tous les hommes disparus qui vivent dans la pensée de leurs descendants, organisme dans lequel l'individu humain est comparable à cette cellule que nous avons vu sortir du protoplasma primitif pour constituer le tissu vivant. Cet être est le plus réel, car il n'y a au fond de réel que l'Humanité; ce n'est pas assez dire, cette unité sociale humaine, universelle et future, est sortie depuis longtemps des régions de la pensée, pour se réaliser au moins partiellement et entrer dans le domaine du fait et de l'histoire. Cet être est le plus composé; il est aussi le plus spécial de tous, en même temps que le plus variable, soumis à toutes les influences naturelles et, en outre, aux phénomènes sociaux. Tel est l'être collectif humain, objet distinct de cette science distincte, la sociologie.

On ne conteste plus guère à la sociologie le droit de prendre rang dans l'ensemble des connaissances humaines : mais il serait prématuré de dire qu'elle est déjà arrivée à des résultats définitifs et à des lois indiscutables. Moins avancée que ses aînées, les sciences mathématiques, cette dernière venue a encore de grands progrès à faire ; sa genèse demandera des siècles, et l'incessant labeur de patients ouvriers se relevant et se succédant pendant des séries de générations. Nous trouverons la raison du développement tardif de cette science dans la complexité même et la spécialisation de son objet. Il n'est pas contestable que les faits sociaux sont, avec les faits psychologiques, ceux qui ont donné relativement lieu à la plus grande quantité d'observations, et de l'autre ont laissé le moins apercevoir les relations uniformes qui les unissent entre eux. Il s'agit aujourd'hui d'augmenter encore le nombre des faits observés et d'en tirer des lois, c'est-à-dire les rapports de ces faits entre eux. En attendant cet immense préliminaire, il n'y a de possible que des ébauches sociologiques.

L'état actuel de la sociologie et les conditions de son développement nous dictent notre méthode ; on a voulu quelquefois la traiter comme l'histoire. « Si la sociologie pouvait se constituer, disait Jouffroy, elle supprimerait l'histoire proprement dite. » Il n'en est rien ; l'histoire s'occupe des faits et considère une suite d'événements ; elle cherche le passé. La sociologie, au contraire, porte les lois, elle met tout au présent comme la science ; elle se rapproche de l'histoire, puisqu'elle examine comment les faits se passent dans les sociétés humaines, mais elle s'en dégage en ce qu'elle doit être la science universelle des sociétés ; elle ne doit pas faire seulement appel aux événements, étudier une société : elle étudie la société, les règles communes au développement de toutes les sociétés.

On a voulu aussi rapprocher la méthode de la sociologie de celle des sciences physiques et biologiques ; en effet, la physique comme la sociologie, considère comment les phénomènes se comportent dans le monde dont elle ne retrace pas l'histoire ; elle décompose de même les faits en éléments simples, pour chercher les différents éléments d'organisation. On a tenté une assimilation plus directe encore avec la biologie : celle-ci est la science des fonctions vitales ; la sociologie, dit-on, est la science des fonctions sociales. Herbert Spencer a soutenu cette théorie jusque dans ses plus extrêmes conséquences ; pour lui, les hommes sont comme les cellules dans notre corps ; le système circulateur du sang répond au commerce qui porte la nourriture aux différentes parties du pays ; le système nerveux, c'est l'administration et la politique ; le centre du gouvernement est l'encéphale : tout y aboutit, et c'est de là que procède l'organisation. Il y a des organisations secondaires qui, comme les réseaux capillaires, sont subordonnées aux grandes cités qui sont les artères ; le muscle du pays, c'est l'armée. Spencer pousse ses comparaisons plus loin encore ; selon lui, dans la société primitive, chez les sauvages, il n'y a ni division ni échange ; quand la tribu se développe, la division s'opère, de même que les ovules se segmentent; puis, la famille se forme, comme il se produit des granulations sur les ovules qui se groupent autour d'une autorité centrale, d'un système cérébro-spineux. La conclusion de ces théories serait une assimilation absolue entre les méthodes des sciences sociologiques et biologiques. Mais nous ne pouvons avoir recours ni à une méthode purement historique, ni à la méthode uniquement descriptive des sciences biologiques : la sociologie doit se servir tour à tour des différentes méthodes.

Ici se présente une nouvelle difficulté : où trouverons-nous les documents précis qui serviront de matière à notre méthode historique? Jusqu'ici nous pouvions fonder nos théories sur des calculs et des observations scientifiques d'un caractère éminemment précis ; maintenant, quand il s'agit non seulement de retracer le tableau de notre société actuelle, mais encore de décrire depuis l'origine l'évolution sociale du genre humain, où trouverons-nous les données nécessaires à cette étude ?

Une première réponse se présente : ces documents si précieux, c'est à la géologie, à l'anthropologie, à l'ethnographie que nous pourrons les emprunter pour les étudier à notre point de vue. Grâce à ces sciences, nous briserons les limites de l'histoire, nous pénétrerons bien au delà des temps marqués, chronologies égyptiennes ou chinoises; nous retrouverons non seulement le squelette de l'homme quaternaire, mais ses armes, ses outils, ses bijoux, ses fétiches. Au delà du temps de la claire lumière historique, plus loin que les plus antiques traditions de ceux qui sont pour nous des anciens, nous pouvons saisir l'homme primitif dans ses poses vivantes, dans sa vie aventureuse, au milieu de ses chasses et de ses pêches, sous l'abri de ses cavernes ou de ses habitations lacustres; nous le voyons dresser ses monuments mégalithiques ou tailler les silex et les os ou les cornes en haches et en flèches, et les orner de dessins primitifs. Nous pouvons même le voir errer sur la terre en hordes nomades très peu nombreuses, à la manière des singes anthropomorphes contemporains.

Mais ces pierres gigantesques, ces os dispersés, ces armes de pierre, ces harpons d'os barbelés, ce sont là de bien muets témoins, et qui ne peuvent que nous renseigner imparfaitement sur la mortalité et la moralité de leurs auteurs. C'est ici qu'une science nouvelle vient à notre secours : on a été frappé de nos jours d'une étrange similitude entre l'industrie et le genre de vie des sauvages préhistoriques et ceux de nos sauvages contemporains.

Ce fait, signalé pour la première fois par Jussieu, en 1723, a été pour nos sociologistes un trait de lumière. Ces ressemblances se sont multipliées à mesure que l'archéologie préhistorique a fait des progrès. On a retrouvé dans la main des sauvages de l'Australie, de l'Amérique et de la Nouvelle-Guinée ou de la Nouvelle-Calédonie, les haches et les fers de lance, les bâtons de commandement, découverts dans les ables de la Somme, les grottes de la Vézère ou sous les dolmens du Morbihan ; on a retrouvé, dans cette même Nouvelle-Guinée, les villages lacustres pareils à ceux que décrit Hérodote ou que l'on trouve en Suisse, dans la vallée du Rhône. On pourrait multiplier ces exemples à l'infini : ceux-ci sont caractéristiques. « Il en ressort une conclusion incontestable et que déjà bon nombre d'anthropologistes et de sociologistes ont adoptée ; la voici : les races inférieures contemporaines reproduisent, d'une manière générale, l'humanité primitive ; la préhistoire vit encore sous nos yeux. » (Letourneau.) Ainsi, à côté de la préhistoire morte, nous pouvons placer maintenant la préhistoire vivante et éclairer l'une par l'autre. Désormais, un champ immense s'ouvre à nos investigations : plus de miracle humain ; on peut suivre pas à pas l'évolution de l'humanité. On comprend que la création est un mot vide de sens. Les générations disparues sortent du tombeau sans qu'on les évoque, « la reconstruction du passé n'est plus qu'une affaire de description ; nous pouvons faire, en quelque sorte, l'embryologie de toutes nos institutions sociales. »

Et comme nous avons vu l'homme dans sa vie utérine reproduire toutes ses formes ancestrales, depuis la cellule jusqu'à la forme simiesque, en passant par tous les degrés des vertébrés et des invertébrés, de même pouvons-nous voir sous nos yeux revivre les formes sociales du passé et, en nous déplaçant dans l'espace, assister à l'évolution du temps. Ainsi donc, rien ne doit plus nous arrêter : nous avons une matière, et une matière ramenée aux conditions descriptives de notre étude. Nous n'avons plus qu'à suivre, dans un sujet si complexe, le plan le plus logique et le plus simple. Nous commencerons à étudier la formation de la *famille* : matriarcale dans le principe, puis patriarcale ; nous la verrons sortir peu à peu de la promiscuité primitive et passer par la polygamie, la polyandrie, la monogamie et les divers modes de mariage. Puis nous verrons la *propriété*, d'abord collective et ethnique, se morceler lentement en propriété de clans, de familles et enfin en domaines individuels. Nous assisterons à la transformation des *organes* depuis le culte des animaux et des phénomènes terrestres et célestes ; nous étudierons les formes diverses de la religion, et nous les jugerons au nom de la raison et de la science. En même temps, se sont développées les *organisations sociales* depuis la horde, par les castes, les royautés despotiques, la cité grecque et l'état romain, jusqu'à notre société actuelle. Alors, après avoir amené ces évolutions jusqu'au moment actuel, nous contemplerons l'état moderne dans sa vaste synthèse ; nous verrons ce qu'il a retenu du passé jusqu'au sein d'une civilisation avancée. Nous verrons ce qu'il faut condamner ou renforcer, les éléments qui doivent mourir ou vivre, et nous déterminerons depuis l'origine la loi de son développement vers l'émancipation physique, morale et intellectuelle de l'homme.

CHAPITRE II

La Famille

Pour retracer les origines et l'évolution de la famille, nous étudierons d'abord la constitution du mariage qui en est le fondement et le premier stade, puis le développement concomitant de la parenté jusqu'à sa fixation définitive. Nous la verrons sortir de l'accouplement animal et de la promiscuité primitive; nous verrons ensuite se former des unions sexuelles, ou, si l'on veut, des mariages d'une infinie variété, selon les nécessités ethniques ou climatologiques. Mariage libre, mariage temporaire, mariage partiel, mariage par achat ou par capture, mariage endogamique ou exogamique, polyandrie, polygamie, monogamie; l'instinct sexuel primordial a revêtu mille formes diverses. Nous tâcherons cependant de débrouiller cette multiplicité de coutumes et d'y trouver une loi et un progrès; nous verrons en même temps la parenté fondée d'abord sur le droit de la mère, passer du matriarcat, par des coutumes intermédiaires, au patriarcat; et les liens de la famille s'élargir, se fixer et se préciser peu à peu.

Si nous voulons remonter aux origines, il n'est pas inutile de jeter un coup d'œil sur les formes que présente dans le règne animal, l'union des sexes; nous y trouverons de singulières analogies avec les modes qu'affecte cette même fonction de reproduction chez l'homme primitif et le sauvage. La plupart des animaux s'accouplent au hasard du besoin, sans choix et sans règle; tantôt ils se quittent aussitôt le désir assouvi, tantôt après que les petits sont élevés ; la femelle du crocodile de rivière a déjà quelque sollicitude pour ses petits dont elle surveille l'éclosion ; la femelle de l'oiseau et du mammifère les entoure de soins vigilants et passionnés ; souvent le mâle l'assiste dans cette œuvre d'éducation : ainsi se forme une sorte de famille temporaire dont la femelle est le centre. Le matriarcat, le « mutterrecht » ou droit de la mère est en germe dans le règne animal. Parfois le mâle s'approprie un certain nombre de femelles : notre coq de basse-cour est le type de l'animal polygame. D'un autre côté, un macaque de l'Inde et la perruche illinoise nous donnent d'éclatants exemples de monogamie et de fidélité, qui va jusqu'à la mort. Enfin la reine des abeilles et celle des fourmis sont polyandres : il est vrai qu'ici le cas se complique ; nous trouvons en même temps, dans ces espèces éminemment sociables, réalisé comme un rêve platonicien de république idéale : le sens social y est si développé l'abnégation individuelle et le principe de la division du travail poussés si loin, que certains individus seuls sont affectés à la reproduction et que l'Etat se charge d'adopter et d'élever les jeunes ; des sociologistes ont vu là un exemple de désintéressement tel que nos sociétés n'en pourraient offrir de pareil : « Car il semble bien, dit M. Letourneau, que le célibat des lamas thibétains et autres ait un tout autre but que de se livrer au travail dans l'intérêt du corps social tout entier. »

Mais si certaines espèces animales ont réalisé par l'instinct un idéal social supérieur à celui de l'humanité, en revanche l'humanité n'a rien à envier aux animaux pour la bestialité des relations sexuelles. Sans doute la promiscuité la plus entière régna à l'origine. Selon les traditions chinoises, les femmes auraient été communes jusqu'au règne de Touhi ; en Grèce, c'est au personnage mythique d'Orphée qu'est rapportée l'abolition de cet état de choses. Lucrèce, dans la description qu'il fait du génie des premiers âges, en avait eu l'intuition vague : *Et Venus in silvis jurgebat corpora amantum.* Et de fait, aujourd'hui encore, c'est dans les fourrés, en plein jour, que les habitants de la Nouvelle-Calédonie ou de la Nouvelle-Guinée s'accouplent, *more Canino*, comme disent les théologiens. Chez les Andamanites la promiscuité est toute animale : toute femme qui s'aviserait de résister à un des membres de la tribu encourrait un grave châtiment. L'indifférence animale qui préside à ces hymens sauvages est un trait souvent rapporté par les voyageurs « Au Yariba (Afrique centrale) dit Londer, il importe aussi peu à un homme de prendre une femme que de couper un épi de blé. » On ne trouve chez les Algonquins, ni chez les indigènes de la Californie, ni dans certaines tribus aborigènes de l'Indoustan, non seulement pas de cérémonies de mariage, mais même un mot signifiant « aimer » ou « se marier ». C'est à peine si l'homme et la femme restent ensemble jusqu'à ce que l'enfant soit sevré : cette famille n'est pas supérieure à celle du chimpanzé.

Ainsi il est probable que la première forme des relations sexuelles dans le sein de l'humanité fut celle de la promiscuité animale. Nous pouvons cependant saisir dans certaines peuplades des indices de progrès vers un état supérieur ; la promiscuité va se restreignant de plus en plus, mais il semble qu'avant d'appartenir à un seul homme, il faille encore que la femme paye sa dette à la communauté. C'est ainsi qu'autrefois les vierges de la Babylonie et de l'Inde devaient se prostituer une fois au moins dans le temple de Mylitta ou de Jaggernaut. Chez les Sonthals, une des tribus aborigènes de l'Inde, l'époque où les mariages se célèbrent est précédée de six jours de promiscuité. En Australie, dans le sein de la tribu, on célèbre certaines fêtes donnant aux jeunes gens la liberté et le signal des accouplements. Dans la plupart des tribus d'Afrique on fait peu de cas de la chasteté des filles : chez les Arabes Touaregs, il est d'usage que la jeune fille regagne par la prostitution l'argent qu'elle a coûté à ses parents et elle est d'autant plus recherchée en mariage qu'elle a eu plus de succès dans ce commerce. Mais ces faits n'en sont pas moins un acheminement vers un état de promiscuité restreinte et, si l'on veut appeler de ce nom une union bien facile et bien fragile, le mariage.

L'institution en effet commence à naître, alors qu'un individu peut réussir à monopoliser, pour ainsi dire, une ou plusieurs femmes, et à n'en disposer qu'à son gré. Cela ne dut pas se faire sans difficulté ni sans combat des forts contre les faibles : chez les Indiens de la baie d'Hudson, tout homme a le droit d'en provoquer un autre au pugilat pour la possession de sa femme : et celle-ci appartient de droit au plus fort. En réalité ces hommes combattent entre eux pour la possession des femelles comme les lions et les cerfs, et la femme comme la femelle trouve aussi naturel de devenir la possession du vainqueur. Il ne faudrait pas croire non plus que cette liaison fût fondée sur l'égalité des deux parties contractantes et leur mutuel vouloir; ce mariage primitif n'eut que deux fondements : le rapt et postérieurement l'achat, selon qu'il fut exogamique ou endogamique, c'est-à-dire contracté en dehors ou dans le sein de la tribu. L'Australien étourdissant d'un coup de dovat une femme isolée, l'entraînant par les cheveux dans le fourré et la forçant à le suivre, nous représente la forme primitive du mariage; il y a mariage, en effet, si l'on entend par là qu'il y a une relation particulière entre un homme et une femme déterminés, mais cette relation n'est que de maître à esclave. Cette relation ne change pas dans le cas d'un simple achat endogamique : la fille n'est pas le moins du monde consultée. En Afrique, par exemple, on l'achète à ses parents pour des jarres de vin de palme, une pièce d'étoffe, des verroteries : le plus souvent on la retient d'avance depuis l'âge de cinq ou six ans ; la femme devient dans tous les cas la propriété de son mari; il a droit de la traiter à sa guise et il le fait avec une brutalité sans bornes : il peut la prêter ou la louer à tout venant. Chez certains Indiens d'Amérique, chez les Esquimaux, en Australie, c'est là une source de revenus ou l'indice d'un beau caractère : l'opinion a un peu changé, mais l'usage est resté le même. Enfin, si l'infidélité non autorisée est interdite et souvent brutalement punie, c'est que cette infraction aux droits du mari est un grave attentat à la propriété ; il n'entre pas, dans cette répression de l'adultère, l'ombre d'un sentiment de jalousie plus ou moins raffiné.

Tel est le fond du mariage primitif : c'est sur ce thème que se sont brodées selon les pays mille pratiques bizarres où l'on retrouve cependant des souvenirs des antiques coutumes. Ainsi les diverses peuplades sauvages se sont partagées sur le point du mariage endogamique ou exogamique. On a voulu quelquefois regarder l'exogamie comme la première et universelle étape du mariage humain. La rareté des femmes, due surtout à la coutume de tuer comme embarrassants les enfants du sexe féminin, aurait conduit à la fois à la polyandrie dans le sein de la tribu et à l'enlèvement au dehors ; mais cette théorie prête à de nombreuses objections : l'exogamie ne peut jamais avoir existé d'une façon absolue chez des tribus voisines ; elle peut seulement avoir été la loi de quelques-unes d'entre elles. On doit plutôt rattacher la naissance de l'exogamie à cette coutume universelle d'enlever les femmes des vaincus comme faisant partie du butin, et à l'idée de valeur et de gloire militaire qui s'attache au fait de posséder des femmes étrangères, sans parler de l'utilité d'avoir à son service un plus grand nombre d'esclaves. Presque partout encore le jeune sauvage candidat au mariage doit avoir donné quelque preuve de virilité ; sans doute la femme enlevée dut être primitivement le trophée et le prix de sa valeur : à mesure que l'ambition d'avoir des femmes étrangères s'accrut ainsi, la flétrissure s'attacha à ceux qui n'avaient pas su s'en procurer. On simula du moins un enlèvement et on s'allia avec les filles de ces femmes étrangères considérées comme étant au même sang que leur mère ; on fut amené aussi peu à peu à une sorte d'endogamie. Mais celle-ci n'en fut pas moins primitive dans certains tribus paisibles et sédentaires : ainsi les naturels de la Nouvelle-Zélande défendent d'épouser une femme appartenant à une autre tribu, et les Tartares Mantchoux ou les Kalangs de Java interdisent le mariage entre individus dont le nom de famille est différent. Au contraire, les tribus des Peaux-Rouges, par exemple, divisées en clans (ayant un blason ou *totem* distinct) défendent toute liaison matrimoniale entre gens ayant le même totem. Mais c'est surtout dans le cérémonial du mariage que l'on se souvient de la forme primitive du rapt exogamique ; ce rapt fut soumis à la ratification des parents et de la tribu. Bientôt il devint de plus en plus, dans les deux cas, une comédie concertée et sous cette forme il ne sortit pas des mœurs ; partout et dans tous les temps on voit le fiancé simuler la violence, et la fiancée apporter une résistance feinte ou réelle et soutenue parfois par les femmes de sa tribu, tandis que le fiancé appelle ses amis à l'aide. Les voyageurs ont décrit beaucoup de scènes de ce genre ; chez les peuples d'Orissa le jeune homme escorté de ses amis emporte sur le dos sa fiancée enveloppée dans un drap écarlate : il est reconduit à coups de pierres jusqu'à son village par toutes les anciennes compagnes de la jeune fille. En Malaisie, il faut que le jeune homme rattrape à la course la jeune fille à qui on a donné quelque avance ; ou bien il doit la retrouver dans la forêt où elle se cache ; il part à sa recherche une heure après son départ et il doit la ramener avant la fin du jour. Chez les Turcomans et les Kalmoucks, la femme fuit à cheval et ne la rattrape, dit-on, que qui lui plaît. Chez les Kamtchadales, le prétendant doit fendre un groupe de femmes pour arriver à sa fiancée, puis en dépit des couvertures et des vêtements dont elle est recouverte, il doit pratiquer un attentat à la pudeur poussé plus ou moins loin. (Letourneau.) Au Groënland le jeune homme fait enlever sa fiancée par deux ou trois vieilles. En Afrique, chez les Mandingues se pratique de même un enlèvement tantôt simulé, tantôt réel, après accord fait avec les parents. En Circassie, le mariage est légal lorsque le fiancé a réussi à enlever au milieu du banquet de noces sa femme future ; selon Spencer il doit, de plus, fendre le corset de sa femme, d'un coup de poignard. Enfin on retrouve un dernier souvenir du rapt primitif dans la coutume de soulever la fiancée au-dessus du seuil de la demeure de son mari, coutume usitée à la fois en Grèce, à Rome, chez les Peaux-Rouges du Canada, en Chine et en Abyssinie. Comme dernier trait et phénomène de survivance, on pourrait rattacher à cet ensemble de coutumes, celle du voyage de noces, sorte d'enlèvement de la jeune mariée que son seigneur et maître emmène loin de ses parents et de ses amis.

D'autres coutumes plus étranges encore peuvent être rapportées à ce même fond primitif ; c'est par exemple celles qui défendent au beau-père et à la belle-mère de parler à leur gendre et *vice versa* ; nous la trouvons chez les Indiens d'Amérique, en Silésie, en Chine, et dans certains districts de l'Indoustan, à Bornéo, en Australie, dans l'Afrique centrale, un peu partout. A cette coutume s'en rattachent d'autres non moins significatives ; la loi de leur sexe commande à toutes les jeunes filles de témoigner la plus profonde répugnance pour le mariage et d'opposer par des pleurs ou des cris, même des coups de poing et des morsures, la plus vive résistance au fiancé qui les entraîne. D'autre part, dans beaucoup de tribus, après le mariage, le mari et la femme vont se cacher pour quelques jours dans la forêt ou, s'ils demeurent dans la tribu, ne peuvent se voir que la nuit en cachette. Toutes ces habitudes, l'indignation simulée des parents, le désespoir feint et la résistance de la jeune fille, les obstacles opposés à la réunion des époux, doivent dater du temps où le mariage par capture était une réalité.

Enfin, on trouve un dernier signe de cet état primitif dans la position des hétaïres qui, dans bien des pays comme dans la Grèce ancienne, jouissent d'une considération supérieure à celles des femmes mariées; seules elles reçoivent quelque éducation artistique et même littéraire, seules elles se mêlent aux conversations publiques, aux raisonnements, au mouvement des esprits, à l'échange des idées, tandis que les femmes légitimes languissent dans l'oisiveté stupide du gynécée. Dans l'Inde actuelle il en est encore ainsi. C'est là, disons-nous, un reste des mœurs antiques; les hétaïres, femmes communes, étaient dans l'origine des compatriotes et des parentes, les femmes légitimes des esclaves et des captives; il s'ensuivait une différence dans les sentiments qu'on leur témoignait, et cette différence d'égards survécut à l'état de civilisation qui l'avait produite.

Tels sont le fond du mariage et les coutumes bizarres, mais secondaires en somme, qui s'y rattachent. Nous allons étudier maintenant ses formes principales, les formes premières, libres, temporaires, partielles; puis la polyandrie, la polygamie et enfin la monogamie; à chacune de ces formes correspond un état de la famille que nous examinerons en même temps.

Nous avons déjà dit un mot de ces formes primitives de l'union sexuelle, nous n'y insisterons pas. Nous trouverons le type de ce mariage conclu et brisé par le caprice à Tahiti, par exemple, ou en Polynésie; les deux conjoints s'unissent et se séparent sans autre forme de procès. Une chose curieuse, c'est que cette forme élémentaire du mariage s'est conservée dans des pays d'une civilisation relativement avancée; ainsi en Abyssinie c'est un contrat sans sanction, une union qui ne subsiste que tant que les deux conjoints ne désirent pas le rompre et qui peut se renouveler à leur volonté, et pourtant aucun pays du monde ne possède autant d'églises. De même le Juif du Maroc fait bénir par le rabbin des unions temporaires de six mois ou d'un an, au gré des contractants. Mais le fait le plus curieux est une coutume des Arabes Hassangah : ils concluent des mariages où la femme est liée trois jours sur quatre ; elle use du quatrième jour à sa fantaisie ; ces Arabes sont peut-être de grands philosophes qui ont appris à faire la part du feu. Inutile d'ajouter que l'état de promiscuité plus ou moins mitigée domine dans toute l'Afrique occidentale et orientale, l'Hindoustan, la Tartarie, la Sibérie, la Chine et l'Australie, aussi bien que dans l'Amérique du Nord et du Sud.

Voyons maintenant les idées de parenté qui résultent de cet état de choses; elles sont aisées à deviner. De cette pratique plus ou moins restreinte de la promiscuité, il résulte que les enfants issus de pères inconnus sont plus nombreux que ceux issus de pères connus. On est donc amené à ne tenir compte que de la parenté par les femmes, car la relation de la mère à l'enfant est un fait matériel toujours vérifiable pour tous ; la relation du père et de l'enfant est toute spirituelle et seulement probable pour quelques-uns ; par suite on parle, chez ces races, d'un enfant non comme fils de son père à la mode européenne, mais comme fils de sa mère. Il n'est pas nécessaire, pour expliquer cette coutume, d'imaginer que ces races n'avaient pas idée de la paternité. Enfin cette reconnaissance de la seule descendance maternelle amena l'existence au sein de la tribu d'une sorte de colonie de femmes étrangères, et l'établissement d'une sorte d'exogamie intérieure ; ainsi s'établit définitivement le système de la parenté par les femmes et l'interdiction de se marier avec celle du même nom ou du même clan.

On comprend ainsi que dans beaucoup de peuplades actuelles, comme chez les Lyciens dont parle Hérodote, les héritiers d'un homme ne soient pas ses propres enfants, mais les enfants de sa sœur. En Afrique, dans certaines régions, quand un roi laisse à sa mort un fils et un neveu, c'est le neveu qui monte sur le trône de préférence à l'héritier naturel. De même dans le royaume des Pictes jusqu'à la fin du VIIIe siècle on ne trouve aucun fils qui ait succédé à son père. Aucun Indien Nav ne connaît son père ou son fils ; ses biens passent aux enfants de sa sœur. Dans les îles Tonga le ventre seul anoblit. On pourrait trouver des exemples de cette espèce chez tous les peuples où nous avons vu le mariage libre en vigueur.

Mais cette promiscuité même est très défavorable au point de vue de la concurrence vitale et du développement des sociétés ; d'ailleurs, dans leur sein même, les unions de quelque durée donnaient de grands avantages pour l'élevage des enfants et la perpétuation de la race. Aussi les relations sexuelles marchèrent vers un état plus défini. « La promiscuité peut se définir, dit Spencer, une polyandrie indéfinie unie à une polygamie indéfinie ; un moyen d'en sortir par le progrès, c'est la diminution de ce qu'elle a d'indéfini. » Voyons d'abord ce progrès dans la polyandrie.

Les moyens termes, d'ailleurs, ne nous manquent pas : le plus caractéristique est emprunté aux Todas de l'Inde ; chez eux, si l'aîné de plusieurs frères se marie, sa femme réclame pour maris tous ses beaux-frères à mesure qu'ils atteignent l'âge nubile ; si elle-même a des sœurs, elles deviennent successivement les femmes de son ou de ses maris : tout ce monde d'ailleurs vit sous le même toit et cohabite pêle-mêle. Nous sommes là en présence d'un cas de polyandrie limitée jointe à une polygamie également limitée. De même les Tahitiens riches qui sont polygames permettent à leurs femmes d'avoir d'autres maris ; et il est loisible aux Thibétains, qui sont d'ailleurs foncièrement polyandres, d'entrer dans plusieurs combinaisons matrimoniales.

Dans le sein même de la pure polyandrie, nous pouvons distinguer différents degrés ; quoique moins répandue que la polygamie, elle l'est cependant bien plus qu'on ne le pense ; dans un premier degré, pour ainsi dire, les maris associés ne sont pas parents ;

c'est la forme la plus grossière, nous la trouvons surtout chez les Esquimaux, les Aléoutes, les Khasias, les Cosaques Zaporogues. A un second degré, les maris appartiennent à la même famille ; enfin ces maris sont frères, telle est la polyandrie que nous trouvons pratiquée par exemple dans le Thibet et dans certains districts de l'Inde, et dont on cite des exemples jusque dans le Mahabharata. Enfin, à ce moment de civilisation, on peut rapporter encore la coutume du lévirat qui veut que le frère épouse la veuve de son frère, et qui ne se retrouve pas seulement chez les Juifs, mais qu'on voit en usage chez les Zoulous et d'autres tribus africaines, chez certains Peaux-Rouges et dans la Polynésie ; chez ces derniers le frère et le fils vont jusqu'à hériter des femmes de leurs frères ou de leur père décédés.

C'est qu'en effet avec la polyandrie se dessine déjà et se précise un autre mode de parenté, intermédiaire entre le matriarcat déjà dépassé et le patriarcat qui n'est pas dégagé encore. Mais avec les progrès mêmes de la polyandrie, la structure familiale se consolide, la paternité devient de moins en moins diffuse, le groupe de la famille se resserre et se concentre de plus en plus ; dans le cas où des maris qui ne sont pas parents entre eux possèdent une même femme, leurs sentiments paternels trouvent à s'exercer sur les enfants dont quelques-uns peuvent être et sont probablement les leurs propres ; quelquefois on se les attribue selon des ressemblances de visage ou la décision de la mère. Mais quand les maris sont frères, on sait assurément de quel sang est l'enfant du côté du père aussi bien que du côté de la mère ; et ains les liens de la famille se resserrent de plus en plus. En même temps, la parenté se ramifie, il se produit des alliances entre les groupes, non seulement du côté des femmes, mais encore du côté des hommes. Nous arrivons ainsi à un système intermédiaire entre ces deux parentés, usité chez les Iroquois ; chez ce peuple un homme considère les enfants de son frère comme les siens propres, et ceux de sa sœur lui sont comme neveux ou nièces ; une femme, au contraire, considère les enfants de son frère comme ses neveux ou nièces, et ceux de sa sœur comme ses propres enfants ; quant aux petits-enfants, ils le sont aussi bien du frère que de la sœur. Cependant la polyandrie nous offre une idée de la paternité encore confuse et partagée entre plusieurs individus. Avec la polygamie nous verrons un nouveau progrès se réaliser et le patriarcat apparaître pour s'établir définitivement.

Il est inutile de dire que la polygamie existe dans toutes les parties du monde, chez des nations plus ou moins civilisées ; on a même pu poser en principe que l'homme est polygame, toutes les fois qu'il le peut, du moins dans les races inférieures. Si chez des peuplades arriérées nous semblons trouver des exemples de monogamie, il ne faut pas se laisser prendre aux apparences ; c'est que la tribu est trop pauvre, que le pays offre trop peu de ressources, et qu'après tout la possession de plusieurs femmes est un luxe coûteux et le plus souvent réservé aux chefs et aux riches. On peut ainsi admettre presque partout l'existence de la polygamie, sans réclamer pour cela un nombre de femmes très sensiblement supérieur à celui des hommes ; dans la plupart des tribus l'homme peut avoir autant de femmes qu'il en peut nourrir et acheter ; mais les riches seuls, c'est-à-dire la minorité en ont plusieurs, les pauvres en ont peu ou point. C'est ce que s'accordent à dire tous les voyageurs. Si les Vaddahis de l'Inde sont monogames, c'est à cause de leur pauvreté. Ailleurs, il faut être chef ou potentat pour avoir un grand nombre de concubines ; à Madagascar, le chef seul peut avoir douze femmes ; ailleurs, les chefs en ont de cinq à trois cents ; le roi des Achantis paraît le plus favorisé sous ce rapport : il en a toujours trois mille trois cent trente-trois. Mais il faut se prémunir contre les idées fausses que nous pourrions nous faire des sociétés polygames, il faut bien se dire que dans la plupart des pays où la polygamie existe, les cas de monogamie sont déjà très nombreux.

Il ne faut pas d'ailleurs nous étonner de la prédominance de la polygamie. Les hommes, supérieurs par leur force corporelle ou leur énergie intellectuelle, surent de bonne heure conquérir un grand nombre de femmes, se les attacher et faire respecter leur propriété. C'est ainsi qu'on en vint à considérer, comme chez les Apaches, que l'homme qui a le plus de femmes est le plus digne de pouvoir et de respect. Chez les Achantis le nombre de femmes dépend du rang du mari. Les potentats orientaux, comme jadis David et Salomon, tirent vanité du nombre de leurs femmes ; c'était autrefois une preuve de bravoure et de force, ce fut plus tard et c'est encore une marque de position sociale élevée. Une autre idée que nous trouvons chez les Mormons, c'est que la polygamie est agréable au Grand-Esprit, parce que celui qui a le plus d'enfants est tenu dans la plus haute estime. Enfin ce qui, chez les peuples plus arriérés, encourage encore la polygamie, c'est le parti que l'on peut tirer des femmes dont le mari fait ses bêtes de somme ; chez les Cafres ou les Néo-Calédoniens plus les femmes sont nombreuses, plus les plantations prospèrent et plus la nourriture est abondante ; la femme cafre est le « bœuf » de son mari ; il l'a achetée, dit-il c'est pour qu'elle travaille. Le plus curieux est que les femmes souhaitent l'augmentation du nombre des épouses de leur seigneur et maître, leur travail en diminue d'autant. D'une manière plus désintéressée, les femmes makololos témoignaient à Livingstone le mépris que leur inspiraient les Anglais, peuple de pauvres hères monogames.

Il n'est pas besoin de prouver la supériorité de la polygamie sur la promiscuité, au point de vue des relations familiales ; nous trouvons encore diverses raisons de conclure qu'elle est supérieure à la polyandrie. Les liens de parenté sont de plus en plus définis, on ne connaît pas seulement la mère, on ne connaît pas seulement le sang paternel comme dans la polyandrie fraternelle, on connaît le père même ; la paternité et la maternité deviennent également manifestes et reconnues ; le lien entre les parents et les enfants devient double et se consolide : il s'établit une ligne directe d'ascendants mâles ; le culte des ancêtres s'impose davantage aux esprits et ainsi la cohésion de la famille se resserre encore. D'ailleurs, le patriarcat prend de plus en plus la prédominance, car il est bien plus dans la nature qu'un homme reconnaisse ses enfants, lorsqu'il le peut, et leur lègue ses biens. Il n'y a d'exception que pour certaines successions où l'on a conservé, comme nous l'avons vu, le droit de parenté par les femmes. Mais si la cohésion augmente dans la ligne descendante, elle diminue dans la ligne latérale ; les sentiments fraternels sont peu développés, surtout à cause de la jalousie entretenue par les mères au sein du groupe familial. Aussi la polygamie ne va pas sans quelques maux, à Madagascar son nom signifie « cause d'inimitié ». Le mari règne le plus souvent par la terreur sur ce groupe de femmes jalouses et envieuses, auxquelles il doit souvent assigner des huttes séparées ; aucun d'eux ne possède, pour mettre la paix entre ses femmes, l'art avec lequel la femme polyandre sait faire vivre en bonne intelligence tous ses maris. Cette forme du mariage est d'ailleurs peu favorable à l'émotion, le nègre par exemple ne connaît aucun sentiment tant soit peu délicat, jamais il ne donne une marque d'amour ou de tendresse, jamais il ne se réjouit avec les femmes. Il répond, il est vrai, à cela, comme un Mandingue à Caillié « que s'il le faisait il ne pourrait plus se faire obéir, elles se moqueraient de lui chaque fois qu'il leur ordonnerait quelque chose. » Enfin la tendresse paternelle est fort atrophiée dans un pareil système, aussi croit-on souvent que les enfants sont un simple article de commerce.

La famille polygame est donc encore loin de l'idéal que l'on peut rêver, on y remarque cependant certains degrés qui tendent à nous mener à un état supérieur. Il se produit peu à peu des distinctions entre les diverses femmes, il y en a une qui prend le pas, la première ordinairement, ou quelquefois la favorite; d'autres fois la femme principale est celle que l'on tient de la main du roi; l'âmour ou la politique, bientôt l'usage, aident à cette différenciation. Une nuance de plus en plus tranchée s'accuse entre les femmes légitimes en nombre ordinairement limité, et les concubines en nombre indéfini. Cette distinction était en usage chez les anciens Persans et Assyriens, nous la retrouvons chez certaines peuplades où la première femme est seule légitime ; elle s'est perpétuée très longtemps pour les races royales par l'usage des maîtresses déclarées, plus ou moins tolérées par l'Église. Nous arrivons ainsi à un état de polygamie équivalent à un état de monogamie mitigée; par exemple les Mongols ont une femme légitime à laquelle ils ajoutent autant d'autres femmes qu'ils peuvent en nourrir.

Nous arrivons enfin à la forme supérieure de la famille, à la monogamie, non point à celle des races inférieures, si instables et si misérables, et qui ne mérite pas, à vrai dire, ce nom ; mais à celle qui a été peu à peu réalisée au sein de la race humaine supérieure, celle des Aryas. Nous la trouvons de très bonne heure chez les Grecs et les Romains ; nous la voyons, chez les Germains, établie à un moment de civilisation encore peu avancée. Nous pouvons lui assigner plusieurs raisons : ce fut d'abord l'égalité croissante, par la diminution de la guerre et de la mortalité des mâles, entre le nombre des hommes et celui des femmes; ce fut le prix plus grand attaché à la possession d'une femme, et par suite ou une somme plus grande à payer, ou plus de services à rendre aux parents; aussi le divorce fut moins fréquent. Puis les mœurs s'adoucirent; l'enlèvement d'une femme fut condamné par le sentiment public, la grande force des faibles qui veulent se faire respecter ; ce fut enfin la naissance de l'émotion, l'attendrissement se glissant, comme le disait Lucrèce, dans ces cœurs farouches, et les amollissant peu à peu. On conçoit déjà le respect de la femme et la recherche de son consentement, la formalité de l'achat diminue et le choix de la femme devient un des plus importants facteurs du mariage ; bientôt le sentiment de l'amour se fait jour et avec lui jaillit une source intarissable et profonde de plaisirs esthétiques. L'amour n'est-il pas au fond le thème et le canevas de tous les arts ?

Ainsi à l'égalisation numérique des hommes et des femmes correspond une diminution d'inégalité civile et morale, la femme n'est plus un instrument de plaisir ou de commodité, elle n'est plus une esclave achetée. Longtemps encore elle sera une servante plus ou moins volontaire, de nos jours elle est encore une mineure au point de vue civil et social ; au point de vue des mœurs, elle est reine. Ce fut là une des grandes idées que la vogue des romans de la Table Ronde, propagée par l'esprit celtique et chevaleresque, fit répandre dans le monde par le moyen âge, et c'est là un des titres de gloire que M. Taine reconnaît à cette époque si controversée. En même temps se fortifie l'idée des devoirs qu'ont les parents envers les enfants ; on n'a plus le droit de les tuer, ni même de les abandonner ; enfin, ces relations se sont tout à fait adoucies. Le père romain avait droit de vie ou de mort, les Grecs avaient même imaginé cette sublime folie que le père dans l'œuvre de la génération était tout. Oreste n'était pas parent de sa mère. Chez nous, sous l'ancien régime, le père glaçait et terrifiait ses enfants par sa présence ; il en était encore ainsi dans la famille de Châteaubriand ; ces formes graves et austères se sont de plus en plus transformées en relations de tendresse ; il ne paraît pas que l'on doive s'en plaindre. Cela ne compromet d'ailleurs en rien la cohésion de la famille, définitivement fondée jusque dans ses plus lointaines ramifications et désormais reconnue non plus seulement comme longtemps encore chez les Romains, entre les Agnats, mais aussi entre les Cagnats.

De nos jours, cette émancipation de l'enfant a été poussée encore plus loin. Non seulement l'enfant n'est plus cette propriété matérielle que l'Australien peut briser sur les rochers ; non seulement ce n'est plus ce justiciable que Brutus condamnait à mort, ni cette marchandise que le nègre d'Afrique vendra au marchand arabe. C'est un être indépendant dont le père et la société doivent respecter la conscience, à qui on ne peut inculquer que des notions positives sans dogmes métaphysiques ni religieux. Degré important de l'évolution de la famille, dans lequel, après le corps, s'est émancipé l'esprit.

Ainsi s'est fondée et développée la famille monogame, et à la longue, le penchant à la monogamie est devenu inné chez les nations civilisées qui ont rapporté à cette forme d'union toutes leurs idées et leurs sentiments. C'est, comme nous le disions, à la race aryenne que revient l'honneur d'avoir, sinon complètement réalisé, au moins d'avoir posé cet idéal, et il ne semble pas que l'avenir doive en changer.

CHAPITRE III

La Propriété

I

On se figure volontiers, quand on parle de la propriété, qu'elle ne saurait exister, qu'elle n'a jamais existé que sous la forme actuelle. Les juristes se sont attachés à démontrer à l'envi que le droit moderne, qui d'ailleurs suit sur ce point le droit romain, est seul conforme à la nature des choses. La propriété, telle qu'elle est constituée par les Institutes ou par le code civil, le dominium quisitaire, exclusif, personnel, héréditaire, leur semble la seule forme juste, logique, la seule même qui ait jamais existé. Pour expliquer l'origine de ce droit, ils le font dériver d'un prétendu état de nature d'où il serait issu directement et sans intermédiaire. Mais en raisonnant ainsi ils ont fondé leurs théories sur des hypothèses arbitraires, sur des raisonnements *a priori*. Faute de connaître les faits, ils se sont mis en opposition avec cette grande loi de l'évolution graduelle et progressive, que nous avons partout constatée, dans le monde physique aussi bien que dans le monde moral et qui règne, à un égal degré, dans l'ordre social.

L'étude attentive des origines de la civilisation a montré l'inanité de semblables doctrines. Ici comme toujours la méthode historique et scientifique a permis de reconnaître que la propriété n'est pas une institution fixe, toujours la même. Au contraire elle a revêtu aux différentes époques de l'humanité les formes les plus diverses, elle n'a pris sa forme actuelle qu'après une longue série de transformations.

Au XVIIIe siècle, il est vrai, Rousseau, dans son *Contrat social*, avait essayé de retrouver les formes primitives, les obscures genèses de la propriété; mais quelle que fût la vigueur de ses déductions, il avait eu le tort de ne faire appel qu'à la logique sans consulter l'observation. Des théories *a priori*, en effet, si séduisantes qu'elles soient pour l'esprit, ne peuvent remplacer les recherches historiques sur l'origine de la propriété. Et de fait on n'a jamais retrouvé la trace d'un contrat tel que celui qu'imaginait Rousseau. Si notre siècle a repris la tâche du philosophe genevois, ç'a donc été au moyen de méthodes essentiellement différentes.

L'histoire proprement dite, les témoignages des auteurs, les documents épigraphiques ont tout d'abord fourni les plus précieux renseignements. La philologie et la mythologie ont ensuite apporté leur contingent.

On a ainsi reconnu que les idées, les sentiments, les institutions primitives se sont manifestés partout dans le même ordre. La méthode comparative a d'ailleurs éclairé toutes les questions sociologiques d'un jour inattendu. De même que l'on retrouve les dolmens, les menhirs de nos primitifs ancêtres, dans l'Inde ou au Bengale, de même aussi on a reconnu les institutions des premiers Germains au Pérou, en Chine, au Mexique ; la connaissance des peuples sauvages a révélé les mêmes institutions sous les différents climats, aux différents âges de l'humanité.

Une même loi a présidé partout à l'évolution des formes de la propriété.

Cherchons à en exposer les différentes phases.

II

Il existe dans la propriété un double élément : un élément social et un élément individuel. La propriété n'a pas seulement pour but de garantir à l'individu les fruits de son travail, mais encore elle doit assurer le fonctionnement régulier et durable de la société.

L'élément social a prédominé partout à l'origine. La propriété chez les premiers hommes a revêtu un caractère essentiellement collectif. Le sol appartient à la tribu tout entière, l'individu n'en a que la jouissance momentanée. La plupart des villages en Russie sont encore soumis de nos jours à de semblables coutumes. On les retrouve aussi à Java et dans l'Océanie. Mais peu à peu l'élément individuel, d'abord presque négligeable, revêt une importance chaque jour grandissante. La Grèce avait cherché à établir, mais en vain, une exacte mesure entre ces deux tendances opposées ; à Rome, le second élément, l'élément individuel, l'emporta définitivement. Il en est de même aujourd'hui. La propriété n'a plus aucun caractère social ; ce n'est plus qu'un privilège sans restrictions et sans entraves ; avec les facilités de transmission elle passe des uns aux autres aussi aisément que les animaux qu'elle nourrit ou les fruits qu'elle porte. L'organisation actuelle de l'héritage est une des plus palpables manifestations de cette tendance. C'est ainsi que nous allons voir condamnées par l'histoire les doctrines qui veulent ramener toute propriété à n'être que collective. L'étouffement de la propriété individuelle par la propriété collective, le communisme d'antan, la socialisation, la nationalisation, autant de mots nouveaux mais d'idées anciennes.

Il s'est cependant manifesté là le même mouvement de différenciations et de réintégrations qu'on voit se produire dans tous les phénomènes physiques et sociaux et qui semble être une des conditions et une des lois de l'évolution générale.

Ce qui est d'essence privée se constituait lentement à l'état de propriété privée ; mais à côté se créait, sous l'action des forces modernes, un nouveau genre de propriété, ou plutôt il se reconstituait une nouvelle forme de la propriété collective ou sociale ;

c'est la forme qu'affectent les entreprises de grands travaux publics. Il paraît aujourd'hui admis que lorsque certaines entreprises exigent des concentrations de capitaux telles que un ou plusieurs particuliers ne peuvent y suffire et que certains monopoles sont ainsi inévitables, il vaut mieux que ces monopoles soient aux mains de la collectivité qu'aux mains d'un particulier.

Dans les premiers âges, l'homme primitif vivait simplement de la chasse, de la pêche et des fruits sauvages de la terre. Encore nomade, il ne pouvait songer à s'approprier le sol d'une façon permanente. La propriété foncière ne pouvait même pas exister. Seuls les vêtements, les armes, les produits de la chasse appartenaient en propre à l'individu. L'occupation des objets sans maître ainsi que le travail personnel étaient donc les seuls titres qui pussent conférer la propriété ; l'homme ne considérait comme siens que les objets capturés ou façonnés par lui.

Plus tard, le régime pastoral succéda au régime nomade. La propriété immobilière commença dès lors à se constituer. La terre fut cultivée d'abord d'une manière intermittente. Les Tartares cultivent encore de nos jours le sarrazin en brûlant la végétation d'un espace délimité du sol pour semer les graines dans les cendres. Puis ils laissent le sol en jachère pendant vingt ans, à la suite de la première récolte. Ce mode d'exploitation si grossière ne peut s'accommoder évidemment que de la possession collective du sol par la tribu tout entière. Seules les régions où paissent les troupeaux sont revendiquées par les différents groupes d'hommes ; parfois même des luttes éclatent au sujet des frontières. La propriété foncière s'est donc établie déjà à côté de la propriété mobilière seule en vigueur sous le régime nomade, mais l'idée qu'un individu possédât en propre une partie du sol ne pouvait trouver place dans une telle organisation.

Un nouveau progrès a lieu : le régime agricole proprement dit s'établit ; la terre est régulièrement cultivée. Mais, dans cette phase, les champs, les pâturages, les forêts appartiennent toujours au clan. Cette organisation est aujourd'hui encore celle de toute la Grande-Russie. La terre n'appartient ni à la couronne, ni au seigneur, mais bien à la commune. Celle-ci constitue un organisme indépendant doué d'une série de droits civils et juridiques. Les chefs de famille élisent un maire ou *starosta* sous la présidence duquel ils décident des intérêts communs. Les starostas des villages voisins se réunissent pour constituer un conseil plus général qui règle tout ce qui concerne les impôts, les routes, les corvées. On désigne sous le nom de *mir* l'ensemble des habitants d'un village possédant en commun le territoire qui y est attaché. Dans les temps primitifs, il n'existait aucun partage du sol. Aujourd'hui même il en est encore ainsi dans quelques communes, mais plus généralement le partage se fait à périodes fixes, tous les six ou neuf ans, par exemple. L'époque du partage, la distribution des lots vacants se décident dans l'assemblée générale présidée par le starosta.

Ceci s'applique seulement aux terres ; quant aux maisons, elles forment une propriété privée et héréditaire. Pourtant elles ne peuvent être vendues aux personnes étrangères au mir qu'avec l'assentiment des habitants du village. Il n'existe donc point ici de propriété immobilière entièrement libre. L'émancipation des serfs, bien loin d'ébranler cette organisation, l'a au contraire consolidée ; la répugnance invincible des paysans russes à abandonner ces anciens usages assure à ces restes d'une civilisation primitive une longue durée.

Une semblable organisation nous est offerte par une contrée bien différente sous presque tous les rapports ; l'île de Java. Ici encore c'est la commune qui possède le sol, qui paye les impôts, qui fournit les corvées. La répartition des sahvas ou champ des riz se fait par famille. Les grands travaux nécessaires à ces cultures sont exécutés par les habitants sans distinction de propriétés. Tantôt le partage est annuel, tantôt il se fait tous les cinq ans. Les habitants ne peuvent vendre leur maison à des étrangers. Pour favoriser les défrichements, on cède la propriété des lots nouveaux pour quelques années. Ils retournent ensuite à la commune. Les efforts des Hollandais et des Anglais pour établir à Java la propriété permanente échouèrent toujours contre l'obstination des habitants. Tout en se soumettant en apparence aux règlements qu'on leur imposait, ils continuaient à se partager entre eux les terres d'après les anciennes coutumes. Nous constatons donc dans le dessa ou commune de Java, comme dans le mir russe, une des premières étapes de la civilisation, la succession du régime agricole au régime nomade.

Les peuples européens ont passé par les mêmes phases.

III

On a cru longtemps que ni la Grèce ni Rome n'avaient connu la propriété collective, mais les historiens modernes ont prouvé que le même régime a primitivement existé chez toutes les races.

Les terres sont longtemps restées communes chez les Romains, et le partage ne s'est effectué qu'à une date relativement récente. La propriété personnelle ne s'attachait donc qu'à la possession des esclaves et du bétail.

La communauté agraire possédait seule tout le sol. Cette propriété commune se nommait l'*ager publicus*. Etendue encore par les conquêtes des rois et de la République, elle ne tarda pas pourtant à être usurpée par les grands. Ce fut le commencement d'interminables désordres entre les patriciens et les plébéiens.

A l'époque où les Romains nous apparaissent dans l'histoire, ils sont parvenus déjà à un état de civilisation plus avancée ; la propriété communale a fait place à la propriété de la famille. Le régime pastoral est terminé depuis longtemps. On retrouve pourtant des traces nombreuses qui nous révèlent le régime primitif de la communauté. Tel est, par exemple, ce fait curieux, que, même du temps de Cicéron, les amendes s'évaluaient en têtes de bœufs ou de moutons. On sait, en effet, que chez les races primitives le prix des objets était évalué en têtes de bétail. Il en est ainsi dans Homère. Cet usage s'explique facilement si l'on remarque que la principale qualité de l'instrument des échanges est d'être accepté par tous. Le bétail seul pouvait évidemment jouer ce rôle dans les sociétés primitives. Cet usage nous montre donc que tous les peuples aryens ont passé d'abord par l'état pastoral, et l'histoire de la propriété permet ainsi de vérifier *a posteriori* un des résultats de la philologie comparée.

Les traditions historiques corroborent encore ces déductions ; on sait, en effet, que l'institution de la propriété collective s'est maintenue, bien que d'une façon exceptionnelle, durant de longs siècles. C'est ainsi que Pythagore et ses disciples adoptèrent le régime de la communauté des biens ; à Tarente, au temps même d'Aristote, on accordait aux pauvres l'usage des terres ; on peut voir aussi, avec M. Violet, dans l'usage des repas communs, un reste de cette communauté primitive, et cela d'autant plus que les choses se sont passées ainsi en Suisse. Ces repas étaient très répandus en Italie et en Grèce. Il est inutile de citer l'exemple des Spartiates, des Enotriens, des Crétois, des Tyrrhéniens, etc.

La communauté primitive a donc profondément influé sur les mœurs et les institutions politiques de l'antiquité ; l'individu était toujours sacrifié à l'Etat. Les écrivains politiques s'opposent sans cesse à l'accumulation exagérée de la propriété foncière. L'origine de la possession individuelle remonte toujours à un partage primitif dans lequel les biens sont également distribués à tous ; ce qui permet de supposer qu'auparavant la terre était un bien collectif. Enfin l'aliénation de la terre aux personnes étrangères au village ne pouvait avoir lieu qu'avec le consentement des habitants.

Mais tandis que l'évolution de la civilisation romaine conduisait à un régime tout différent où la propriété personnelle se constituait sous sa forme la plus intense et la plus exclusive, ces mœurs et ces institutions des anciens temps se conservaient dans un pays moins avancé, dans la Germanie, dont Tacite nous a exposé l'organisation.

Les Germains, à la fois pasteurs et guerriers, s'adonnaient très peu à l'agriculture. Jamais ils ne cultivaient deux années de suite le même champ; les magistrats forçaient les familles à changer périodiquement de résidence. Le territoire commun restait donc la possession du clan tout entier, et d'ailleurs il n'y en avait jamais qu'une faible partie ainsi attribuée aux familles. Seuls la maison et l'enclos voisin constituaient la propriété héréditaire. C'était là la *terre salique* qui ne passait qu'aux enfants mâles.

Le territoire commun était désigné sous le nom de *mack* ou de *allemen*. Longtemps encore après que les terres cultivées furent devenues des possessions individuelles, les pâturages, les forêts, restèrent propriétés communes. Quant à la répartition même des terres, on ne sait pas très bien comment elle se faisait. Les familles patriarcales, représentées par leur chef et cultivant en commun, ressemblent de tout point à ces familles russes de nos jours, dont nous avons décrit tout à l'heure l'organisation intime, et les mœurs de celles-ci jettent un grand jour sur les récits un peu confus des historiens romains.

Les usages des Germains se retrouvent encore à Java.

Le partage périodique par la voie du tirage au sort s'est d'ailleurs maintenu jusqu'au XIIIe siècle en Allemagne.

Les lois danoises nous révèlent des coutumes analogues.

Les îles Orkney et Shetland sont régies par les mêmes institutions.

Enfin les Arabes, qui sont arrivés aujourd'hui au même degré d'évolution que les Germains de Tacite, pratiquent les mêmes coutumes. C'est un peuple de pasteurs qui ne cultivent la terre que d'une manière intermittente. Dans un grand nombre de tribus voisines de Constantine, les terres sont annuellement distribuées par le cheik.

Ajoutons enfin qu'au Mexique, au Pérou, dans les îles Aléoutiennes, chez les Afghans, chez les anciens Bretons, les mêmes usages se retrouvent sous des formes identiques.

IV

Le développement naturel des sociétés suit son cours ; une nouvelle phase succède à cette première époque dans laquelle les terres appartiennent à la tribu, à laquelle elles font périodiquement retour.

Partout, nous l'avons vu en Europe comme en Amérique, chez les anciens Germains comme chez les modernes habitants de l'Océanie, la communauté possède le sol. Avant que ces anciens usages tombent en désuétude, avant que la terre devienne une propriété individuelle, un âge transitoire se retrouve partout ; c'est celui où la terre devient le patrimoine héréditaire d'une famille.

Ce fut le régime qui fleurit au moyen âge dans toute l'Europe. On a longtemps cherché à quel moment précis se sont formées ces communautés de famille ; les uns soutenaient qu'elles avaient été créées tout d'une pièce comme institution corrélative du fief, les autres pensaient qu'elles s'étaient établies sur le type des communautés religieuses ; mais ils s'appuyaient sur l'opinion des commentateurs du XVe ou du XVIe siècle qui ne soupçonnaient pas l'antiquité et la généralité de ces institutions. Ce n'est pas, en effet, dans les circonstances particulières, contingentes de l'histoire de la France ou de l'Europe, qu'il faut chercher la raison d'être de ces associations.

Elles représentent un des degrés de l'évolution des peuples et c'est sous l'influence des mêmes lois générales que les mêmes coutumes se sont établies chez les Indous, chez les Slaves ou chez les Sémites.

Dans les steppes de Germanie, on voit apparaître les premiers germes de la propriété collective de la famille. La tutelle du chef de famille, le devoir de venger sa mort révèlent déjà un certain degré de solidarité. Quand le partage périodique tomba en désuétude, les familles continuèrent tout naturellement à posséder les différentes parties du sol.

L'établissement du régime féodal favorisa encore ces tendances. Les serfs, par cela seul qu'ils formaient une communauté, se succédaient les uns aux autres sans que le seigneur eût à intervenir après le décès de chacun d'eux. C'est seulement ainsi qu'ils trouvaient le moyen de résister aux luttes perpétuelles de ces temps guerriers; les seigneurs de leur côté préféraient l'association des différentes familles à leur isolement réciproque, car ils avaient ainsi de bien plus grandes garanties pour le payement des impôts. Ceux qui vivaient en communauté héritaient ainsi les uns des autres sans avoir besoin de tester. Les associés choisissaient un chef désigné sous le nom de « maistre de la communauté » et qui était chargé d'acheter, de vendre et de gouverner. Une femme était élue pour s'occuper de tous les soins domestiques. Les travaux agricoles avaient ainsi lieu au profit de la communauté. Le groupe familial se suffisait donc à lui-même et ce n'est que plus tard qu'on le vit s'appliquer à l'industrie. De telles associations semblent avoir beaucoup contribué à l'aisance des paysans et aux progrès de l'agriculture. Leurs avantages d'ailleurs sont suffisamment démontrés par la généralité même de leur établissement.

Ce régime a disparu complètement aujourd'hui; on en retrouve pourtant quelques traces dans nos lois. Les hommes primitifs ne connaissaient pas le testament. Ils ne pouvaient concevoir que la volonté d'un homme subsistât après sa mort et réglât la distribution de la propriété. Le fonds patrimonial, produit des travaux de toute la communauté, doit être transmis à tous. Aujourd'hui encore l'ancienne distinction du droit coutumier français entre les choses dont on peut librement disposer par testament et celles qui échappent à la volonté du testateur, se retrouve dans le code civil. C'est là un reste du vieux principe germanique dont parle Tacite : le testateur dispose de tout ce qu'il a acquis lui-même, mais il ne peut disposer de l'héritage foncier dont il a été plutôt le mandataire que le propriétaire.

Cet état social du moyen âge a persisté chez les Slaves de notre époque. L'individu n'exerce de droits que comme membre de la famille. Les communautés disparurent en Pologne, en Bohême, en Carinthie; mais elles se sont maintenues chez les Slaves méridionaux et forment encore les bases de l'organisation agraire en Serbie, en Bosnie, en Herzégovine et au Monténégro.

Les révolutions de l'histoire qui firent passer l'empire de ces régions tour à tour aux Turcs et aux Hongrois n'ont pas atteint ces usages ruraux. La corporation familiale habite un même enclos et jouit en commun des produits de la terre. Le chef de la famille est élu par tous les membres, il règle les travaux, achète et vend les produits ; il exerce la justice. Quand il se sent vieillir il quitte ces fonctions et d'habitude on lui donne pour successeur un de ses frères. Le nombre des membres de la communauté est ordinairement de quinze à vingt ; il monte quelquefois jusqu'à cinquante ou soixante. Quand une famille devient trop nombreuse, elle se divise en deux groupes. Souvent chaque ménage obtien pour une année la concession d'un champ. Il y cultive le chanvre ou le lin nécessaire à la fabrication de la toile. Chaque famille suffit à ses besoins d'ailleurs très simples ; quant à l'exploitation agricole, on en répartit les fruits entre tous les ménages. Les vieillards et les infirmes sont entretenus par la communauté.

Cette organisation agraire, cette vie commune ont eu de grands avantages. Le sort des Slaves semble heureux, comme a pu l'être le sort des peuples primitifs, bonheur passif et égoïste ; ils n'ont point le désir de s'enrichir, de s'élever au-dessus de leur condition. Chacun vit comme ses aïeux, les querelles d'hérédité y sont inconnues ; la propriété patrimoniale est la base même de la famille, elle ne peut être ni diminuée ni partagée. Ce régime réunit de plus les avantages de la grande et de la petite propriété. Le sol peut être cultivé par des méthodes perfectionnées et les produits se répartissent équitablement entre tous les cultivateurs. La réunion du capital et du travail est réalisée ici.

Et pourtant, il est impossible de le méconnaître, cette organisation tend à disparaître de jour en jour et à céder la place aux institutions nouvelles qui lui ont succédé partout, dans la Rome républicaine et impériale comme dans l'Europe du moyen âge. C'est qu'à mesure que le sentiment de la famille va en s'affaiblissant, le joug de la vie commune devient de plus en plus pesant ; les ambitions de l'homme moderne qui veut améliorer à la fois son sort et l'organisation de son pays ne peuvent se concilier avec cette existence uniforme où nul effort vers une situation meilleure n'est jamais tenté.

« Les Romains ayant franchi les deux étapes successives de la communauté de village et de la communauté de famille, fondèrent les premiers la propriété foncière, individuelle, exclusive, et les principes qu'ils adoptèrent en cette matière servent encore de base à nos lois civiles. » (Laveleye.) Mais à partir de ce moment, par une marche fatale, la grande propriété dévore la petite. Les philosophes de l'antiquité, éclairés par la lutte perpétuelle des riches et des pauvres, avaient bien reconnu cette vérité fondamentale que la démocratie exige l'égalité des conditions. La *Politique* d'Aristote énumère tous les moyens employés à cet effet par les Grecs. Tantôt les propriétés sont déclarées inaliénables, tantôt enfin on réunit le peuple entier dans les repas communs,

Rien n'y fit pourtant. L'inégalité s'établit. La lutte sociale commença. « Chacun des États grecs, dit Platon, renferme deux États, l'un composé de riches et l'autre de pauvres. » Les pauvres, pour rétablir l'égalité, confisquaient les biens des riches, souvent même les condamnaient à l'exil ou à la mort et se partageaient de nouveau toutes les propriétés.

Rome fut déchirée par les mêmes luttes; la propriété quisitaire, susceptible d'un accroissement indéfini, trouva de nouveaux aliments dans les territoires conquis par les armées de la République et de l'Empire. En vain les lois agraires cherchèrent à y remédier, l'hostilité des classes augmenta de plus en plus et finit par engendrer le despotisme. Pline a résumé toute cette lutte dans un mot célèbre : « *latifundia perdidere Italiam.* »

Le même sort menace aujourd'hui les démocraties modernes ; grâce à l'évolution de la société, la propriété individuelle s'est établie partout en Europe sur les débris des anciennes coutumes. Dès 1836, M. Léon Faucher s'écriait : « La propriété tombe en poussière. » Il signalait ainsi une des conséquences de l'excessive division des héritages. La révolution française, en conservant cette division, en constituant sous sa forme actuelle la propriété individuelle, a conduit au morcellement de cette propriété. Il faut craindre de voir se créer des parcelles infiniment petites, impuissantes à nourrir le propriétaire et sur lesquelles on verrait mourir de faim le prolétariat agricole. Il faut que la propriété se constitue en parcelles suffisamment étendues pour permettre la culture rémunératrice de chacune d'entre elles. Et cela se fera en syndiquant les instruments et les moyens de culture, tout en respectant l'individualité de chaque parcelle de terrain. Comme en Grèce, comme à Rome, l'inégalité des conditions a été l'inévitable conséquence de ce régime.

CHAPITRE IV

Les Croyances Religieuses et Morales

Peu d'idées sont plus répandues et cependant peu semblent à la réflexion plus artificielles que celles d'une âme distincte de notre corps et lui survivant, ou d'une divinité dont la volonté personnelle influe sur la marche des choses. La croyance à des réalités immatérielles nous apparaît comme une hypothèse au moins contestable ; il faut échafauder bien des subtilités philosophiques pour défendre ces idées qui, chaque jour, perdent du terrain. C'est que dans le monde matériel, tel que la science nous l'a révélé, tout se tient, rien ne se crée, rien ne se perd et on ne pourrait rien intercaler dans la chaîne des causes sans déranger l'équilibre du monde. Tout fait de ce genre serait un miracle et nous savons que jamais un miracle ne s'est produit dans des conditions où il pût être scientifiquement constaté. Nous savons que c'est la loi de l'attraction qui fait graviter la terre autour du soleil, que c'est notre système nerveux qui meut notre corps et qu'il est aussi impossible de penser sans cerveau que de voir sans yeux. Tout cela est parfaitement clair et évident, réserve faite au sujet des controverses philosophiques. On peut admettre que si nous n'avions jamais entendu parler d'âme, de vie future ou de divinité, il ne viendrait à aucun de nous l'idée de proposer des explications aussi superficielles. Ces théories et ces croyances sont en effet le legs d'âges antérieurs. Elles paraissent si étranges et surannées aux esprits réfléchis de notre temps, elles cadrent si peu avec l'état actuel de nos connaissances que leurs champions ont fait de cet antagonisme un argument, prétendant que ces idées devaient être innées en nous puisqu'on ne pouvait montrer d'où elles venaient.

Si, en disant que ces idées sont innées, on veut dire qu'elles nous ont été transmises par l'hérédité, qu'elles sont innées en chacun de nous, nous sommes tout disposé à l'admettre ; mais si l'on entend par là qu'elles ne nous viennent de nulle part, que nous les avons reçues déjà fabriquées de toutes pièces dans le sein de notre mère, nous déclarons ne pas même comprendre ce qu'on veut dire.

Un des grands progrès réalisés par la sociologie, un des plus beaux titres de gloire de l'école évolutionniste est précisément d'avoir retrouvé l'origine des croyances morales et religieuses. Les croyances ont une telle importance dans la vie et dans l'histoire de l'humanité qu'il est indispensable d'en retracer sommairement la genèse et l'évolution progressive.

Aujourd'hui le savant ne peut guère que répéter à propos de Dieu ou de l'âme le mot attribué au célèbre mathématicien Laplace, « *Dieu n'est qu'une hypothèse dont la science n'a que faire* » ; ce sont des objets de croyance, non plus de science, mais cette distinction n'a pas toujours été faite.

I

Il nous est difficile de nous replacer dans l'état d'esprit des sauvages, qui se contentaient de ces explications. Il le faut pourtant, sous peine de ne rien comprendre à la marche de l'esprit humain. Essayons-le donc avec Herbert Spencer, auquel nous empruntons le passage suivant : « Tant que l'esprit ne s'est fait aucune conception des relations physiques, ou n'en a eu que de très vagues, un antécédent quelconque peut servir à expliquer un conséquent quelconque. Le plombier à qui l'on demande la raison des effets d'une pompe qu'il répare dira que l'eau s'y élève par succion. Il a rapproché le jeu de la pompe de celui qu'il peut produire en appliquant l'action des muscles de sa bouche à un tube et il croit le comprendre ; jamais il ne se demande quelle force fait monter l'eau dans sa bouche quand il accomplit ces actions musculaires. Les sauvages qui vivent au voisinage de volcans croient que les feux de ces montagnes sont ceux que leurs ancêtres avaient allumés pour leur cuisine. » (H. Spencer, *Principes de sociologie*, t. I, p. 152.) En somme, l'esprit est disposé à se contenter de la première explication qui se présente à lui pourvu qu'elle soit d'accord avec ce qu'il sait d'ailleurs. Bien des choses qui nous paraissent à nous étranges et inadmissibles devaient donc sembler simples et naturelles à nos ancêtres préhistoriques. S'il y a une idée claire et qu nous semble irréfutable, c'est la conception de la réalité matérielle comme tangible et visible. En était-il de même pour le sauvage ? Il contemple le ciel et voit se former un nuage, il ne vient de nulle part, il se forme sur place, prend diverses figures, puis se résout en pluie, l'eau s'accumule dans un creux de rocher et en quelques heures s'évapore. Quelque chose est apparu, puis a disparu.

Que doit être encore la conception du vent dans une imagination primitive, qui n'a aucune notion de la matérialité de l'air ? dans l'espace vide qui l'entoure le sauvage voit se manifester de temps à autre une force irrésistible qui courbe ou brise les arbres, soulève les eaux, pousse son corps : quelle est la nature de cet agent ? Il ne peut le soupçonner, mais une idée s'impose à lui, celle d'un être qu'on ne peut ni voir ni toucher et qui peut faire du bruit, déplacer les objets et le faire mouvoir lui-même.

Que sera-ce si nous arrivons aux phénomènes plus rares, il est vrai, du mirage ? Au même endroit, il voit un jour du sable, le lendemain un lac et une forêt et quand il s'approche, tout s'évanouit.

Il assiste tous les jours à des transformations aussi surprenantes : la chenille se change en chrysalide, puis en papillon, le têtard en grenouille, de la graine sort un arbre ; ce sont là pour le sauvage des observations quotidiennes qui, groupées, lui serviront en quelque sorte de règle de pensée ; il lui paraîtra aussi simple de voir un arbre sortir d'un œuf que d'une noix et un homme changé en pierre. En résumé, à ce point de développement cérébral, il ne conçoit, il ne cherche comme cause naturelle et normale que le fait brutal. L'invraisemblance ne le choque pas, il ne la sent pas et il se contente comme explication de l'apparence extérieure du phénomène.

La première distinction que fasse le sauvage, c'est la distinction entre ce qui est animé et ce qui ne l'est pas, entre ce qui se meut et ce qui est immobile. Les Esquimaux crurent qu'une boîte à musique et un orgue de barbarie étaient des animaux, et que la boîte était l'enfant de l'orgue. Les Boschimans étaient persuadés qu'une voiture avait besoin de manger de l'herbe tout comme l'animal qui la traînait.

Une fois cette première distinction établie, l'homme a naturellement l'idée que tout mouvement doit avoir une cause analogue à celle qui produit ses propres mouvements, une action intentionnelle. Par une généralisation instinctive, il peuple la terre d'êtres semblables à lui ; seulement, dans une foule de circonstances, il ne voit pas l'être auquel il attribue le mouvement ; c'est le cas pour le vent, par exemple ; de même pour l'écho : on entend répéter un cri que l'on a poussé et lorsqu'on cherche la personne qui a répondu, il est impossible de la découvrir. Il y a plus, parvenu à l'endroit même d'où venait la réponse, on n'en n'obtient plus aucune; cette expérience répétée quelquefois doit forcément amener à l'idée que l'être qui a répondu est ou se rend invisible. Lander naviguant sur le Niger, le patron de sa barque criait de temps en temps et quand l'écho lui répondait, il jetait dans l'eau du rhum et de la nourriture pour le fétiche qui venait de révéler sa présence.

Tout mouvement, tout acte est attribué à un être visible ou invisible doué d'une volonté identique à celle que le sauvage sent en lui.

De très bonne heure, d'ailleurs, il dut arriver à préciser ses idées à ce sujet, car les croyances animistes semblent se retrouver à l'origine de toutes les religions. La croyance à la distinction de l'âme et du corps, et par suite la conception d'esprits analogues à cette âme, sont les racines de toute religion et ont une double origine, physique et psychologique ; d'une part l'observation de l'ombre ou du reflet et d'autre part l'explication du sommeil, des rêves et des états analogues (syncopes, catalepsie, etc.). Sans remonter jusqu'au sauvage de l'âge de pierre, pour bien des enfants l'ombre est un être ; elle accompagne sans cesse l'homme, marchant à ses côtés, devant ou derrière lui. Il est vrai que l'ombre n'est visible que dans les jours de soleil ou dans les nuits claires ; mais cela ne diminue en rien sa réalité ; si l'ombre de l'homme ne se sépare pas de son corps, l'ombre d'un poisson dans l'eau ne se sépare pas de lui, de même que celle d'un oiseau ou d'un nuage. Les nègres du Bénin ont peur de leur ombre ; certains nègres la considèrent comme une sorte d'espion qui épie leurs actes et les accusera à un moment donné. Beaucoup de peuples croient que l'ombre est l'âme ou l'une des âmes de l'homme.

Le reflet est une image bien plus parfaite que l'ombre, mais aussi intangible ; de là une idée confuse que tout être a un double, d'ordinaire invisible, mais qu'il peut aller voir en se mirant dans l'eau.

L'homme primitif constate ainsi qu'à son existence est intimement liée celle d'êtres souvent invisibles et toujours intangibles. De là à la conception de l'esprit il n'y a qu'un pas, on a dû le faire pour rendre compte du sommeil et des phénomènes qui se produisent dans le rêve.

Le sauvage des temps primitifs était très souvent affamé, souvent aussi repu, deux états très favorables à la production des rêves. Il s'endort affamé et épuisé de fatigue ; voici que pendant son sommeil, il reprend sa chasse ; il atteint son gibier, le dévore avidement et soudain se réveille. Il se retrouve couché à la même place où il s'est endormi et aussi affamé qu'auparavant. Comment concilier ces souvenirs et ces impressions contradictoires? Un autre jour il s'est gavé de nourriture ; un lourd sommeil s'empare de lui ; il est bientôt en proie à un cauchemar ; une bête féroce veut l'attaquer, il va périr quand il s'éveille encore baigné de sueur. Que peut-il penser ? Ceux qui l'entourent sont là pour lui affirmer qu'il n'a pas changé de place ; ils n'ont rien vu, rien entendu de ce qui motivait sa joie ou sa terreur. Cependant il est familiarisé avec ces idées d'apparition ou de disparition subite, il prend le parti de croire qu'il était à la fois présent à l'endroit où il dormait et à celui où il chassait ; tandis que son corps restait immobile, quelque chose d'autre semblable à l'ombre ou au reflet qu'il a souvent contemplé, l'a quitté pour accomplir ces actes dont il a le souvenir. Ce ne sont pas là des hypothèses, c'est une opinion universellement répandue chez les sauvages.

Les Groënlandais, d'après Crantz, se figurent que l'âme quitte le corps pendant le sommeil ; nous retrouvons cette interprétation à Bornéo, chez les Dayaks ; en Nouvelle-Zélande ; dans les montagnes de l'Inde. Tous sont d'accord pour affirmer que, pendant le sommeil, l'âme voyage et que les événements du rêve ont réellement eu lieu. Tel était aussi l'avis des Péruviens, parvenus à un degré bien plus avancé de civilisation. Cette croyance est encore fortifiée par l'apparition dans le rêve de personnes connues. Nous en retrouvons un écho dans une très intéressante légende allemande qui nous a été conservée par Grimm. (*Deutsche Mythologie*, p. 1036.) Le roi Gunthramn dort dans un bois au bord d'un ruisseau, sa tête repose sur les genoux de son fidèle écuyer ; celui-ci voit un serpent sortir de la bouche de son maître et ramper vers le ruisseau ; comme il ne peut le traverser, l'écuyer place une épée en travers pour lui servir de pont ; l'animal passe l'eau et se dirige vers une montagne voisine ; il revient ensuite et rentre dans la bouche du roi qui est toujours endormi. Gunthramn à son réveil raconte qu'il vient d'avoir un songe : il a traversé un pont de fer pour se rendre dans une montagne pleine d'or. Cette légende est très intéressante et témoigne d'un état d'esprit analogue à celui des sauvages dont nous parlons ; la donnée fondamentale, le dédoublement de l'individu qui dort, reste la même. Le Karen aujourd'hui croit aussi que lorsqu'il dort l'âme s'échappe sous la forme d'un animal dont le rêve lui retrace les actes. Une métamorphose de ce genre lui paraît toute simple puisqu'il en voit journellement de plus extraordinaires, ne fut-ce que celle d'une chenille en papillon ou de la glace en eau. Une fois admise, cette explication rend compte d'une série de phénomènes analogues, la syncope, la catalepsie, l'extase et d'une manière générale toutes les formes d'insensibilité ou d'interruption de conscience. Quand un homme perd connaissance, le Fidjien l'appelle par son nom jusqu'à ce qu'il ait fini par le décider *à revenir à soi*. Les Australiens disent d'un homme sans connaissance : il est sans âme.

La catalepsie ou la léthargie est d'un effet non moins saisissant. Une personne qui quelquefois est en pleine santé s'endort ainsi sans raison apparente, son corps est immobile, complétement passif, on peut le déplacer à sa fantaisie, jusqu'au moment où la connaissance revient, souvent assez brusquement. Est-il quelque chose qui soit plus propre à accréditer l'opinion qu'un agent moteur a quitté le corps pour y revenir après une absence plus ou moins prolongée?

Les Chipponais croient que parmi les âmes qui voyagent il y

en a qui appartiennent aux personnes tombées en léthargie. Au moyen âge encore on citait ces faits pour démontrer que l'âme peut sortir du corps et y rentrer.

Certains sauvages vont plus loin: comme une syncope est souvent précédée de signes précurseurs, comme d'autre part la maladie a souvent pour résultat la perte de connaissance, non seulement ils attribuent toute maladie grave à l'absence de l'âme, mais ils vivent dans la terreur perpétuelle qu'elle ne s'apprête à disparaître. C'est le cas des Karens, par exemple, qui lorsqu'ils vont à un enterrement se munissent de crochets et de temps en temps en donnent des coups derrière eux, pour empêcher leur âme de s'attarder et de rester avec celle du mort. Cette coutume décrite par Masson est bien de nature à nous éclairer sur la conception qu'ils peuvent avoir de cette âme.

« La croyance que les rêves et les visions sont causés par des fantômes qui sont là présents... celle que ces âmes fantômes ne font qu'un avec l'ombre et le souffle, ont conduit nombre de peuples à regarder les âmes comme de véritables êtres matériels. Aussi voit-on fréquemment des trous dans les substances solides pour permettre aux âmes de passer. Les Iroquois avaient jadis l'habitude de laisser une ouverture dans la tombe pour laisser passer l'âme et de façon à ce qu'elle pût venir visiter le corps; quelques-uns faisaient pour le même motif des trous dans le cercueil. Le sorcier malgache, en vue de guérir un malade qui est regardé comme ayant perdu son âme, perce un trou dans un tombeau pour laisser sortir l'esprit qu'il attrape dans son bonnet et fait entrer dans la tête du malade. Les Chinois font un trou dans le toit pour laisser passer l'âme au moment de la mort. Enfin la coutume d'ouvrir une fenêtre ou une porte pour permettre à l'âme de sortir quand elle quitte le corps est encore aujourd'hui une superstition très répandue en France, en Allemagne et en Angleterre. » (Tylor, *Civilisation primitive*, p. 527.)

Il est intéressant de savoir comment on se figure cette âme; les habitants des îles Tonga disent que c'est la partie la plus subtile du corps; elle est par rapport à lui ce que le parfum d'une fleur est à la corolle; les Groënlandais la décrivent pâle et molle, insaisissable.

Chez nos ancêtres les Aryens, la croyance est la même.

Puisque l'âme est distincte du corps, qu'elle peut le quitter, il est naturel de penser qu'elle lui survit. Aussi l'idée de la vie future, de la survivance de l'âme au corps est-elle presque universellement répandue. On se l'explique facilement : la mort a toutes les apparences d'un sommeil prolongé ; le sauvage qui se figure que pendant le sommeil l'âme (ou, comme on l'appelle souvent, le *double*) est absente, qui a vu ces absences se produire à des intervalles très irréguliers, depuis la syncope de quelques instants, jusqu'à la catalepsie la plus prolongée, est amené presque forcément à l'idée que la mort ne s'étend qu'au corps, non à ce qui l'animait et le mouvait. Ajoutons qu'il voit les figures des morts qu'il a connus reparaître dans ses rêves ; comment pourrait-il douter de l'existence de leur âme ? Cette raison est, par exemple, celle qui frappe le plus les Manganjas. Les Nègres de la Guinée méridionale regardent tous les rêves comme la visite des esprits de leurs amis décédés ; d'autres sont persuadés que l'âme d'un homme (son *Kla*) devenu après sa mort un fantôme (ou *sisa*) peut continuer d'habiter sa maison, visible au seul sorcier. A la Nouvelle-Zélande, il est de mauvais augure d'apercevoir le fantôme d'un absent : si le visage est invisible, c'est que sa mort est proche; s'il est visible, c'est que la personne est déjà morte. Des superstitions analogues se sont perpétuées jusqu'à nos jours en Écosse, dans le Tyrol et dans presque toutes les campagnes, et un certain nombre des exemples que nous avons cités plus haut se rapportent à la même idée. Les Zoulous, qui identifient l'âme avec l'ombre, sont convaincus que le cadavre ne projette aucune ombre.

L'auteur de ce livre se souvient que, dans son enfance, vers l'âge de sept ou huit ans, le soir, autour de la table de famille, il jouait avec son ombre cherchant à la saisir. Et son père, homme intelligent cependant, mais peu instruit, répétant à son insu une vieille légende juive, intervint en disant : « On ne joue pas avec son ombre, c'est nous quand nous sommes morts ; quand nous sommes morts, nous n'avons plus d'ombre. »

Le Fidjien admet que, dans le voyage qu'elle fait après la mort, l'âme peut être tuée par un dieu qui la briserait contre un rocher. Il est important de noter ce détail ; en effet, ce serait une erreur de croire que la survivance de l'âme au corps équivaille, dans la conception primitive, à l'immortalité. Le passé et l'avenir ne sont pour un esprit primitif et inculte que des notions vagues et incomplètes ; « il se perd même dans le compte du petit nombre de mois et d'années qui constituent une vie humaine, et la pensée de l'existence de l'âme d'un mort s'efface et disparaît chez le survivant à mesure que s'efface aussi le souvenir du mort. »

Les Manganjas, qui fondent leur croyance à une vie future sur le fait d'expérience que leurs amis les visitent pendant leur sommeil, en concluent évidemment que, lorsque ces visites cessent, c'est que les âmes ont cessé de vivre. Comme l'a fait observer du Chaillu, le nègre qui est saisi de terreur quand on lui parle de l'esprit de son frère ou de son père ne connaît pas l'esprit de son arrière-grand-père. Une tribu du Guatémala, observée par Brinton, croit que la mort violente fait périr à la fois le corps et l'âme ; au contraire, en cas de mort naturelle, celle-ci survit. Dans toute l'Amérique règnent des idées analogues, la mort est considérée comme une vie longtemps suspendue et on est très préoccupé de garantir les cadavres contre les mutilations ; on les met sur des estrades, on les cache dans des cavernes ; ailleurs on les enterre sous d'énormes *tumuli*. A ces idées se rattachent les diverses méthodes employées pour arrêter la décomposition du corps et, en premier lieu, l'embaumement. Mais ceci dérive plutôt de la croyance à la résurrection des corps qui semble répondre à un état d'esprit plus avancé.

Le mort a, dans l'opinion des sauvages les plus arriérés, aussi bien que dans celle de peuples relativement avancés en civilisation, les mêmes besoins que le vivant. Il lui faut surtout de la nourriture ; l'origine de cette croyance très générale est probablement dans la conception de la mort comme un sommeil très prolongé. Les Papous de l'île d'Alsou commencent par essayer de faire manger le mort ; quand ils s'aperçoivent de l'inutilité de leurs efforts, ils lui emplissent la bouche d'aliments et de boisson ; nous retrouvons des usages analogues chez les Tahitiens et les Malais de Bornéo. D'habitude on se borne à placer les aliments auprès du mort pour qu'il en prenne s'il le désire. Les Fantis, les Karens, les Néo-Zélandais, les Tahitiens, les Hawaïens agissent de la sorte avant l'ensevelissement. Presque tous les peuples continuent même après, apportant les aliments sur la tombe ; tels les indigènes du Dahomey en Afrique, les Caraïbes, les anciens Péruviens et les Grecs et les Romains de l'antiquité classique. Les anciens Mexicains renouvelaient les provisions du mort tous les quatre-vingts jours. Cet usage est si fortement enraciné qu'il s'est perpétué même chez les peuples qui brûlent les cadavres, par exemple chez les Indiens de l'Amérique centrale.

D'après les plus vieilles croyances des Italiens et des Grecs, dit Fustel de Coulanges, ce n'était pas dans un monde étranger à celui-ci que l'âme allait passer sa seconde existence ; elle restait tout près des hommes et continuait à vivre sous la terre.

On a même cru pendant fort longtemps que dans cette seconde existence l'âme restait associée au corps. Née avec lui, la mort ne s'en séparait pas ; elle s'enfermait avec lui dans le tombeau.

Si vieilles que soient ces croyances, il nous en est resté des témoins authentiques. Ces témoins sont les rites de la sépulture, qui ont survécu beaucoup à ces croyances primitives, mais qui certainement sont nés avec elles et peuvent nous les faire comprendre.

Les rites de la sépulture montrent clairement que lorsqu'on mettait un corps au sépulcre, on croyait en même temps y mettre quelque chose de vivant. Virgile, qui décrit toujours avec tant de précision et de scrupule les cérémonies religieuses, termine le récit des funérailles de Polydore par ces mots : « Nous enfermons l'âme dans le tombeau. » La même expression se trouve dans Ovide et dans Pline le Jeune ; ce n'est pas qu'elle répondit aux idées que ces écrivains se faisaient de l'âme, mais c'est que depuis un temps immémorial elle s'était perpétuée dans le langage, attestant d'antiques et vulgaires croyances.

C'était une coutume, à la fin de la cérémonie funèbre, d'appeler trois fois l'âme du mort par le nom qu'il avait porté. On lui souhaitait de vivre heureux sous la terre. Trois fois on lui disait : « Porte-toi bien. » On ajoutait : « Que la terre te soit légère. » Tant on croyait que l'être allait continuer à vivre sous cette terre et qu'il y conserverait le sentiment du bien-être et de la souffrance ! On écrivait sur le tombeau que l'homme reposait là ; expression qui a survécu à ces croyances et qui, de siècle en siècle, est arrivée jusqu'à nous. Nous l'employons encore, bien qu'assurément personne aujourd'hui ne pense qu'un être immortel repose dans un tombeau. Mais dans l'antiquité on croyait si fermement qu'un homme vivait là, qu'on ne manquait jamais d'enterrer avec lui les objets dont on supposait qu'il avait besoin, des vêtements, des vases, des armes. On répandait du vin sur sa tombe pour étancher sa soif ; on y plaçait des aliments pour apaiser sa faim. On égorgeait des chevaux et des esclaves dans la pensée que ces êtres enfermés avec le mort le serviraient dans le tombeau, comme ils avaient fait pendant sa vie. Après la prise de Troie, les Grecs vont retourner dans leur pays ; chacun d'eux emmène sa belle captive ; mais Achille, qui est sous la terre, réclame sa captive aussi, et on lui donne Polyxène.

Non contents de s'être persuadés qu'ils feraient après leur mort tout ce qu'ils faisaient auparavant, les hommes en vinrent, sur bien des points, à espérer une vie plus heureuse. Les indigènes des Nouvelles-Hébrides trouveront des noix de coco magnifiques et en quantité inépuisable. Les Tasmaniens chasseront sans fin ; les Comanches ne tueront plus que des bisons parfaitement gras. Les Dacotahs plus exigeants continueront de faire la guerre à leurs anciens ennemis. Dans le Wahalla scandinave le guerrier mort chasse et s'enivre. Les Patagons se contenteront d'une ivresse perpétuelle. Mais pour chasser, il faut au mort des armes ; aussi les enterre-t-on avec lui ; les Tougouses, les Kalmouks, les Esquimaux, les Araucans, les nègres de l'Afrique centrale sont d'accord à ce sujet. On y joint des vêtements, et, dans bien des cas, tous ses biens mobiliers, les objets précieux qu'il possédait. Remarquons le progrès fait depuis la conception primitive que nous signalions chez les Papous : il ne s'agit plus de fournir au mort des aliments pour le cas où il se réveillerait ; on veut lui donner des objets qui lui soient d'un usage permanent, vêtements de rechange, armes, etc. La logique veut qu'il ait besoin non seulement de ces objets inanimés, mais aussi des êtres vivants qui lui ont appartenu. On enterre avec le Comanche, le Patagon, le Yakoute, le Kirguis, ses chevaux préférés; avec le Bédouin, son chameau; avec le Damara, ses bestiaux ; au Toda, il faut son troupeau entier ; les Péruviens ont poussé plus loin encore cé désir d'approvisionner le mort ; ils lui donnent un sac de graines pour qu'il puisse ensemencer ses champs dans l'autre monde (Tschudi). Il n'y a pas plus de raison pour priver le mort de ses serviteurs ou de sa femme que de ses chevaux ; aussi chez les peuples de civilisation assez avancée pour développer les conséquences logiques de leurs théories, nous trouvons l'usage d'immoler les prisonniers de guerre, les esclaves (Caraïbes, Dacotahs, Chinouks, Bornéo, Zoulous, Dahomey) ; aux îles Fidji on limite le sacrifice au meilleur ami du mort. Les Mexicains, au contraire, faisaient de véritables boucheries humaines à la mort des grands personnages. Le sacrifice de la femme se retrouve en Amérique (Caraïbes, Dacotahs, etc.), en Afrique (Dahomey, peuples du Congo, etc.), en Océanie (îles Tongas, Nouvelle-Calédonie, etc.). Il est bon de rappeler que les victimes se prêtent en général assez facilement à l'immolation. Dans les Indes orientales, la veuve qui ne montait pas vivante sur le bûcher où se consumait le cadavre de son mari, était déshonorée.

II

L'usage d'envoyer les âmes des femmes, serviteurs ou amis du mort le rejoindre dans l'autre monde, est déjà bien plus raffinée que celle de donner à ce mort des aliments ; elle marque un progrès intellectuel. On se fait de la vie future une conception de moins en moins matérielle, surtout chez les peuples où prévaut l'usage de brûler les cadavres. On se contente de brûler ou de briser les objets qui ont appartenu au mort, les esprits de ces objets lui suffiront dans sa vie nouvelle. Un pas de plus, et on se contentera de brûler des images en papier de sa maison, de meubles, de bateaux, comme M. J. Thomson le vit faire aux funérailles d'un mandarin chinois. Nous sommes arrivés à cette phase de l'évolution où on se borne à accomplir le simulacre d'actes dans lesquels les ancêtres mettaient une foi et une crédulité qui ne sont plus de notre âge. L'idée de la seconde vie, de la vie après la mort, d'abord regardée comme identique à la première, s'en est peu à peu différenciée. La même transformation se produit dans les idées relatives au séjour des morts, à l'autre monde.

Au début, on se figure naturellement que les morts continuent de résider auprès des vivants, soit qu'ils errent parmi eux, soit qu'ils habitent leur tombe et en sortent fréquemment pour se mêler à la vie de leurs contemporains ou de leurs descendants. Les Kamtschadales abandonnent leur hutte aux morts et vont s'en construire une autre ; de même en Guyane et en Afrique, une série de peuples, Hottentots, Bechouanas, etc. Mais peu à peu la résidence des morts s'éloigne: en Nouvelle-Calédonie on dit qu'ils se retirent dans les bois ; c'est une croyance assez répandue sur les côtes d'Afrique. Ailleurs, où l'on enterre les morts sur les sommets, on croit qu'ils y restent, c'est l'idée des gens de Taïti, des Dayaks de l'île de Bornéo, de certains Patagons, des Caraïbes.

Les montagnes étant très souvent cachées dans les nuages, on comprend sans peine qu'une confusion se soit établie qui transporte la demeure des morts dans les cieux, d'abord au voisinage des pics les plus élevés, puis partout indistinctement ; toutefois ces idées sont relativement rares ; en général l'autre monde est, soit une région éloignée, souvent située au delà des mers, soit un monde souterrain.

Voici comment sont nées ces deux conceptions:

La première tire son origine des émigrations accomplies par les peuples qui la professent. Les émigrants ont laissé leurs morts derrière eux ; attachés aux lieux où ils ont commencé de vivre, souvent pris de nostalgie, ils rêvent de leur ancienne patrie et des personnes qui y sont restées ; ils se persuadent que, durant leur sommeil, leur âme est allée les revoir. Lors de l'absence définitive qui correspond à la mort, on se dit que l'âme est retournée pour toujours aux lieux d'où elle était originaire et qu'elle allait si souvent revoir. Quand les Mandans meurent, ils croient retourner dans le pays de leurs aïeux. Quand un

Santal meurt, on jette son corps à l'eau pour qu'il retourne en Orient d'où sont venus ses ancêtres; de même chez les peuplades voisines: les Chonos (Patagons occidentaux) de l'Amérique du Sud, croient être venus de l'Ouest, à travers l'Océan, ils y placent le séjour des morts; de même encore les Todas et les Kalmouks. Les Chinouks (Amérique du Nord) le placent au Sud, certains Polynésiens à l'Est, d'autres peuples aux Nord (Damanas, etc.). Comme il y a eu des migrations dans tous les sens, les idées sur la région où l'on place le séjour des morts doivent être fort divergentes; il en est bien ainsi, et c'est un argument de plus en faveur de notre explication. Elle rend compte aussi de l'usage très répandu qui consiste à orienter les cadavres dans une direction déterminée: on leur tourne le visage du côté où leur âme doit retourner. Les Damaras de l'Afrique australe le tournent au nord; les Araucaniens vers l'Ouest; les Musulmans vers la Mecque et les Juifs dans la direction de Jérusalem. Ils placent la demeure des morts au delà de la mer par où ils seraient venus.

Comme les peuples émigrants ont très souvent pris la route fluviale ou maritime, ils la font prendre aussi à leurs morts qui doivent la parcourir en sens inverse. Dans l'île de Bornéo, les Kanauits embarquent sur un canot les biens du chef défunt et les abandonnent à la dérive. Les Australiens de Port-Jackson plaçaient le corps dans un canot; chez beaucoup d'autres peuples on se contente d'employer un canot en guise de cercueil; cet usage se retrouve chez les Chinouks, les Ostiaks, les Neo-Zélandais, les Fidjiens, etc.

Une des croyances les plus répandues est celle qui relègue les morts dans un monde souterrain. C'est une notion qui s'est développée presque nécessairement chez des hommes dont les ancêtres habitaient des grottes ou des cavernes. Beaucoup de ces cavernes paraissent sans fond, quelques-unes à cause de leurs dimensions colossales (comme la grotte du Han, celle d'Adelsberg, Mammouths-Cave dans le Kentucky), la plupart parce que des éboulements, le manque de lumière ou la crainte arrêtent l'explorateur qui n'en discerne pas nettement l'extrémité. Ajoutons que dans les formations calcaires, très répandues sur la surface de la terre, l'eau a creusé d'immenses galeries où l'on est constamment arrêté par une crevasse ou par un gouffre où grondent les eaux souterraines. Cela suffit pour faire naître et pour entretenir la croyance à un monde souterrain dont on ignore l'étendue. Lorsque les hommes eurent abandonné les cavernes où ils habitaient d'abord, ils continuèrent d'y enterrer leurs morts, et ils se figurèrent qu'elles étaient peuplées par les âmes des ancêtres. Il est très probable que cet usage d'enterrer les morts dans des cavernes a donné aux Hébreux l'idée de leur chéol (dont les chrétiens ont fait l'enfer). Il est assez vraisemblable que la conception de l'Hadès grec, le sombre royaume d'Aïdès et de Persephone (Pluton et Proserpine), où sont réunies les âmes fantômes des morts, n'a pas d'autre origine.

Les conceptions de l'autre vie et de l'autre monde que nous venons d'exposer ont un caractère de plus en plus abstrait, depuis la forêt où habite l'âme du Néo-Calédonien jusqu'à l'Hadès des Grecs ou l'Enfer des chrétiens. Un trait fondamental de cette évolution, c'est que la vie future, calquée sur la vie terrestre, en est arrivée à représenter, par rapport à celle-ci, un idéal, un moment et un endroit où l'on peut enfin jouir de tous les biens qu'on a recherchés ici-bas. Cette opinion est étroitement associée, chez les races supérieures, aux idées morales, dont nous allons maintenant indiquer sommairement l'origine et les transformations essentielles.

III

L'idée morale est le propre de l'humanité. Est-ce dans l'homme et dans une partie de l'homme qui ne tienne pas de sa nature physique qu'il faut chercher l'origine de la morale et du devoir?

Les faits vont répondre : Nous trouvons chez les animaux des actes, et, par suite, des sentiments analogues à ce que nous avons coutume d'appeler des actes ou des sentiments moraux; chez les sauvages et les races inférieures, la notion de moralité, si elle existe, n'a rien de commun avec la notion de morale dans les races supérieures ; ce que nous qualifions de moral ou d'immoral n'a pas du tout le même caractère aux yeux d'un Polynésien ou d'un nègre.

Les exemples du premier ordre abondent, sans parler des animaux domestiques. On a vu des corbeaux nourrir des compagnons aveugles ; nous avons raconté le fait de cette troupe de babouins qui reculaient devant des chiens ; un jeune n'ayant pu suivre le gros de la bande, un des plus forts revint en arrière pour le dégager et couvrir sa retraite. Ce sont des cas relativement simples, de même que ceux de mères se dévouant pour leurs petits ; dans les sociétés animales plus complexes, on trouve aussi des cas de moralité plus compliquée. On sait la sobriété et le désintéressement des abeilles ; jamais elles ne touchent aux provisions d'hiver ; or, il est possible, en faisant contracter à une abeille des habitudes d'ivrognerie, de la rendre du même coup paresseuse et voleuse. Une fourmi qui, isolée, est prudente et timide, se fera tuer sans hésiter dès qu'elle est entourée d'autres fourmis.

Voyons maintenant les sauvages : l'infanticide est pratiqué et approuvé dans une grande partie de l'Océanie ; à Taïti, la confrérie aristocratique des *aréoïs* l'imposait à ses membres ; le meurtre systématique des vieillards ou des infirmes est un usage très général dans la Mélanésie, chez les Cafres, les Peaux-Rouges, les Esquimaux, etc. Le Fuégien, l'Australien n'hésitent pas à manger leur femme en cas de disette ; un Fuégien interrogé, déclara qu'il aimait mieux sacrifier sa femme que son chien qui l'aidait à chasser. En sacrifiant les bouches inutiles, le Vitien, le Fuégien ou l'Esquimau agissent exactement à la manière des singes anthropoïdes. On sait combien l'anthropophagie a été répandue et l'est encore dans l'Afrique, les deux Amériques et l'Océanie. Ce qu'il importe de noter, ce n'est pas seulement la généralité de ces coutumes (le vol aussi est très général à tous les degrés de l'échelle des races, sans être pour cela approuvé) ; c'est que ces actes qui nous paraissent monstrueux ne rencontrent aucune désapprobation chez nos frères inférieurs.

N'ont-ils donc aucune moralité? On se tromperait fort en l'avançant, mais ils n'appliquent pas l'éloge ou le blâme aux mêmes actes que nous louons ou blâmons, ils sont à une autre phase de l'évolution morale, et nous voyons que le sens moral varie selon les siècles et la latitude exactement comme toute autre idée.

La manifestation fondamentale de l'idée morale, de ce devoir que Kant, au nom de ses principes métaphysiques, déclarait irréductible, semble bien être le sacrifice de l'intérêt immédiat, ou plus exactement le sentiment de solidarité s'affirmant par ce sacrifice.

La horde humaine primitive a dû sentir les avantages de la solidarité, y être conduite d'une manière presque fatale, de même que les troupeaux de bœufs sont contraints à se grouper, par les fauves qui rôdent autour d'eux, dévorant les traînards. Dans cette horde où le sentiment de solidarité est devenu une habitude héréditaire, se développe la notion de la nécessité, du courage et de l'obéissance au chef; ajoutez-y celle du talion ou de la vendetta, la sensibilité au blâme ou à l'éloge, et vous aurez les données essentielles sur lesquelles repose le sens moral.

La première s'est développée très simplement; on a débuté par la crainte, puis le respect de la force a suivi; le respect du courage est une idée déjà plus complexe, mais du même ordre, qui mène à concevoir la nécessité du courage; l'intérêt, bien entendu, est de combattre vaillamment avec ses compagnons et pour eux; la lâcheté, dangereuse pour tous, est le plus grand des crimes. C'est là une idée qu'on retrouve chez les représentants les plus attardés de l'espèce humaine.

La nécessité de l'obéissance au chef procède également du sentiment de la solidarité et de la crainte de la force ; il est clair que la discipline est une condition de force pour une horde ou une tribu ; l'obéissance à un chef est la forme la plus simple de la discipline; son utilité reconnue, ainsi que la force prépondérante que possède en général le chef accepté par les sauvages primitifs, ont à la longue façonné les hommes à ce joug; on sait combien il est dur dans des sociétés plus développées ; il y a des Etats despotiques d'Asie ou d'Afrique où l'obéissance à la volonté du maître domine toute la vie morale. Il en est au fond exactement de même dans les religions où l'obéissance passive à la volonté du souverain placé dans les cieux est regardée comme la clé de la morale. L'obéissance au chef est une des premières idées morales, une de celles qui se sont le plus vite dégagées et qui ont de meilleure heure pris le caractère d'habitudes.

Il en est de même de l'idée du talion ou de la vendetta ; on conçoit aisément que si la solidarité est indispensable à l'existence de la horde ou de l'agrégation de la famille primitive, cette solidarité n'est complète et ne donne tous ses profits qu'à la condition que les membres de la tribu ou de la famille non seulement s'entr'aident, mais aussi se vengent les uns les autres ; la meilleure manière d'éviter qu'une personne ne vous frappe une seconde fois, consiste à lui rendre le mal qu'elle vous a fait et à la contenir par la crainte ; ce qui est vrai d'un individu l'est aussi d'un groupe. Ce raisonnement est si simple et si instinctif qu'on ne doit pas s'étonner de le rencontrer chez presque tous les peuples. L'Australien, aux yeux de qui il n'y a pas de mort naturelle, croit que toute mort résulte d'un maléfice et doit être vengée ; le docteur Lander raconte qu'un Australien ayant perdu sa femme, ne put retrouver son repos d'esprit qu'après avoir rempli ce qu'il considérait comme un devoir ; le cas est d'autant plus remarquable qu'il avait annoncé son intention et qu'on l'avait menacé de prison pour l'en détourner ; il s'exposait donc à de réels dangers pour satisfaire sa conscience. La coutume de la vendetta est générale chez les sauvages, elle s'est conservée jusque dans les races les plus avancées ; quant à la peine du talion, on sait que c'est la forme primitive de la pénalité, lorsque la société se substitue aux ressentiments privés de ses membres pour faire régner l'ordre.

Les trois sentiments que nous venons de décrire, dérivés tous de la solidarité qui unit les membres des moindres agrégations humaines et qui est la condition *sine qua non* de leur durée, ne suffiraient pas à rendre compte de toute la morale primitive ; ce sont surtout des conceptions qui supposent un certain raisonnement. Pour rendre compte de l'origine des idées morales, il est essentiel de tenir compte d'un dernier facteur purement émotionnel : la sensibilité au blâme et à l'éloge. En Polynésie, chez les Peaux-Rouges des deux Amériques, un homme serait déshonoré s'il ne tirait pas vengeance d'un tort ou d'un affront ; cette notion d'honneur se retrouve à tous les degrés de l'humanité ; la racine en est dans l'horreur de la lâcheté, qui, développée sous l'influence du blâme ou de l'éloge, a produit cette morale du point d'honneur, dont les raffinements paraissent si singuliers. Le Kamtchadale se croirait déshonoré s'il rejetait une partie de sa pêche pour alléger sa barque, surprise par une tempête. L'Arabe se croit tenu de tirer vengeance de l'homme qui lui fait une remarque désobligeante sur la disposition de son turban ; la plupart des motifs de duel sont d'une valeur au moins égale.

Les sentiments que nous venons d'analyser permettent de se rendre un compte assez exact de la genèse des idées morales ; nous avons déjà la solidarité familiale et sociale impliquant le devoir de se défendre et au besoin de se sacrifier les uns pour les autres, le sentiment de la discipline, le respect de l'organisation sociale et des supérieurs, enfin les raffinements du point d'honneur. Ajoutez-y le respect de la propriété et vous aurez toutes les données essentielles de la morale courante des peuples civilisés. Nous plaçons en dernier lieu le respect de la propriété, parce que c'est un sentiment moral qui semble de plus fraîche date que les autres; c'est un produit de la réflexion, et il faut encore aujourd'hui l'inculquer par l'éducation; les autres, au contraire, ont bien le caractère d'habitudes instinctives enracinées par l'hérédité.

Le respect de la propriété implique l'honnêteté dans les transactions, qui s'allie chez bien des peuples à la férocité la plus grande et même à une grande mauvaise foi dans bien des cas. L'honnêteté dans les transactions, base de la moralité commerciale, est, d'autre part, à peu près indispensable au maintien des groupements sociaux les plus simples, qui ne peuvent subsister sans une certaine bonne foi réciproque. On est arrivé par extension au scrupuleux respect de la parole donnée, aussi développé chez les Dayaks des montagnes de Bornéo que dans l'élite des nations européennes.

IV

Nous ne pousserons pas plus loin cette analyse; une fois constituées, les idées morales ont évolué comme le reste. Le développement de la famille et de la propriété leur a fait faire de grands progrès; quand il y eut une législation, elle précisa la notion du devoir et en créa une série de nouveaux. L'amélioration de la vie matérielle, la douceur croissante des mœurs, ayant pour conséquence le respect de la vie humaine, le raffinement des affections, ont formé et épuré l'idéal moral; l'idée d'une vie future a exercé une action moralisatrice très puissante; il s'est constitué des religions qui ont surtout visé à coordonner et satisfaire les besoins moraux de leurs fidèles ; enfin la philosophie a pris la direction du mouvement moral et donné à son évolution et au progrès des races européennes, une direction rationnelle et une impulsion irrésistible.

Nous ne pouvons nous attarder sur ces consolantes perspectives; il nous faut une fois encore remonter aux débuts de l'humanité pour retracer, depuis leurs lointaines origines, les transformations successives des croyances religieuses.

On s'accorde assez généralement aujourd'hui à admettre que l'animisme a été la forme originelle des conceptions religieuses. Nous avons déjà vu que pour le sauvage primitif, la distinction entre le matériel et l'immatériel était bien moins nette que nous ne la trouvons ; nous avons vu qu'il est naturellement conduit à attribuer à des agents invisibles une foule de phénomènes, à ne concevoir de cause que volontaire et intentionnelle, comme sont les causes de ses actions, bref, à supposer sous chaque chose un être, un esprit à peu près invisible et intangible, une volonté à peu près analogue à la sienne ; la question est de savoir s'il a fait ce dernier pas presque immédiatement ou s'il n'est arrivé à peupler le monde d'esprits qu'en développant instinctivement ses idées sur l'âme. Cette seconde hypothèse est celle de Tylor ; mais, en tout cas, on est d'accord sur le principe. « La théorie sauvage rapporte tous les phénomènes qui peuvent se produire dans l'univers à l'action bonne ou mauvaise d'esprits personnels, de même que, dans l'enfance de la philosophie, le sauvage croyait voir, dans la vie humaine, le moyen de comprendre toute la nature. Il ne faudrait pas attribuer ces pensées à un simple effort de l'imagination ; il faut y voir plutôt la conséquence raisonnable que les effets sont dus à des causes ; c'est là ce qui conduisait les grossiers habitants primitifs de la terre à peupler de fantômes éthérés les maisons et les lieux où ils se plaisaient, la terre entière et le ciel qui l'enveloppe. Les esprits sont tout simplement des causes personnifiées. De même que le sauvage attribue à l'influence de l'âme la vie et les actions de l'homme, de même il attribue les événements heureux ou malheureux qui affectent l'humanité et les nombreux phénomènes physiques du monde extérieur à des êtres ressemblant à des âmes, à des esprits, en un mot, dont l'origine est essentiellement la même, bien que leur puissance et leurs fonctions soient aussi différentes que possible. » (Tylor.)

Voici comment, d'après Tylor, se serait opérée la transition de l'idée de l'âme à l'idée plus générale des esprits. La plupart des tribus sauvages redoutent les âmes des morts et les considèrent comme des esprits méchants : nous trouvons cette opinion chez les Australiens, les Néo-Zélandais, les Caraïbes, les Peaux-Rouges, dans l'Afrique centrale, dans l'Asie septentrionale, dans l'Inde et l'Indo-Chine; bref, sur toute l'étendue du globe. Cependant on est plus enclin à regarder les âmes des ancêtres comme des esprits bienveillants et nos patrons disposés à secourir leurs parents. Le culte des ancêtres est une des formes principales du sentiment religieux; les races noires du Pacifique, les tribus des deux Amériques, les Polynésiens, les Malaisiens, les aborigènes de Madagascar, les Africains du Cap à la Guinée, les divers peuples de l'Asie, Hindous, Chinois, etc., les anciens Grecs et les Romains pratiquent ou ont pratiqué le culte des morts et spécialement des ancêtres.

L'âme fantôme intervenant dans les affaires de ses descendants, on lui attribue naturellement ce qui arrive de bon ou de mauvais, spécialement les maladies dues à l'action temporaire d'un mauvais esprit; quand il s'agit des phénomènes de possession on est encore bien plus porté à en rendre compte de la même manière. Le nombre de ces revenants s'accroît sans cesse par les décès nouveaux ; on peuple peu à peu l'atmosphère ambiante d'esprits qui servent de plus en plus à expliquer les phénomènes terrestres, si bien que derrière tout objet naturel il finit par y avoir un esprit. Les Australiens sont persuadés que chaque recoin, chaque buisson, chaque source est habitée par un de ces démons; les Algonquins de l'Amérique du Nord, les Konds d'Orissa (Inde), les tribus touraniennes, les nègres de la Guinée se font la même idée ; elle a persisté à travers tous les progrès intellectuels et nous la retrouvons tout au long dans l'ouvrage de Mgr Gaume sur l'*Eau bénite*, ouvrage formellement approuvé par le pape Pie IX ; mémorable exemple de la vitalité et de la survivance des superstitions.

Le sauvage au moins est conséquent avec lui-même et ces millions d'esprits créés par son imagination lui servent à interpréter les phénomènes naturels. Ils lui fournissent une solution aisée de tous les changements que les cieux et la terre ne cessent de présenter. « Les nuages qui s'amassent et qui vont s'évanouir, des étoiles filantes qui se montrent et disparaissent, la surface de l'eau qui perd soudain son luisant sous l'haleine d'un vent léger, les métamorphoses des animaux, les transmutations de substances, les orages, les tremblements de terre, les éruptions de volcans, tout devient explicable. Les êtres auxquels on attribue la puissance de se rendre tantôt visibles et tantôt invisibles et dont les autres pouvoirs ne rencontrent pas de limites connues sont partout présents. Comme ils rendent compte de tous les changements inattendus, leur existence se trouve toujours vérifiée. » (H. Spencer.)

Quand les Danakils voient un tourbillon de poussière traverser une route, ils se jettent dessus le poignard à la main pour chasser l'esprit qui l'a suscité et qu'ils croient y voir. Les Araucans attribuent les tempêtes aux luttes des âmes de leurs ancêtres contre leurs ennemis. Ajoutons un exemple donné par H. Spencer et qui nous paraît topique : « Un remou dans la rivière où des bâtons flottants tourbillonnent et s'engloutissent n'est pas loin de l'endroit où un sauvage de la tribu s'est noyé pour ne plus reparaître. N'est-il donc pas évident que le double de ce noyé, malfaisant comme tous les morts demeurés sans sépulture, demeure en cet endroit; qu'il attire ces objets sous la surface et que, pour se venger, il saisit et entraîne les personnes qui s'aventurent dans son voisinage ? Lorsque tous ceux qui connaissaient le noyé sont morts ; quand, après des générations les détails du récit de sa mort, supplanté par des récits plus récents, se sont perdus, tout ce qui reste c'est une croyance à un démon des eaux qui hante ce lieu... C'est ainsi que les choses se passent partout. Il n'y a rien qui conserve dans la tradition la ressemblance des esprits avec les individus dont ils sont dérivés ; non seulement d'innombrables points de dissemblance s'établissent et les traits individuels s'effacent, mais aussi, à la longue, tous les traits humains disparaissent. » (H. Spencer, *Principes de Sociologie.*)

Les sauvages en sont arrivés à placer des esprits partout et à expliquer uniformément tous les phénomènes naturels par leurs actions. On attribue à des esprits les tourbillons, les éruptions volcaniques. Les Australiens disent que celles-ci sont dues à des démons souterrains qui allument de grands feux et jettent en l'air les pierres rougies du foyer ; les Kamtchadales ont à peu près la même idée. Dans un autre ordre d'idées, les Fidjiens mettent une âme non seulement dans les animaux et les plantes mais dans les objets fabriqués comme les canots ; de même les Chippéouais et les Karens.

Ceci nous met sur la voie du fétichisme.

Le mot de fétichisme avait été pris par Auguste Comte dans un sens très large; il dénommait ainsi ce spiritualisme vague qui donne une âme à chaque chose et explique la nature par les mêmes conceptions que la vie humaine.

Il vaut mieux restreindre le sens du mot fétichisme et désigner ainsi le culte rendu à certains objets généralement portatifs et auxquels on attache une puissance spéciale due à l'esprit qui les habite. Contrairement aux anciennes théories, le fétichisme n'est pas la forme primitive des religions, il ne se rencontre qu'à un degré relativement avancé de civilisation. Les Andamènes, les Fuégiens, les Australiens, les Boschimans, les représentants les plus attardés de l'espèce humaine ignorent le culte des fétiches ; ils ne sont pas parvenus à ce point où la croyance aux esprits engendre le fétichisme. Au contraire, on le trouve chez les peuples plus avancés, nègres de la côte de Guinée, Péruviens civilisés, etc. Il est aisé de le comprendre : comment le sauvage pourrait-il arriver directement à l'idée qu'un objet inanimé renferme un être dont il ne peut constater la présence ? Une telle croyance ne peut lui venir que lorsqu'il a déjà pris l'habitude de placer des esprits partout.

V

Mais ni le fétichisme ni le culte des morts ancêtres ne sont des phases essentielles de l'évolution religieuse de l'humanité. Pour terminer cet exposé, il nous reste à dire comment, du culte général des esprits sortirent le polythéisme et les grandes formes religieuses qui se partagent aujourd'hui l'immense majorité des hommes.

Au-dessus de la multitude des esprits, on plaça des divinités plus puissantes correspondant aux grands phénomènes de la nature ; c'était un grand progrès, car c'était une généralisation ; si l'on admet un Dieu du soleil, il est presque certain que ce Dieu en éliminera rapidement une foule de petits, parce qu'on lui attribuera presque tous les phénomènes dus à l'influence solaire. Ce n'est pas tout, ces grandes divinités sont conçues à l'image de l'homme, et la conception anthropomorphique a pour résultat d'accentuer le côté moral de ces dieux à l'image de la société humaine. Au-dessus des âmes des morts, des fantômes, des esprits, des sources, des rochers, des arbres, se trouvent des esprits plus puissants dont la sphère d'action est moins bornée dans l'espace. On retrouve ces grands dieux du polythéisme chez des races assez peu avancées, les Polynésiens et les Samoyèdes comme chez les Indo-Européens. Il est bon de remarquer que chez les races inférieures ce polythéisme n'a aucun caractère moral, tandis que peu à peu, à mesure que nous en suivons le développement chez des peuples d'une civilisation plus grande, la fusion se fait entre la morale et la religion. En même temps nous voyons naître et grandir la croyance à une divinité suprême. Cette divinité suprême est très souvent le soleil comme chez certains Polynésiens, chez les Moluchés et les Tobas de l'Amérique du Sud ; le Grand Esprit des Peaux-Rouges paraît avoir été surtout le dieu du ciel, de même que le Zeus homérique.

Les religions des grands peuples civilisés se sont ainsi de plus en plus dégagées de la nature, et la morale y a pris une place prépondérante.

La religion a commencé par être une grossière philosophie de la nature ; dépouillée peu à peu de ce domaine par les progrès de la science, elle a conquis le domaine moral où elle se cantonne solidement et d'où la philosophie ne peut la déloger qu'au prix des plus grands efforts.

« Les religions antiques s'étaient surtout occupées de l'origine des choses et de l'ensemble du monde, les religions modernes s'occupent toujours de la nature de l'homme et de sa destinée. Les unes sont des systèmes de physique, les autres des systèmes de morale. A la religion de la nature succède la religion de l'humanité, représentée par le bouddhisme en Orient, le christianisme en Occident. Ces deux religions présentent des traits communs qu'il est impossible de méconnaître. Si Hérodote visitait aujourd'hui l'Europe et l'Asie, le Christ et Bouddha lui paraîtraient le même Dieu sous deux noms différents. Les rapports sont encore plus grands dans la morale que dans la légende. Dans le dogme, au contraire, l'opposition est complète. La personnification du divin a pris une telle importance dans le christianisme qu'on avai fini par se persuader en Europe qu'il n'y avait pas de religion possible sans un Dieu personnel; depuis qu'on a étudié le bouddhisme, il faut reconnaître qu'il y a une religion athée. L'idée que le mot Dieu représente à notre esprit n'existe pas dans le bouddhisme, il n'y a pas de créateur ni de cause première, pas d'Etre suprême ni de Providence. Au-dessus des existences particulières, il n'y a que le non-être ; le monde n'a jamais eu de commencement; il se crée lui-même par le désir de vivre et se renouvelle par la continuité des métamorphoses ; c'est un changement perpétuel, une succession d'apparences sans réalité. Au sommet de l'échelle des métamorphoses, le bouddhisme place le néant comme dernier terme de la béatitude et comme suprême espérance de la vertu. Cette religion du désespoir est celle qui compte aujourd'hui le plus de fidèles ; le cinquième au moins et peut-être le quart de l'humanité. C'est celle aussi qui possède le clergé le plus nombreux et le plus puissant, qui admet le plus de miracles et qui attache le plus d'importance aux pratiques dévotes ; ce qui prouve que l'athéisme ne préserve pas du règne des prêtres et que le néant offert comme récompense aux vertus humaines n'empêche pas la superstition. » (Louis Ménard, *Histoire des Grecs*.)

Tant il est vrai que les religions même les plus parfaites ne répondent plus à l'état actuel de notre évolution. Elles survivent aux besoins qui les ont créées ; la science moderne a achevé la ruine des hypothèses religieuses, la morale a repris son indépendance et a été constituée en une science à part ; c'est désormais un fait acquis et contre lequel ne sauraient prévaloir ni les regrets qu'inspire le passé, ni les polémiques que soulèvent les partis, que les races européennes sont parvenues au terme de l'évolution religieuse.

CHAPITRE IV

Les Organisations sociales

Plus encore qu'à son développement intellectuel, c'est à son organisation sociale que l'homme a dû, et sa prépondérance sur les autres animaux et sa domination de la terre. Nous avons vu se former et se développer la famille, la propriété, les croyances morales et religieuses, sans lesquelles on ne saurait concevoir nos sociétés. Il nous faut maintenant esquisser l'histoire de ces sociétés elles-mêmes. Et ainsi que nous avons vu par étapes successives la nébuleuse devenir système solaire, la terre s'en détacher, la matière s'animer, et la terre et cette matière animée se transformer par gradations insensibles depuis la cellule jusqu'à l'homme, de même il faut prendre l'homme, cette cellule sociale et suivre le développement par lequel l'humanité s'est élevée de la horde sauvage à l'Etat moderne.

I

Le type le plus rudimentaire de société humaine semble être fourni par les Cayaguas, sauvages de l'Amérique du Sud qui vivent dans les forêts par petites bandes réunissant rarement plus d'une douzaine de personnes; de même les Veddahs retirés dans les jungles de l'île de Ceylan. Ces hordes sont de tout point comparables à celles des singes anthropoïdes; les gorilles sont même plus avancés, car ils savent se grouper et s'emparer d'un territoire qui leur convient en expulsant à coups de pierres ou de bâton les autres occupants. Un certain nombre de peuplades sauvages n'ont guère dépassé cette phase primitive de l'évolution sociale, en général parce que le sol était trop peu fertile pour nourrir des agglomérations plus nombreuses. Tels sont les Fuégiens, habitants de la Terre de Feu; ils vivent par groupes de douze à vingt personnes ; la rigueur du climat a mis obstacle à leur développement. Les Boschimans qui errent dans les steppes de l'Afrique australe ne sont guère plus avancés. Les Andamènes, obligés de chercher leur subsistance sur une étroite bande littorale resserrée entre la mer et des forêts impénétrables, certains Esquimaux, les indiens Diggèrs, tribu de Chochones qui ne vit que de racines, nous fournissent d'autres exemples d'hommes demeurés à peu près dans l'état primitif au point de vue social. Les circonstances ne leur ont pas permis de se développer comme les hordes et les tribus voisines, et ils restent parmi nous, vivants témoignages d'un passé auquel notre orgueil ne croit qu'avec peine.

Certes, si les Fuégiens, les Boschimans ou les Tasmaniens (aujourd'hui disparus) n'ont guère dépassé la forme la plus rudimentaire de l'état social, la faute en est surtout au milieu où ils étaient placés et qui rendait à peu près impossible la formation et le ravitaillement de bandes plus nombreuses. C'est que l'accroissement numérique est le premier facteur du progrès. Il peut résulter soit de la multiplication d'une bande, soit de la fusion de plusieurs bandes ou hordes entre elles. En tout cas c'est une loi biologique, vraie aussi en sociologie, qu'à tout accroissement de la masse correspond une complication de structure.

Les hommes ont commencé par vivre des fruits de la terre et des produits de leur chasse, de même que les animaux analogues à nous ; tout au plus leur prévoyance allait-elle jusqu'à constituer des réserves et amasser des provisions en vue des jours de disette; c'est là ce qu'on peut appeler l'état sauvage, qui implique presque nécessairement une vie nomade; car lorsqu'après avoir épuisé les ressources d'un district on passe dans un autre, on n'a nulle raison de se fixer au sol.

II

Passer de l'état sauvage à l'état pastoral, c'est une transformation profonde; l'homme soumet diverses espèces animales qu'il exploite à son profit; elles sont pour lui une sorte de provision alimentaire régulière. Cela suppose d'ailleurs une certaine complication dans les habitudes de la vie. Il y a bien encore des nomades pasteurs comme les Bédouins, les Kalmoucks, les Kirguises, les Comanches, mais la plupart sont déjà à demi-sédentaires; ils ne sont pas toujours fixés à la même place parce que les pâturages s'épuisent et qu'il faut se déplacer pour nourrir ses troupeaux.

Après avoir élevé les animaux pour en faire des réserves alitaires, sortes de greniers animés, les peuples soumettent au travail ces mêmes animaux. Ils en font des serviteurs, des auxiliaires, des collaborateurs. Ils s'en servent pour demander au sol ce que le sol ne donne pas sans un dur labeur, et c'est ainsi qu'ayant assoupli le bœuf et le cheval à la tâche, les peuples passent à l'état agricole où ils sont généralement sédentaires.

Cette évolution graduelle des sociétés humaines, vue d'ensemble, met en lumière deux vérités qui sont comme deux principes de la sociologie : la première, c'est que ces transformations dans la vie matérielle ont été concomitantes des progrès sociaux et ont exercé sur eux une influence très considérable; la seconde, c'est que sur ce point, comme sur bien d'autres, l'évolution des sociétés humaines peut se comparer à celle des fourmis, ceux de tous les animaux qui ont réalisé l'organisation sociale la plus parfaite et la plus comparable à la nôtre. Les fourmis, elles aussi, vivent en principe de la chasse et de la récolte des fruits que la nature leur fournit; celles des pays chauds, comme la *Pheidole providens*, rassemblent des provisions et elles ont trouvé le moyen d'empêcher les grains de germer; pendant une moitié de l'année elles vivent sur leurs magasins. Un grand nombre de fourmis ont des animaux domestiques et l'on en a compté jusqu'à cinq cent quatre-vingt quatre espèces; enfin certaines fourmis du Texas ont atteint un degré plus élevé et sont parvenues à l'état agricole; elles défrichent le sol, cultivent des herbes et en récoltent les graines.

Revenons donc à la horde primitive et cherchons à la voir se diriger vers une forme sociale moins rudimentaire. Ce progrès doit être attribué à la sélection naturelle; les hommes, animaux relativement faibles, ne soutenaient la lutte pour l'existence qu'en se groupant; leur force collective était naturellement en raison directe de leur nombre; les associations plus nombreuses durent prospérer; en cas de conflit avec d'autres, elles l'emportaient et voilà pourquoi, dans tous les cas où les circonstances n'y mettaient pas un obstacle invincible, les petites bandes de douze à quinze personnes servirent de point de départ à des organismes sociaux plus nombreux et plus complexes.

On arriva à la tribu. Le nombre des membres était plus grand. Il se produisit deux phénomènes parfaitement logiques : une différenciation et une spécialisation dans les fonctions; l'homme habile à tirer de l'arc se consacra de préférence au métier de la guerre et à la chasse, laissant d'autres, par exemple, lui fabriquer les armes dont il se servait; en même temps la cohérence du groupe augmentait et par suite la solidarité de ses membres; ceci s'accorde d'ailleurs parfaitement avec la division du travail; chacun a dès lors bien plus besoin de son voisin qu'au jour où il faisait lui-même tout ce qui lui est nécessaire. D'autres causes intervinrent encore pour compliquer la structure de l'organisme social. L'accroissement de force de la tribu eut pour conséquence un accroissement de bien-être, et aussi des relations plus fréquentes des divers groupes humains entre eux.

Ces relations eurent fréquemment un caractère hostile, ne fût-ce qu'en raison de la concurrence vitale. La guerre eut une influence décisive sur le développement des sociétés.

Pour les expéditions guerrières comme pour les grandes chasses, on s'habitua à se laisser guider par un chef. La centralisation de l'autorité est le trait fondamental de tout corps de combattants, qu'il s'agisse de sauvages, de soldats ou de brigands. Dans les groupes primitifs, l'autorité temporaire d'un chef est le résultat d'une guerre temporaire; de longues hostilités donnent lieu à l'institution d'un chef permanent; peu à peu de l'autorité militaire sort l'autorité civile. La guerre habituelle, qui réclame la coopération rapide des parties, exige leur subordination; par là s'établissent des sociétés où l'habitude, entretenue par la guerre, survivant pendant la paix, crée un assujettissement permanent.

Si l'on excepte quelques groupes simples qui sont isolés, comme les Esquimaux ou les Alfaroux, peuplade océanienne voisine des Lapons, les sociétés se trouvent en contact et par suite en guerre avec d'autres agglomérations humaines analogues. Aussi nous trouvons des chefs au moins temporaires à la tête de la plupart des tribus qui ont dépassé l'état social de la horde primitive. Nous trouvons une autorité suprême vague et instable chez les Caraïbes, les Absponès, les Chippéouais, la plupart des Kamtschadales, des tribus de la Guyane, de la Nouvelle-Guinée, chez les Karens, les Santals, etc. L'autorité est stable chez la plupart des peuples sédentaires à partir des Fidjiens, des Néo-Zélandais et des Hottentots. L'exemple des Hottentots est particulièrement intéressant parce qu'il n'y a encore chez eux aucune hiérarchie sociale, ni esclavage, ni aristocratie. Ils sont au moment de l'évolution où l'autorité du chef, fondée sur les nécessités de la guerre, vient de s'établir. Le pouvoir du chef, borné d'abord à la direction militaire, s'étend peu à peu à la vie civile, avant tout aux transactions. Chez les Patagons, une autorisation est nécessaire pour vendre à des étrangers; chez les Khonds le chef règle les transactions commerciales; aux îles Sandwich, aux îles Tonga, aux Célèbes, il fixe les prix. Chez les Dayaks de Bornéo, aux îles Fidji, au Dahomey, au Guatemala nous voyons un chef civil préposé au commerce à côté du chef militaire.

III

Le passage de l'état sauvage à l'état pastoral, puis agricole, et par suite à la vie sédentaire, les progrès de la propriété et de la famille, l'autorité croissante des chefs, tout cela concourut à créer des classes sociales; mais la véritable origine en fut la guerre. Il y a une phase de l'évolution sociale où la guerre, ce fléau atroce, a été un facteur nécessaire.

On ne saurait exagérer l'importance qu'eut la guerre dans l'évolution humaine; non seulement c'est d'elle que procédent les gouvernements dont elle rendit la nécessité évidente, mais elle est l'origine de l'esclavage et par suite des distinctions entre les hommes. La création d'un gouvernement, appareil régulateur de la vie sociale, et la différenciation des membres de la société en plusieurs classes, sont deux faits fondamentaux. De même que le premier rudiment de gouvernement fut l'autorité reconnue d'un chef, provisoire d'abord, puis permanent, de même l'institution de l'esclavage fut la première des distinctions sociales.

Tout d'abord, lorsqu'on était vainqueur à la guerre, on tuait les hommes de la tribu adverse, souvent même on les mangeait ; quant aux non-combattants, femmes et enfants, ils se dispersaient; les vainqueurs eurent bientôt l'idée de s'en emparer pour les utiliser à la manière des bêtes de somme; c'est encore ainsi que les choses se passent chez les Patagons.

On fit un pas de plus et on se contenta de faire prisonniers les hommes que l'on pouvait épargner ; on les fit alors travailler à son profit, c'est ainsi que l'esclavage commença par être un progrès. Le profit qu'on en tirait était très grand ; chez les Bétchouanas, par exemple, les esclaves chassent avec les chiens et à peu près au même titre pour le compte de leurs maîtres ; sur la Côte d'Or on emploie les esclaves au travail le plus pénible, au défrichement. Les Béloutchis se déchargent de tout le travail agricole sur les Jutts, les anciens habitants du pays qu'ils ont conquis. Ainsi se crée une différence entre la classe dominante qui fait la guerre et les esclaves sur qui on rejette les travaux les plus pénibles, ceux que le sauvage primitif impose à sa femme.

A mesure que la société passe à l'état agricole, la différence de fonction s'accuse davantage : les maîtres se bornent à un rôle de surveillance et de direction générale. Ils cherchent alors à accroître par tous les moyens le nombre de ces esclaves qui travaillent à leur place. C'est une des préoccupations principales des sociétés africaines ; le nombre des esclaves y est très considérable ; dans certains districts il forme les trois quarts de la population. Chez les Fellatahs les esclaves sont chargés de tous les métiers, industrie et commerce.

Pour l'homme qui vient d'être réduit en esclavage, il n'y a presque aucune sûreté ; sa vie dépend du bon plaisir du maître ; quand l'esclavage est devenu héréditaire, que c'est une institution sociale, l'esclave est un peu plus garanti. Ajoutons d'ailleurs que lorsque ce pas est franchi, il y a souvent un autre procédé d'acquisition d'esclaves que la capture ou l'achat : la réduction à l'état servile est, dans beaucoup d'Etats africains en particulier, une pénalité ; il en était de même à Rome et en Germanie.

En même temps qu'il se forme en bas une classe servile sur qui le reste des membres de la société s'efforcent de rejeter tout le travail, il tend à se former en haut, à côté et au-dessous du chef, une classe supérieure qui concentre les fonctions directrices. Les origines de cette aristocratie sont multiples : elle représente soit la réunion des chefs des petits groupes dont la fusion a formé la tribu, ou des petites tribus qu'elle s'est annexées successivement; soit la famille du chef, surtout lorsque l'autorité est devenue héréditaire ; soit une classe d'envahisseurs qui ont subjugué les occupants antérieurs du sol. Outre les chefs locaux, un des éléments essentiels des aristocraties est formé des propriétaires puissants; il faut enfin, pour compléter cette nomenclature, mentionner l'aristocratie sacerdotale.

Les chefs locaux subordonnés à un chef général forment l'aristocratie des îles Sandwich, de Taïti, des îles Samoa, des Achantis, des Malgaches du dernier siècle. Chez les Coussas, les chefs des kraals (villages) forment le conseil du roi. Chez les Araucaniens le pouvoir suprême, un instant superposé aux chefs des tribus, ne s'est pas maintenu; il arrive fréquemment, en effet, que les groupements fédéraux formés sous l'influence d'une nécessité urgente, n'ont qu'une durée assez courte ; le progrès n'est pas fatal et ne se poursuit que par l'élimination d'un grand nombre de retardataires. C'est ainsi que dans l'Amérique du Nord a péri la confédération des « six nations » ; au contraire, chez les Kirghises, le chef suprême, de temporaire, est devenu héréditaire.

D'autre part, le chef des chefs a besoin d'auxiliaires pour exercer son autorité ; pour se renseigner, transmettre ses ordres, il utilise tout d'abord sa famille, quelques chefs en qui il a spécialement confiance : chez une peuplade Betchouanas, les Bachassins, c'est le frère du chef qui fait exécuter ses ordres. Dans les États où le monarque est devenu héréditaire, sa famille est en tête de la hiérarchie sociale qui s'est constituée. Au Pérou l'aristocratie des Incas descendait ou était présumée descendre des mêmes ancêtres que la famille royale. A côté d'eux les caciques des nations soumises formaient une autre partie de l'aristocratie.

Dans bien des cas l'aristocratie est une race d'envahisseurs superposés aux anciens habitants; ainsi dans l'empire des Aztèques renversé par les Espagnols lors de la conquête du Mexique. Les conquérants européens étaient, dans les colonies de l'Amérique tropicale, une véritable aristocratie. On a voulu généraliser ces cas jusqu'à soutenir que presque toutes les aristocraties avaient pour origine la conquête.

Cette théorie, évidemment exagérée, a été réfutée en détail notamment par M. Fustel de Coulanges, à propos de l'invasion des barbares et des origines de la féodalité. Il a essayé d'établir que l'aristocratie du moyen âge avait été formée essentiellement des grands propriétaires fonciers. Il est difficile de nier dans une société relativement avancée, où la propriété joue un rôle décisif, l'importance des grands propriétaires.

A toutes les causes que nous avons signalées et qui concourent à créer en haut de la société une classe de gens qui s'emparent de ses fonctions directrices, il convient d'en ajouter deux autres : le fonctionnarisme et la religion. Il serait étonnant que le souverain ne témoignât pas à ses amis une faveur spéciale et qu'il ne leur fît pas une part dans la puissance dont il dispose. Il y a donc dans le peuple une série de personnes qui ont une puissance et une importance exceptionnelles, dues à leurs relations avec le chef et au rôle qu'ils jouent sous ses ordres. Bien que, dans les organisations plus complexes, les fonctionnaires soient une classe tout à fait distincte et souvent rivale de l'aristocratie, il n'en est pas ainsi dans les sociétés primitives où l'hérédité des offices est même une des causes les plus simples de sa formation. Elle a contribué pour une large part à constituer l'aristocratie féodale dans l'Europe du moyen âge.

Presque toutes les aristocraties que nous venons de passer en revue ont pour trait fondamental l'hérédité ; il n'en est pas de même de l'aristocratie sacerdotale ; le sacerdoce est souvent héréditaire, mais dans bien des cas aussi il ne l'est pas. Nous avons exposé le rôle des conceptions religieuses dans la vie des sauvages ; ils en sont obsédés au point d'y conformer toutes leurs actions.

C'est là du reste un sentiment facilement intelligible ; si l'on admet que l'homme est entouré d'esprits dont la puissance l'emporte de beaucoup sur la sienne, comment s'étonner qu'il cherche avant tout à les satisfaire et à vivre en bons termes avec eux ? Chez les races inférieures comme les Australiens en Océanie, les Fuégiens en Amérique, les Hottentots en Afrique, l'idée ne vient pas encore de communiquer avec les dieux. Mais on fait ce progrès, on arrive à l'idée de se concilier les dieux en leur témoignant son respect, en leur offrant des présents, en leur donnant surtout une habitation où ils puissent s'abriter. C'est l'état d'esprit auquel sont parvenus la plupart des nègres d'Afrique et des Polynésiens. Une fois qu'on entre en relations régulières avec les dieux, on constate ou l'on croit constater qu'ils exaucent certaines demandes plutôt que d'autres ; il y a des moyens de leur plaire et d'obtenir d'eux par exemple la guérison des maladies ; ainsi naît la croyance à la vertu des formules et des rites. D'autre part, il y a des hommes qui, soit parce qu'ils connaissent mieux ces formules, soit pour tout autre motif, obtiennent des esprits ce que ces esprits refuseraient à d'autres : ce sont les sorciers. Que le sorcier soit attaché au service de la maison divine, et nous avons le prêtre. Peu à peu le culte s'organise ; pour adresser ses demandes au dieu on se rend à sa maison, au temple, et on emploie l'intermédiaire de son serviteur attitré, du prêtre.

Si le prêtre transmet à ses héritiers avec sa situation le secret des formules auxquelles il doit sa puissance, nous aurons un sacerdoce héréditaire ; à Taïti, aux îles Hervey, les prêtres forment une corporation héréditaire. Si au contraire les divers sorciers ou prêtres se réunissent pour s'appuyer les uns les autres, nous avons un collège sacerdotal. Enfin, lorsque dans un État parvenu à un degré plus avancé de l'évolution, les collèges sacerdotaux ou les prêtres des différentes localités s'entendent pour observer des règles ou se soumettre à une autorité commune, on est en présence d'un clergé. On sait à quel degré de puissance sont parvenues plusieurs de ces corporations religieuses.

Aux îles Hawaï, personne n'aurait osé résister aux volontés des prêtres dont le pouvoir était sans limites. Nous trouvons dans toute la Polynésie orientale la corporation religieuse des Areoi, sorte d'ordre monastique, dont les membres pouvaient prendre tout ce qui leur plaisait ; ils étaient considérés comme des êtres surnaturels. A un degré plus élevé, les lamas ont organisé au Tibet et dans la Mongolie orientale une théocratie qui transforme ces pays en un immense couvent.

Quand la tribu a à la fois et un chef qui mène le peuple à la guerre et le dirige en temps de paix, et une classe servile qui est par excellence la classe productrice et une aristocratie ou classe directrice, elle possède tous les éléments essentiels de l'organisme social ; il n'existe encore qu'à l'état rudimentaire, mais il existe avec la spécialisation des fonctions qui ira toujours en croissant, avec ses rouages politiques et sa hiérarchie sociale. C'est à peu près vers ce moment de l'évolution que se fait un progrès considérable ; le commerce apparaît.

La première forme du commerce, c'est la réunion à un endroit marqué et à époque fixe de gens qui veulent échanger leurs produits. Les marchés périodiques se trouvent chez les principaux insulaires de la Polynésie et chez les peuples demi-civilisés de l'Afrique, chez les Malais et les Malgaches, au Mexique et dans l'Amérique centrale. — Nous ne citons que les peuples qui sont à la phase de l'évolution sociale où l'organisation commerciale vient d'apparaître. La transaction commence par l'échange direct et finit par le commerce devenu la fonction d'une catégorie spéciale d'agents. Ces échanges ont pour résultat nécessaire d'accroître beaucoup la division du travail et la spécialisation; peu à peu les professions se constituent.

Dans l'Afrique centrale, il en existe déjà un certain nombre. Plus la division du travail est poussée loin, plus s'accroît, non-seulement la quantité, mais aussi la qualité des produits.

Ce n'est pas tout: les échanges périodiques amènent à créer des routes ; la piste ou le sentier battu qui traversait la forêt ou la prairie s'élargit et devient une voie, grossière d'abord, puis de mieux en mieux tracée et entretenue ; vient ensuite la navigation fluviale, puis maritime. Le mouvement d'échange finit par créer de véritables courants commerciaux de plus en plus réguliers et rapides. Les Ragas de l'Inde se servent de sentiers ouverts à travers les jungles par les bêtes sauvages; les chemins des Betchouanas s'en distinguent à peine; cependant celui qui réunit leurs deux grandes villes est bien plus large parce qu'on y passe davantage. Dans le Dahomey et l'Afrique orientale, les routes traversant des champs, ont un parcours défini; elles sont même souvent délimitées par des haies ; enfin les voies principales du Dahomey, celles qui vont à la côte et qui servent au commerce proprement dit, sont assez larges pour être carrossables. Par le réseau de routes et le mouvement rythmé des échanges, l'organisme social s'est donné tout un appareil circulatoire qu'on a pu comparer à celui du corps humain. La sûreté de la transmission et la variété des produits transportés augmentant, la dépendance mutuelle des diverses parties s'accroît: chaque partie fonctionne mieux et plus vite, mais d'autre part il devient de plus en plus impossible à chaque groupe de vivre seul. La comparaison avec la biologie s'impose ; elle a été magistralement développée par M. Herbert Spencer, dans la première partie du tome second de ses *Principes de Sociologie*. L'évolution sociologique procède comme l'évolution biologique ; le progrès des agrégats humains comme celui des agrégats de cellules vivantes s'est fait vers un accroissement de volume : celui-ci a eu pour conséquence un accroissement dans la cohérence des éléments composants et une diversité plus grande des parties et des fonctions de l'ensemble constitué par ces éléments. Il est bon toutefois de mentionner les réserves faites par Spencer lui-même. « L'organisme social discret et non concret, asymétrique et non symétrique, sensible dans toutes ses unités, au lieu d'avoir un centre sensible unique, n'est comparable à aucun type particulier d'organisme individuel, animal ou végétal. » (*Principes de Sociologie.*)

Nous voici parvenus au terme de notre analyse ; l'organisme social pourvu de son appareil alimentaire ou producteur, de son appareil circulatoire ou distributeur et de son appareil gouvernemental ou directeur. C'est à cette étape que se sont arrêtées le plus grand nombre des sociétés humaines.

Quelques-unes ont été plus avant et ont réalisé une organisation bien plus compliquée et bien plus parfaite qui leur a donné dans la lutte pour l'existence un ascendant presque sans limites. Aussi des races se sont développées de manière à occuper la plus grande partie de la surface du globe ; les autres, incapables de résister, ont subi les conséquences fatales de la sélection naturelle : elles ont été subordonnées ou éliminées.

Un des faits les plus graves de l'histoire de l'humanité, c'est l'effrayante simplification ethnique qui s'accomplit depuis deux siècles par suite des progrès de la race blanche. On peut sans exagération affirmer que la majorité des types ethniques existant il y a trois siècles sont sur le point de périr ; quelques-uns même ont déjà disparu comme les Tasmaniens ou telle tribu de Peaux-Rouges. Ce serait une histoire d'un intérêt tragique que celle de ces conflits qui ont mis aux prises des forces parfois si inégales, conduit au tombeau des peuplades entières et épargné à des races dont quelques-unes étaient bien douées le dur labeur de la vie et du progrès péniblement poursuivi de siècle en siècle.

Une fois que la société existe avec ses fonctions diverses, son gouvernement et ses classes, lorsque le peuple s'est fixé sur le sol, que la famille et la propriété se constituent, que les idées religieuses prennent corps, que les coutumes se précisent en législation, plusieurs solutions sont possibles selon que tel ou tel élément aura plus d'importance relative.

Si nous avons affaire à une population de campagnards ou à des tribus qui ne soient pas encore passées à l'état complètement sédentaire; à cause de la rigueur du climat ou de l'infertilité du sol qui ne pourrait les nourrir longtemps à la même place, il y a beaucoup de chances pour que la famille soit le groupement fondamental; nous aurons alors un régime patriarcal comme dans les clans écossais; chez les anciens Grecs et les Romains; chez les Kabyles actuels.

Dans les régions tropicales plus favorisées que les autres et surtout dans les plaines fertiles de l'Afrique centrale, de l'Egypte et de l'Inde, sur les plateaux du Pérou et du Tibet, il se fit des agglomérations humaines plus vastes; la hiérarchie sociale se compliqua; les classes se multiplièrent et devinrent des castes où les hommes furent immobilisés de père en fils dans la même situation et souvent dans les mêmes occupations. Chez les Cafres déjà le pouvoir et le rang social sont héréditaires; chez les Bambaras du Kaarta il y a trois castes aristocratiques: les forgerons, les ouvriers en cuir et les griots (chanteurs et sorciers); chez les Mandingues, aux castes des forgerons, des cordonniers, des musiciens et des orateurs est superposée celle des interprètes du Coran. Dans l'ancienne Egypte, la plus parfaite des sociétés africaines, le régime des castes fleurit dans toute sa splendeur; on sait que c'est aujourd'hui encore celui de l'Inde. Au Japon, bien plus avancé, toute la nation se divise en huit castes. Au point de vue politique l'organisation des castes aboutit à peu près forcément au despotisme ; le despotisme prend la forme théocratique comme au Tibet ou la forme monarchique (grands Etats africains, Mexique, Pérou des Incas, ancienne Égypte, ancienne Assyrie, royaumes sémitiques, Indo-Chine, etc.) Des races entières agricoles et pacifiques en général (au moins prises dans leur ensemble) n'ont jamais conçu d'autre idéal. Dans les contrées tout à fait isolées comme le Tibet ou le Japon, la théocratie peut s'établir et durer ; encore ne s'est-elle conservée intacte jusqu'à nos jours qu'au Tibet où le grand Lama est une sorte de dieu terrestre. Dans les Etats qui sont perpétuellement obligés de se défendre et d'avoir une force militaire organisée, le despotisme prend la forme monarchique. Son expression la plus parfaite paraît avoir été réalisée dans le Pérou tel qu'il était avant la conquête espagnole ; sous les Incas, fils du soleil, le peuple était réduit au rôle d' « automate sans initiative et sans liberté au service des castes supérieures et d'un maître omnipotent. » (Létourneau, *Sociologie.*)

Gaicilao nous raconte que « les habitants de chaque ville étaient inscrits par décades sous le commandement d'un décurion ; cinq décurions sous un supérieur et deux de ces supérieurs sous un supérieur d'un grade plus élevé, cinq de ces centurions sous un chef, et deux de ces chefs sous un officier qui commandait ainsi un millier d'hommes ; enfin, pour chaque dizaine de mille il y avait un gouverneur de la race des Incas. » (H. Spencer, *Princ. de Sociol.*)

Chez des peuples moins fortement centralisés, soit en raison de la configuration du sol, soit en raison de la trop grande extension du territoire de l'Etat, quand le pouvoir central vient à disparaître ou à éprouver des échecs qui diminuent sa force, le régime féodal apparaît. La féodalité est fondée sur la conquête ou sur la propriété. Autrefois on lui assignait la conquête comme origine constante, l'opinion contraire est maintenant très en vogue. La féodalité provient de la conquête lorsque le prince conquérant répartit ses compagnons sur le sol conquis de manière à leur faire partout des avantages et assurer la stabilité de sa domination en les intéressant directement à sa défense. M. Fustel de Coulanges a essayé de prouver qu'au moins dans l'Europe du moyen âge, la féodalité avait pour origine la grande propriété ; il a montré comment le propriétaire est devenu maître dans son domaine. Comment les classes intermédiaires ayant disparu il n'est plus resté qu'une aristocratie de propriétaires fonciers superposés à des tenanciers et à des serfs. La féodalité serait donc le produit d'une évolution lente, régulière et pacifique.

L'Abyssinie, certains États de l'Inde, l'Europe du moyen âge vivent ou ont vécu sous le régime féodal.

Toutes les formes politiques que nous venons de décrire sont des conceptions très inférieures à notre idée de l'État, idée abstraite d'un gouvernement désintéressé qui ne tire aucun profit personnel de son pouvoir et se contente d'exercer son autorité directrice pour le mieux des membres de la communauté, protégeant la liberté, maintenant l'égalité et cherchant à y faire régner la fraternité, sans jamais empiéter sur les droits de l'individu. Cette notion de l'État que nous trouvons dans la cité grecque tend à prévaloir depuis la Révolution française.

TABLE DES MATIÈRES

LIVRE PREMIER

L'ÉVOLUTION DES MONDES

LIVRE DEUXIÈME

LA TERRE

LIVRE TROISIÈME

L'HOMME

LIVRE QUATRIÈME

L'ÉVOLUTION SOCIALE

BIBLIOTHÈQUE SCIENTIFIQUE
INTERNATIONALE

Publiée sous la direction de M. Émile ALGLAVE

Volumes in-8, reliés en toile anglaise. Prix : 6 fr.

La *Bibliothèque scientifique internationale* est une œuvre dirigée par les auteurs mêmes, en vue des intérêts de la science, pour la populariser sous toutes ses formes, et faire connaître immédiatement dans le monde entier les idées originales, les directions nouvelles, les découvertes importantes qui se font chaque jour dans tous les pays. Chaque savant expose les idées qu'il a introduites dans la science et condense pour ainsi dire ses doctrines les plus originales.

On peut ainsi, sans quitter la France, assister et participer au mouvement des esprits en Angleterre, en Allemagne, en Amérique, en Italie, tout aussi bien que les savants mêmes de chacun de ces pays.

La *Bibliothèque scientifique internationale* ne comprend pas seulement des ouvrages consacrés aux sciences physiques et naturelles, elle aborde aussi les sciences morales, comme la philosophie, l'histoire, la politique et l'économie sociale, la haute législation, etc. ; mais les livres traitant des sujets de ce genre se rattachent encore aux sciences naturelles, en leur empruntant les méthodes d'observation et d'expérience qui les ont rendues si fécondes depuis deux siècles.

Cette collection parait à la fois en français, en anglais, en allemand et en italien : à Paris, chez Félix Alcan ; à Londres, chez C. Kegan, Paul et Cie ; à New-York, chez Appleton ; à Leipsig, chez Brockhaus ; et à Milan, chez Dumolard frères.

ZOOLOGIE

La Philosophie zoologique avant Darwin, par Edmond Perrier, professeur au Muséum d'histoire naturelle de Paris. 1 vol. in-8, 2e édit. 6 fr.

Descendance et Darwinisme, par O. Schmidt, professeur à l'Université de Strasbourg. 1 vol. in-8, avec fig., 5e édit. 6 fr.

Les Mammifères dans leurs rapports avec leurs ancêtres géologiques, par O. SCHMIDT. 1 vol. in-8, avec 51 figures dans le texte. 6 fr.

Fourmis, Abeilles et Guêpes, par sir JOHN LUBBOCK, membre de la Société royale de Londres. 2 vol. in-8, avec figures dans le texte et 13 planches hors texte, dont 5 coloriées. 12 fr.

Les Sens et l'Instinct chez les animaux, et principalement chez les insectes, par sir JOHN LUBBOCK, 1 vol. in-8 avec grav. 6 fr.

L'Écrevisse, introduction à l'étude de la zoologie, par TH.-H. HUXLEY, membre de la Société royale de Londres et de l'Institut de France, professeur d'histoire naturelle à l'Ecole royale des mines de Londres. 1 vol. in-8, avec 82 fig. dans le texte. 6 fr.

Les Commensaux et les Parasites dans le règne animal, par P.-J. VAN BENEDEN, professeur à l'Université de Louvain (Belgique). 1 vol. in-8, avec 82 figures dans le texte, 3e édit. 6 fr.

BOTANIQUE — GÉOLOGIE

L'Évolution du règne végétal, par G. DE SAPORTA, correspondant de l'Institut, et MARION, correspondant de l'Institut, professeur à la Faculté des sciences de Marseille.

I. *Les Cryptogames*. 1 vol. in-8, avec 85 fig. dans le texte. 6 fr.

II. *Les Phanérogames*. 2 v. in-8, avec 136 fig. dans le texte. 12 fr.

Les Champignons, par COOKE ET BERKELEY, 1 vol. in-8, avec 110 fig., 4e édit. 6 fr.

Les Volcans et les Tremblements de terre, par FUCHS, professeur à l'Université de Heidelberg. 1 vol. in-8, avec 36 figures et une carte en couleur, 4e édit. 6 fr.

La Période glaciaire, principalement en France et en Suisse, par A. FALSAN, 1 vol. in-8, avec 105 grav. et 2 cartes hors texte. 6 fr.

Les Régions invisibles du globe et des espaces célestes, par A. DAUBRÉE, de l'Institut, professeur au Muséum d'histoire naturelle. 1 vol. in-8, 2e édit., avec 78 gravures dans le texte. 6 fr.

L'Origine des plantes cultivées, par A. DE CANDOLLE, correspondant de l'Institut. 1 vol. in-8, 3e édit. 6 fr.

Introduction à l'étude de la botanique (le Sapin), par J. DE LANESSAN, professeur agrégé à la Faculté de médecine de Paris, 1 vol. in-8, 2e édit., avec figures dans le texte. 6 fr.

Microbes, Ferments et Moisissures, par le docteur L. TROUESSART. 1 vol. in-8, avec 108 figures dans le texte, 2e édit. 6 fr.

PHYSIQUE

La Conservation de l'énergie, par BALFOUR STEWART, professeur de physique au collège Owen's de Manchester (Angleterre), suivi d'une étude sur la *Nature de la force*, par P. DE SAINT-ROBERT (de Turin). 1 vol. in-8, avec figures, 4e édit. 6 fr.

Les Glaciers et les Transformations de l'eau, par J. TYNDALL, professeur de chimie à l'Institution royale de Londres, suivi d'une étude sur le même sujet, par HELMHOLTZ, professeur à l'Université de Berlin. 1 vol. in-8, avec nombreuses figures dans le texte et 8 planches tirées à part sur papier teinté, 5e édit. 6 fr.

La Matière et la Physique moderne, par STALLO, précédé d'une préface par CH. FRIEDEL, membre de l'Institut. 1 vol. in-8, 2e édit. 6 fr.

CHIMIE

Les Fermentations, par P. SCHUTZENBERGER, membre de l'Académie de médecine, professeur de chimie au Collège de France. 1 vol. in-8, avec figures, 5e édit. 6 fr.

La Synthèse chimique, par M. BERTHELOT, secrétaire perpétuel de l'Académie des sciences, professeur de chimie organique au Collège de France. 1 vol. in-8, 6e édit. 6 fr.

La Théorie atomique, par Ad. WURTZ, membre de l'Institut, professeur à la Faculté des sciences et à la Faculté de médecine de Paris. 1 vol. in-8, 5e édit., précédée d'une introduction sur la *Vie et les travaux* de l'auteur, par M. CH. FRIEDEL, de l'Institut. 6 fr.

La Révolution chimique (Lavoisier), par M. BERTHELOT, 1 vol. in-8. 6 fr.

ASTRONOMIE — MÉCANIQUE

Histoire de la Machine à vapeur, de la Locomotive et des Bateaux à vapeur, par R. THURSTON, professeur de mécanique à l'Institut technique de Hoboken, près de New-York, revue, annotée et augmentée d'une Introduction par M. HIRSCH, professeur de machines à vapeur à l'École des ponts et chaussées de Paris. 2 vol. in-8, avec 160 figures dans le texte et 16 planches tirées à part, 3e édit. 12 fr.

Les Étoiles, notions d'astronomie sidérale, par le P. A. SECCHI, directeur de l'Observatoire du Collège romain. 2 vol. in-8, avec 68 fig. dans le texte et 16 pl. en noir et en couleur, 2e édit. 12 fr.

Le Soleil, par C.-A. YOUNG, professeur d'astronomie au Collège de New-Jersey. 1 vol. in-8, avec 87 figures. 6 fr.

THÉORIE DES BEAUX-ARTS

Le Son et la Musique, par P. BLASERNA, professeur à l'Université de Rome, suivi des *Causes physiologiques de l'harmonie musicale*, par H. HELMHOLTZ, professeur à l'Université de Berlin. 1 vol. in-8, avec 41 figures, 4e édit. 6 fr.

Principes scientifiques des Beaux-Arts, par E. BRUCKE, professeur à l'Université de Vienne, suivi de *l'Optique et les Arts*, par HELMHOLTZ, professeur à l'Université de Berlin. 1 vol. in-8, avec figures, 4e édit. 6 fr.

Théorie scientifique des couleurs et leurs applications aux arts et à l'industrie, par O. N. ROOD, professeur de physique à Colombia-College de New-York (Etats-Unis). 1 vol. in-8, avec 130 figures dans le texte et une planche en couleurs. 6 fr.

PHILOSOPHIE SCIENTIFIQUE

Le Cerveau et ses fonctions, par J. LUYS, membre de l'Académie de médecine, médecin de la Charité. 1 vol. in-8, avec figures 6e édit. 6 fr.

Le Cerveau et la Pensée chez l'homme et les animaux, par CHARLTON BASTIAN, professeur à l'Université de Londres. 2 vol. in 8, avec 184 figures dans le texte, 2e édit. 12 fr.

Le Crime et la Folie, par H. MAUDSLEY, professeur à l'Université de Londres. 1 vol. in-8, 5e édit. 6 fr.

L'Esprit et le Corps, considérés au point de vue de leurs relations, suivi d'études sur les *Erreurs généralement répandues au sujet de l'esprit*, par Alex. BAIN, professeur à l'Université d'Aberden (Ecosse). 1 vol. in-8, 4e édit. 6 fr.

Théorie scientifique de la sensibilité : *le Plaisir et la Peine*, par Léon DUMONT. 1 vol. in-8, 3e édit. 6 fr.

La Matière et la Physique moderne, par STALLO, précédé d'une préface par M. CH. FRIEDEL, de l'Institut. 1 vol. in-8, 2e édit. 6 fr.

Le Magnétisme animal, par A. BINET et Ch. FÉRÉ. 1 vol. in-8, avec figures dans le texte, 4e édit. 6 fr.

L'Intelligence des animaux, par ROMANES. 2 vol. in-8, 2e édit., précédé d'une préface de M. E. PERRIER, professeur au Muséum d'histoire naturelle. 12 fr.

L'Évolution des mondes et des sociétés, par C. DREYFUS, député de la Seine. 1 vol. in-8, 3e édit. 6 fr.

PHYSIOLOGIE

La Machine animale, par E.-J. MAREY, membre de l'Institut, professeur au Collège de France. 1 vol. in-8, avec 117 figures dans le texte, 4e édit. 6 fr.

Les Illusions des sens et de l'esprit, par James SULLY. 1 vol. in-8, 2e édit. 6 fr.

La Locomotion chez les animaux (marche, natation et vol), suivie d'une étude sur l'*Histoire de la navigation aérienne*, pa J.-B. PETTIGREW, professeur au Collège royal de chirurgie d'Édimbourg (Ecosse). 1 vol. in-8, avec 140 figures dans le texte, 2e. édit. 6 fr.

Physiologie des exercices du corps, par le docteur F. LAGRANGE. 1 vol. in-8, 5e édit. Ouvrage couronné par l'Institut. 6 fr.

La Chaleur animale, par CH. RICHET, professeur de physiologie à la Faculté de médecine de Paris. 1 vol. in-8, avec figures dans le texte. 6 fr.

Les Sensations internes, par H. BEAUNIS, professeur de physiologie à la Faculté de médecine de Nancy, directeur du laboratoire de psychologie physiologique à la Sorbonne. 1 vol. in-8. 6 fr.

Les Virus, par M. ARLOING, professeur à la Faculté de médecine de Lyon, directeur de l'école vétérinaire. 1 vol. in-8, avec figures. 6 fr.

Les Sens, par BERNSTEIN, professeur de physiologie à l'Université de Halle (Prusse). 1 vol. in-8, avec 91 figures dans le texte, 5e édit. 6 fr.

Les Organes de la parole, par H. DE MEYER, professeur à l'Université de Zurich, traduit de l'allemand et précédé d'une introduction sur l'*Enseignement de la parole aux sourds-muets*, par O. CLAVEAU, inspecteur général des établissements de bienfaisance. 1 vol. in-8, avec 51 figures dans le texte. 6 fr.

SCIENCES SOCIALES

Introduction à la science sociale, par HERBERT SPENCER. 1 vol. in-8, 9e édit. 6 fr.

Les Bases de la morale évolutionniste, par HERBERT SPENCER. 1 vol. in-8, 4e édit. 6 fr.

Le Crime et la Folie, par H. MAUDSLEY, professeur de médecine légale à l'Université de Londres. 1 vol. in-8, 5e édit. 6 fr.

La Défense des États et les Camps retranchés, par le général A. BRIALMONT, inspecteur général des fortifications et du corps du génie de Belgique. 1 vol. in-8, avec nombreuses figures dans le texte et 2 planches hors texte, 3e édit. 6 fr.

La Monnaie et le Mécanisme de l'échange, par W. STANLEY JEVONS, professeur d'économie politique à l'Université de Londres. 1 vol. in-8, 4e édit. 6 fr.

La Sociologie, par DE ROBERTY. 1 vol. in-8, 2e édit. 6 fr.

La Science de l'éducation, par Alex. BAIN, professeur à l'Université d'Aberdeen (Ecosse). 1 vol. in-8, 7e édit. 6 fr.

Lois scientifiques du développement des nations dans leurs rapports avec les principes de l'hérédité et de la sélection naturelle, par W. BAGEHOT. 1 vol. in-8, 5e édit. 6 fr.

La Vie du langage, par D. WHITNEY, professeur de philologie comparée à Yale-College de Boston (Etats-Unis). 1 vol. in-8. 3e édit. 6 fr.

La Famille primitive, par J. STARCKE, professeur à l'Université de Copenhague. 1 vol. in-8. 6 fr.

ANTHROPOLOGIE

L'Espèce humaine, par A. DE QUATREFAGES, membre de l'Institut, professeur d'anthropologie au Muséum d'histoire naturelle de Paris. 1 vol. in-8, 10e édit. 6 fr.

L'Homme avant les métaux, par N. JOLY, correspondant de l'Institut, professeur à la Faculté des sciences de Toulouse. 1 vol. in-8, avec 150 figures dans le texte et un frontispice, 4e édit. 6 fr.

Les Peuples de l'Afrique, par R. HARTMANN, professeur à l'Université de Berlin, 1 vol. in-8, avec 93 figures dans le texte, 2e édit. 6 fr.

Les Singes anthropoïdes et leur organisation comparée à celle de l'homme, par R. HARTMANN, professeur à l'Université de Berlin, 1 vol. in-8, avec 63 figures gravées sur bois. 6 fr.

L'Homme préhistorique, par SIR JOHN LUBBOCK, membre de la Société royale de Londres. 2 vol. in-8, avec 228 gravures dans le texte, 3e édit. 12 fr.

La France préhistorique, par E. CARTAILHAC. 1 vol. in-8, avec gravures dans le texte. 6 fr.

L'Homme dans la Nature, par TOPINARD, 1 vol. in-8, avec 101 gravures dans le texte. 6 fr.

TOURS, IMP. E. ARRAULT ET Cie, 6, RUE DE LA PRÉFECTURE.

www.ingramcontent.com/pod-product-compliance
Ingram Content Group UK Ltd.
Pitfield, Milton Keynes, MK11 3LW, UK
UKHW020158250726
13967UKWH00003B/1143

9 782013 435888